Chinese Island

海岛生态保护 / 海岛开发利用
海岛文化建设 / 海岛管理控制 / 海岛法治建设

本书由浙江海洋学院学术著作出版基金资助

周学锋　左红娟　崔旺来／著

中国海岛
前沿问题研究

Research in
Chinese Island
Immediate Issues

ZHEJIANG UNIVERSITY PRESS
浙江大学出版社

图书在版编目(CIP)数据

中国海岛前沿问题研究 / 周学锋,左红娟,崔旺来著.
—杭州:浙江大学出版社,2013.12
ISBN 978-7-308-12654-0

Ⅰ.①中… Ⅱ.①周… ②左… ③崔… Ⅲ.①岛—开
发—研究—中国 Ⅳ.①K928.44

中国版本图书馆 CIP 数据核字(2013)第 296834 号

中国海岛前沿问题研究

周学锋　　左红娟　　崔旺来　著

责任编辑	陈丽霞
文字编辑	杨　茜
封面设计	续设计
出版发行	浙江大学出版社
	(杭州市天目山路 148 号　邮政编码 310007)
	(网址:http://www.zjupress.com)
排　　版	浙江时代出版服务有限公司
印　　刷	富阳市育才印刷有限公司
开　　本	710mm×1000mm　1/16
印　　张	13.75
字　　数	254 千
版 印 次	2013 年 12 月第 1 版　2013 年 12 月第 1 次印刷
书　　号	ISBN 978-7-308-12654-0
定　　价	38.00 元

前　言

　　21世纪是海洋世纪。随着《联合国海洋法公约》的生效,以及世界范围内人口、资源、环境问题的日渐凸显,世界各国对海洋权益、资源、空间的争夺日趋激烈,沿海各国纷纷从抢占本国、本民族生存和发展制高点的战略高度重新认识海洋,从国家发展战略、海洋立法、海洋管理和海上力量等方面加紧对海洋的控制。海岛成为世界沿海国家普遍关注的焦点,并开始从政治、经济和军事等诸多方面,更加深刻地认识海岛的战略地位及价值。《联合国可持续发展二十一世纪议程》对"小岛屿的可持续发展"提出了要求,《小岛屿发展中国家可持续发展行动纲领》要求各国采取切实的行动措施,加强对岛屿资源开发的管理,为岛屿的可持续发展提供根本的保障。与此同时,沿海国家实施了多种模式的海岛管理活动,加强海岛的管理和保护,并且相继开展了海岛立法活动。

　　我国海岛众多,面积在500平方米以上的海岛达到6961个。除海南岛本岛和台湾、香港、澳门及其所属的410个海岛外,其余的6961个海岛,总面积达到6691平方公里,海岛岸线总长14000多千米。全部海岛分布在南北跨38个纬度、东西跨15个经度的海域范围内,隶属沿海11个省市区,其中浙江省海岛数量为3061个,位居全国之首。在6961个海岛中,设有舟山和三沙两个海岛地级市,18个海岛县,191个海岛乡镇。全国有居民海岛433个,人口为453万;无居民海岛为6528个,占全国海岛总数的90%以上。在我国经济快速发展和自然资源相对短缺的背景下,海岛资源的重要性日益显现。我国政府制订的《中国21世纪议程——中国21世纪人口、环境与发展白皮书》中,把"海洋资源的可持续开发与保护"作为重要的行动方案领域之一。《中国海洋21世纪议程》专章规定了"海岛可持续发展"的相关问题。国务院印发的《海洋经济发展规划纲要》要求"加大扶持力度,促进海岛的建设和发展"。中国共产党第十八次全国代表大会报告提出:"提高海洋资源开发能力,发展海洋经济,保护海洋生态环境,坚决维护国家海洋权益,建设海洋强国。"海岛是联结陆域国土和海洋国土的海上基地,兼备丰富的陆海资源。海岛作为蓝色海洋上的璀璨明珠,在建设海洋强国和实现中华民族伟大复兴过程中将具有极其重要的战略地位。

海岛是世界各国提高综合国力和争夺长远战略优势的新领域。首先,海岛是壮大海洋经济、拓展发展空间的重要依托。海岛资源是国土资源的重要组成部分,是海洋开发战略中不可或缺的一部分。海岛具有天然的港址资源,某些岛屿有建设深水良港的条件;海岛有一定的土地资源,可为各行各业提供必要的建设用地;许多海岛有美丽的自然景观、宜人的气候条件、平缓开阔的沙滩和浴场,可以发展旅游业;海岛周围的浅海和滩涂,是海水养殖的良好区域;不少岛屿还蕴藏着一些非金属和金属矿物,可提供一定的工业原材料;某些海岛及周围海域的油气资源,更为世人所瞩目。开发海岛,不仅是发展海洋经济的需要,而且可弥补陆地资源的不足。海岛是发展海洋产业的基地,是海上生产活动的后勤服务场所。沿海岛屿是海岸带的重要组成部分,不少海岛的开发蓝图已被列入沿海区域经济发展规划之中。由于多数海岛地处前沿,与海外有更多便捷的通航、通商条件,因此能够吸引大量外资和先进的生产技术,是发展外向型经济的理想阵地。海岛开发不仅可以改变海岛本身的社会、经济面貌,而且也是地区经济的新增长点,可以带动整个地区经济的腾飞。

其次,海岛是维护资源环境可持续发展的重要平台。海岛是海洋生态系统的重要组成部分,海岛资源本身具有稀缺性、不可替代性,与其他环境与资源之间又具有共生性,在维持生态环境的平衡与协调方面发挥着不可替代的作用,加强对其生态保护,保护其自然资源,尤其是保护那些珍稀、濒危的动植物,保护生物的多样性,有助于海岛的持续利用和永续发展。一些海岛及其所属海域蕴藏着丰富的石油、天然气、矿产资源,对其在保护基础上的进行适度、有序开发,有助于储备战略资源、保障资源安全。

最后,海岛是维护海洋权益、捍卫国家主权和保障国防安全的重要支点。岛屿归属、海域划界争议与海洋资源争端,往往是"多位一体"的综合性问题。海岛权益问题主要源于海岛的主权归属及其管辖海域的争议,而隐含其后的是海岛所带来的国土安全与资源利益。按照《联合国海洋法公约》的界定,领海基线是沿岸低潮线,向外推12海里是领海。我国领海基线的大部分都划在海岛上;根据《联合国海洋法公约》,一个岛屿或者岩礁就拥有1550平方千米的领海海域,而一个能够维持人类居住或其本身的经济生活的岛屿则可以拥有43万平方千米的管辖海域。作为领海基点的海岛地位十分特殊,保护这些海岛不受破坏和非法侵占,是维护我国海洋权益与领土完整的必要要举措。中国对南海诸岛特别是南沙群岛的主权拥有不仅涉及岛、沙洲、滩、暗沙的主权归属,而且也涉及南沙群岛周围广大海域的管辖权及其自然资源的主权权利。通常说中国有300万平方千米的"蓝色国土",其中有一大部分是基于中国的海岛来计算的,维护海岛安全就是维护海洋国土的安全。海岛地处海防最前哨,具有非常重要的军事价值,是国防安全的天然屏障。由海岛组成的岛弧或岛链,构成了我国海上的第一道国防屏障。从某种意义上讲,谁有效地控制了海岛,谁就能控制周围的海面、海底,谁就掌握了制海权、制空权,就能维护大陆的安全。众多具有战略地位的海岛是捍卫国家主权、保障国防安全的战略前沿,管控好这些海岛能为我国的海防安全提供重要支撑。

当前,我国正处在经济社会发展的重要战略机遇期,也是资源环境约束加剧的矛盾凸显期,随着经济的快速发展和自然资源的短缺,海岛资源的重要性日益显现,随之而来的是海岛开发利用,特别是无居民海岛的开发利用活动及由此引起的资源浪费、生态恶化等问题也越来越多。与此同时,我国的一些海上邻国纷纷通过海洋国内立法及国家实际行动,抢占我国岛礁,争夺我国资源,使我国依法享有国家管辖权的海洋国土中 100 多万平方公里面积面临被瓜分的危险。由于海岛具有独立、封闭、生态系统脆弱、土地资源有限等特点,且其分布范围广,地区跨度大,致使针对海岛的保护及其管理制度既不同于陆地资源,也有别于海域资源。尽管我国在海岛保护与管理方面积累了许多宝贵的经验,取得了一定成效,但是仍有诸多不足,面临诸多亟待解决的问题:海岛生态破坏严重、海岛开发秩序混乱、海岛保护力度不足、海岛经济社会发展滞后等。因此,面对全面开发与管理海洋海岛的新时代,如何抓住机遇、迎接挑战,开发海岛,建设海岛,保护海岛,使我国海岛成为经济发达、社会繁荣、环境优美、生态良好的海上明珠,是摆在当代中国面前亟需解决的时代课题。

进入 21 世纪以来,党中央、国务院高度重视海岛的保护与发展,对建设海洋强国、实施海洋战略、发展海洋产业、保护海洋资源作出了一系列决策部署,作为新时期实施国家海洋发展战略的重大举措,我国海岛数量最多、海岛资源最丰富的浙江省获批设立"浙江海洋经济发展示范区",舟山群岛也已获批设立"浙江舟山群岛新区",成为继上海浦东新区、天津滨海新区和重庆两江新区后,党中央、国务院决定设立的又一个国家级新区,也是我国首个以海洋经济为主题的国家战略层面新区。《浙江海洋经济发展示范区规划》和《浙江舟山群岛新区发展规划》都明确提出要创新海岛保护开发模式和体制,为海岛保护、开发、建设与管理以及经济社会发展提供了有利条件,海岛事业由此迎来了新的发展机遇。与此同时,如何开发海岛、建设海岛、保护海岛、创新海岛保护开发模式和体制成为我国实施海洋强国战略的新命题。近年来,我国的海岛规划、立法、政策研究和保护区建设工作已经全面展开。然而,由于我国海岛开发历史短,经验不足,且海岛开发与大陆不同,其开发条件、发展路径及开发管理都需要通过过深入研究而予以有力的智力支撑,在此背景下,海岛研究也引起了学者的高度重视,极大地推动了相关研究的展开。目前,国内相关研究尚在起步阶段,还没有形成成熟的理论体系,在一些基础问题和前瞻性问题上也缺少必要的共识,难以为我国现阶段所采用。各国实践表明,对于海岛的保护、开发、建设及其管理,并没有一个完全可以复制或遵循的模式,成功的海岛保护、开发、建设及其管理都要根据国情、现状,基于已有体制而采取适应性对策。对此,我们浙江海洋学院公共管理学学科诸位同仁一直在尝试做一些这方面的研究工作,现在我们把这些研究成果加以梳理提炼,以"海岛价值评估"、"海岛生态保护"、"海岛开发利用"、"海岛文化建设"、"海岛管理控制"、"海岛法制建设"、"浙江舟山群岛新区"等七个专题呈现出来。不敢妄言有多大理论贡献,只为记录和展现我们为此付出的劳动和心血,同时也希望得到同行的关注和批评指正。

　　本书主要由浙江海洋学院的周学锋、左红娟、崔旺来合作完成。在相关课题的研究中,浙江海洋学院管理学院的蔡耀东、李年涛、陆敏燕、樊荣、叶佳斌等同学参与了资料的搜集和整理及部分专题的撰写。此外,本书参考了一些国内外专家学者的相关论著,在此深表谢意。此外,还要感谢高猛老师给予我们的帮助。全书由周学锋、左红娟统稿完成。要特别感谢浙江大学出版社的陈丽霞、杨茜两位同志,得益于她们辛勤而细致的工作,本书才能够顺利出版并与读者见面。

目 录

第一章
海岛价值评估

随着国家海洋战略的实施和建设海洋强国目标的提出,海岛的开发利用得到社会各界的高度关注。海岛价值评估是海岛开发和利用过程中具有重要意义的过程。通过海岛价值评估,对海岛做出一个必要的说明,能为海岛的开发利用奠定一个坚实的基础。2009年12月26日第十一届全国人民代表大会常务委员会第十二次会议通过《中华人民共和国海岛保护法》(以下简称《海岛保护法》)建立了一项全新的制度,即"海岛评估制度",要求"国家建立海岛管理信息系统,开展海岛自然资源的调查评估,对海岛的保护与利用等状况实施监视、监测"。

第一节　海岛价值评估的目的及意义

评估是根据特定的目的和掌握的资料对某一事物的价值进行定性定量的说明和评价的过程。海岛价值评估可以定义为:专业机构和人员按照国家法律法规和海岛评估准则,根据特定目的,遵循评估原则,依照相关程序,运用科学方法,对不同海岛的特有价值以及地理区位特征进行充分论证,评价不同开发的利用活动对海岛生态、资源以及国家权益和安全的影响,有针对性地评估海岛生态防护措施,各类废弃物、垃圾和污水处理办法的合理性和有效性,检查海岛开发利用活动中海岛保护的组织管理、人员和设备配置情况的行为。海岛价值评估是一项科学性非常强的工作,每个海岛都有自己的特点,对海岛进行评估,需要进行详细的科学调查和论证,而不能简单地以资料为依据。对要开发利用的海岛,应对海岛开发的具体内容、开发规模、开发方式、经济效益以及岛屿开发后的变化情况、岛屿对周围环境的影响等方面做出详细的论证,以促进海岛资源的持续利用。对重点保护的海岛,应对岛上的资源状况、历史遗迹等方面认真调查,作为将来海岛保护的依据。因此,海岛评估必须结合海岛的实际情况,立足实际,进行广泛的社会调查。

一、海岛价值评估的目的

《海岛保护法》明确规定,海岛是指四面环海并在高潮时高于水面的自然形成的陆地区域,包括居民海岛和无居民海岛。无居民海岛是指不属于居民户籍管理的住址登记地的海岛。根据 1995 年公布的我国海岛资源综合调查统计结果,沿海 11 个省、市、自治区面积在 500 平方米以上的海岛共有 6961 个(不含海南岛本岛和我国台湾、香港、澳门地区所属海岛),面积 6691 平方千米。面积在 500 平方米以上的无居民海岛 6528 个,约占全国海岛总数的 93.8%;500 平方米以下的海岛和岩礁上万个。[①] 海岛渔业、港址、旅游和海洋能等资源丰富,具有很高的开发利用价值。从目前海岛管理及开发利用活动的实际情况分析,海岛评估的目的主要表现在以下几个方面。

1. 维护国家和用岛单位权益的需要

海岛作为特殊的自然资源,其所有权属于国家,但是单位和个人可以依法取得海岛使用权,并进行开发利用,然后取得经济效益。为了维护海岛国家所有权和用岛单位使用权的利益,客观上要求具有中立立场的评估单位,采用统一的评估原则、程序、方法,公开、公正地评估海岛价值,既能对海岛的开发和利用有一个方向性的认识,又能有效维护利益各方的合法权益。

2. 海岛开发和利用的前提

《海岛保护法》实施前,大部分海岛是无偿或者低偿使用,海岛未能实现其经济价值,造成了国有资源型资产流失。《海岛保护法》实施后,国家实行了海岛有偿使用制度。海岛使用单位或个人可以按照法定程序申请使用权,缴纳使用金。国家亟须通过科学手段,合理确定海岛使用金额度。随着我国经济体制改革的逐步深入,评估日益获得广泛的应用,并在确保国家对自然资源的所有权、对自然资源有效管理方面发挥着重大的作用。只有在对海岛进行价值评估的前提下,海岛才能得到合理、科学的开发。同时,海岛评估也是促进国有资源的保值增值的需要。

3. 促进海岛资源生态保护的重要手段

海岛评估应该突出资源生态环境评估,海岛价值的核心是其拥有陆地环境所不具有的海岛生态价值。因此,在评估过程中,对海岛生态资源的评估应当放在首要位置。这样做能促进海岛使用单位和个人充分考虑投入和产出,选择科学的开发方式,尽量保持资源原有的属性和特征,减少对海岛的破坏。通过海岛价值全面的评估,调节海岛环境保护与开发利用之间的矛盾,提高海岛资源的使

---

① 林河山、廖连招:《从海岛的战略地位谈海岛保护的重要性》,《海洋开发与管理》2010 年第 1 期。

用效益,更好地保护海岛生态,实现海岛资源的可持续利用。这是海岛价值评估的目的和价值的重要体现。

二、海岛价值评估的特殊性

1. 评估内容复杂

海岛评估不仅包括岛上各种资源个体评估及整体性评估,也包括生态价值的评估,评估内容非常复杂。目前,现有的资产评估中,房地产、土地、矿业和森林等资产评估,都是针对单一评估对象进行的评估。同时,在现有的各种专业评估中,除森林资产评估外尚未涉及生态评估,这也使得海岛评估内容明显有别于其他专业评估。森林资产评估的对象——森林、林木、林地和森林景观资产,具有生态特性,随时间的变化不断变化,仅与海岛生态系统中的植被有相似之处。① 而且海岛评估的内容呈现多样性、关联性。多样性体现在,构成海岛价值体系的方面多种多样,例如海岛生态资源等、海岛矿产资源、海岛口岸资源等,这些都是海岛价值评估的内容。关联性则体现在,不能单一地对每个内容进行评估,它们都是相互联系、相互影响的。

2. 评估方法需要创新

现有资产评估中,比较成熟且通用的方法有三种:成本法、收益法和比较法。成本法是在现实条件下,估算出评估对象的重置成本,然后扣减其实体性贬值、功能性贬值和经济性贬值,确定评估对象的价值。收益法是根据评估对象未来为其使用方带来的预期收益,用适当的折现率折现,累加得出评估基准日的现值。市场比较法是通过市场调查,选择一个或几个与评估对象相同或类似的资产作为比较对象,分析比较对象的成交价格和交易条件,进行对比调整,估算出评估对象的价值。由于形成海岛需要的成本无法考证,海岛上的单一资源及整体资源无相对稳定、统一的市场价格,不同于现有的资产评估中的评估对象。此外,海岛交易的市场尚未建立,现有的资产评估中常用的三种方法在海岛评估中不完全适用。所以,海岛评估需要根据海岛的特点,创新或改进评估方法。

3. 缺乏专业的评估机构

海岛评估是随着我国发展海岛经济应运而生的。开展海岛评估必须对海岛资源生态情况进行现场调查,而现场调查需要专门的海上调查设备和生态环境监测设备等。因此,海岛评估需要评估团队掌握海上调查技术,熟练操作调查设备,具有海上作业的基本常识和经验。而现有的各专业资产评估机构都不具备海岛评估调查的基础条件。首先,他们需要先进的仪器,才能达到进行评估调查

---

① 吴珊珊:《无居民海岛评估的必要性和特殊性分析》,《海洋开发与管理》2012 年第 7 期。

的基本条件。其次,他们需要专业的团队和科学的方法,显然这是目前最缺乏的一个方面。

综上所述,由于海岛评估的特殊性,现有的各评估专业的评估方法在海岛评估领域不完全适用,现有的各评估专业机构和人员不具备开展海岛评估的基础条件。因此,需要建立适宜海岛特性的评估体系。

三、海岛评估的意义

海岛是一个复杂的生态系统。海岛生态系统包括岛陆、岛滩、岛基和周边海域,这四个部分是任何海岛不可分割的亚系统。由此可见,海岛的资源和环境,涉及众多的自然科学和社会科学,其开发和保护、利用又涉及众多的业务部门。因此,如何加强对海岛的保护,促进海岛的合理开发和利用已经成为一个重要的现实问题。国内目前已有的评价、评估和有关技术导则,如环境影响评价、海域使用论证、海洋自然保护区管理技术规范等等,均不能套用于海岛评估,必须根据海岛生态系统的特殊性,依照海岛的特点和国情实际,编制适宜的海岛评估体系。海岛评估工作具有重要意义,主要表现在以下几个方面。

1. 促进海岛合理开发利用

不同国家或者同一国家不同区域的海岛开发情况差异很大,发展不均衡,一般表现为从初级到高级的三个不同发展阶段:一是原始阶段,即国家经济社会发展水平比较低,或者是大陆国家基于各种原因对海岛开发不很重视,海岛开发利用活动少,自然资源和生态环境基本保持原始状态;二是粗犷式发展阶段,即随着国家对生产力的逐步解放,社会经济、技术水平的逐步提高,海岛资源价值初步为社会所认识,海岛开发热情高,但缺乏科学规划,开发盲目性较大,资源和生态破坏情况严重;三是生态岛建设阶段,即随着人们对海岛价值的重新认识以及经济技术水平、社会素质的普遍提高,人们开始以可持续发展观念来指导海岛开发,根据海岛的特有属性和功能定位确定海岛的发展目标,坚持开发与保护并重,从而在海岛经济社会快速发展的同时,保持海岛自然资源和生态环境的良好状态。当前,受海洋技术和海洋开发能力的制约,世界大部分地区海岛仍然处在第一阶段,然而在大陆沿岸或者社会重点关注区域,也有不少海岛已经发展到第二、第三阶段。就同一国家而言,往往三个不同发展阶段的海岛同时存在。世界上海岛开发利用的类型、方式很多,主要集中在渔业、矿业、旅游业、交通运输业以及科学探索、军事基地建设等领域。[①]

改革开放以来,我国海岛开发建设取得了一定成就,海岛经济飞速发展。各

---

① 王忠:《论我国海岛开发与保护管理的基本政策研究》,2006 年中国海洋大学博士学位论文。

地区都在探索海岛开发利用的有效形式。例如三角洲岛位于大亚湾内,面积约16万平方米。该岛一大一小,其间由岛坝连接而成,因海岛形似一个等边三角形,故称三角洲岛。该岛于1998年被个人购买了40年的使用权。经过几年的开发,三角洲岛上建起了欧式会所和别墅,配套的旅游设施已经初具规模,每天可接待近百名游客。目前三角洲海岛俱乐部为了保护海岛原始的生态环境,限制上岛人数,一年不超过1万人。[①] 海岛开发扩大了就业,改善了环境,增加了地方财政收入,促进了海岛经济的发展。

虽然我国海岛开发取得了一定成就,但不容否认,我国海岛开发还存在许多问题,如海岛无序开发问题严重,海岛开发缺乏统筹规划和科学论证,海岛开发竭泽而渔,只顾眼前利益,不顾长远发展。造成这些问题的原因,一方面是我国对海岛长期疏于管理,没有合理的规划和保护措施;另一方面,是与海岛配套的法律法规并不完善。

海岛既然是公有资源的重要组成部分,为了保护国家作为资源所有者的利益,同时也为了在对海岛进行生态保护的同时能合理、有效地利用有限资源,我国应借鉴英国、美国、加拿大、澳大利亚等发达国家的做法,实行海岛有偿使用制度,通过出租的方式,将海岛交由开发者使用,国家通过收取海岛使用金来实现所有者利益。在发达国家,出让或出租海岛可采取多种方式,政府在不同情况下,分别采用协议、招标、公开拍卖、单独申请、行政划拨等方式出租公有海岛土地。实行海岛有偿使用制度,就需要对海岛使用人收取使用金或租金,作为使用海岛的对价。租金支付的方式,大致可分为从量征收与从价征收两种[②]:前者是按照海岛的面积征收使用金;后者是按照海岛的使用价值或使用海岛所获得的经营收入的一定比例征收使用金,发达国家多采取这种方法计算土地租金。海岛的面积虽大小有别,但影响海岛价值的更重要的因素还是海岛的地理位置、岛上环境与资源等情况。因此,根据海岛的使用价值收取使用金更公平合理。而采取这种方式征收使用金的前提是应对海岛的使用价值进行较为客观合理的估算。美国、加拿大、澳大利亚、新加坡等发达的市场经济国家,都建立了海岛土地估价制度。政府不仅设立估价机构,而且建立了非常完善的估价制度,所有海岛土地,包括私有海岛土地,其估价必须由政府估价部门进行,或者估价结果必须得到政府部门的确认。政府正是通过种种严格的估价制度,调控着海岛土地的价格,杜绝了过高或过低估价现象的发生,从而确保政府能从海岛土地流转中得

---

① 国家海洋局:《海岛立法参考材料——全国海岛基本情况》,内部文件,第33页。

② 郭院、华敬炘、吴莉婧:《国外海岛法律制度比较研究》,中国海洋大学出版社2004年版,第125页。

到充分的经济利益。

我国应借鉴上述国家的做法,根据我国的实际情况,除因军事或公益目的需要,用岛采取单独申请、行政划拨的方式之外,为经营性目的使用海岛的,宜采用招标、拍卖等方式,透明度高,公示性强,从而比较公平地配置资源,维护国家利益。对海岛资源实行有偿使用制度,不仅与发达国家做法一致,与我国现行法律规定的精神也相吻合。我国1999年实施的《中华人民共和国土地管理法实施条例》中规定了国有土地有偿使用的方式,包括国有土地使用权出让和国有土地租赁。在国土资源部1999年颁布的《规范国有土地租赁若干意见》中,明确规定了国有土地租赁可以采用招标、拍卖或者双方协议的方式,有条件的,必须采取招标、拍卖方式。而实行海岛资源有偿使用制度,就需要建立海岛评估制度,由具有评估资格的评估机构,根据特定的评估因子,例如海岛所处的地理位置、周边环境、岛上基础设施、自然资源等情况,估算出海岛的价值,以此作为海岛租金确定的基础。这一制度既可以保护海岛使用权人的利益,保证其支付的对价较为公平合理,同时也可以维护国家利益。①

2. 加强海岛生态保护

海岛不仅具有重要的经济、政治、军事、科学等方面的价值,还具有重要的生态价值。对海岛生态系统的保护,不仅有利于海岛的经济价值及其他价值的保持及提高,还有利于周围海域生态系统的保护。但是,当前我国海岛由于缺乏有效管理,导致其开发无度、资源破坏严重。我国大多数海岛是基岩海岛,海岛上的石英砂岩、大理岩、岩浆岩等都是较好的建筑材料;一些海岛还富含多种矿产资源,包括黑色金属、有色金属、稀土金属以及其他非金属矿产,具有极高的开采价值。因此,在海岛上开山采石的情况在我国沿海各省普遍存在,特别是在浙江、福建和广东等省,给海岛生态带来严重危害。此外,海岛资源虽然种类独特,但种类很不完备,一般以区位、港口、景观为资源优势,而海岛本身的土地、水资源、生物资源等都十分有限,又受外界条件约束,生产选择余地小,大部分以渔业为主,辅以少量种植业,形成特有的海岛型经济。正是海岛资源的有限性,决定了海岛开发必须走资源节约型发展的路子。探索合理的海岛开发利用模式,对于海岛的开发利用和生态保护具有重要的意义。海岛评估工作,一方面要对已经遭到破坏的海岛状况进行调查,得出评估结论,有关部门以此作为处罚依据,对擅自炸岛、炸礁的个人或单位进行处罚,起到警戒作用;另一方面,要对海岛的生态状况定期考核,及时发现在开发和保护过程中存在的问题,控制和改善海岛及其海域生态环境的恶化趋势,使海岛及其海域的生物资源衰退趋势得到遏制。

---

① 任洁:《海岛法律评估制度研究》,2007年中国海洋大学硕士学位论文。

只有这样,才能发现问题、及时解决、防治结合,做到防患于未然,才能确保海岛的生态平衡以及资源的永续利用。

3. 规范行政权力的行使

由于海岛具有很高的国家主权、安全、交通、能源等综合资源价值,并且陆域狭小、土壤稀缺、灾害频繁、海洋属性显著,基本不具备可开发的土地,其生态具有高度脆弱性和基本不可恢复性等特征,故而,海岛不宜纳入集体所有范畴。新颁布的《物权法》确立了海岛属于国家所有。《物权法》第四十六条规定,"矿藏、水流、海域属于国家所有"。而海岛作为特殊的生态系统,被认为是海域的重要组成部分,理应归国家所有。因此,任何个人都不应擅自开发利用海岛,海岛的开发利用和保护活动应由国家专门机关管理。对于已经被擅自破坏的海岛,有关部门应进行处罚,一方面可以对擅自开发者起到警戒作用,另一方面可以最大限度地挽回国家损失。然而,"行政权的操作者毕竟是同具人类弱点的普通平凡的人而非天使,使普遍抽象的法律规定有机地与具体个案情形结合起来的过程实际上是人的认识过程,行政公务人员既需准确地把握法律规范之意义及规范背后社会经济政治文化之内蕴,还必须通过各方面的信息对具体事件的全部情形有清醒理智的了解。这其中,或者由于客观复杂因素的影响,或者由于公务员认识才智和认识能力的局限,或者更严重的是由于公务员职业道德和品行上的缺陷,行政权行使的失误或权力的故意滥用都在所难免。"①有关部门没有专业的评估人员,其对海岛价值的判断往往是直观抑或片面的,如果以此为依据,一方面可能损害相对人的合法权益,另一方面可能由于行政权的滥用而损害国家利益。此时,专业的评估人员及出具的评估报告可以有效地弥补行政权的不足,其出具的评估报告能客观反映海岛的实际价值,对保护相对人的合法权益和国家利益具有重要作用。此外,进行海岛评估,有利于贯彻行政处罚领域的"一事不再罚"原则,保障行政权有效行使。

第二节 海岛价值评估的内容及方法

由于相对各异的气候、气象,不同的地质构成,形态各异的地貌等因素,使我国的海岛呈现出不同的形态,岛上的各种资源在不同时期可能存在较大差异,对海岛评估内容的确定,应进行具体的、历史的分析,进行广泛的社会调查。通过已有的调查研究,对海岛资源状况进行评估。

---

① 罗豪才、沈岿:《平衡论:对现代行政法的一种本质思考》,《中外法学》1996 年第 4 期。

一、海岛评估内容

1. 经济资源

海岛经济资源主要包括淡水资源、生物资源、滩涂资源、港口资源、旅游资源等方面。

（1）淡水资源指可供利用或有可能被利用的水源。淡水资源应当有下列特性：①可以按照社会的需要提供或有可能提供的水量；②这个水量有可靠的来源，且这个来源可以通过循环不断得到更新或补充；③这个水量可以由人工控制；④这个水量及其水质能够适应用水要求。[①] 丰富的淡水资源可以节约海岛开发的成本。由于海岛分散孤立于海中，降水季节分布不均，岛上储蓄条件差，除少量海岛外，大多数海岛的淡水量小于大陆。淡水资源的缺乏制约着人们对海岛的开发利用。在进行海岛评估时，需要对岛上淡水资源状况进行实地调查。

（2）海洋生物资源指已被利用或尚未开发利用但具有经济价值的水生动植物资源，通常也称为渔业资源，主要包括：海洋鱼类和海珍品。此外，海岛及其周边海域分布着丰富的经济虾类、蟹类、贝类和经济藻类，具有很大的开发潜力。在进行海岛评估时，可以根据以下标准确定海岛及其周围海域是否具有水产资源价值：①一定面积的滩涂、泥滩质和砂泥滩质最佳，海底平坦；②周边海域的初级生产力高；③海域风浪小，避风浪条件佳；④水深适中，水交换条件好，海水水质符合国家一类海水标准；⑤海上交通运输发达。无居民海岛岛陆上的生物资源主要有：红树林、经济植物、珍稀和濒危植物、经济动物、珍稀和濒危动物等。红树林是热带、亚热带沿海滩涂上的一种由若干不同种属红树植物组成的植物群落，也代表一种特殊环境下的生态组合，既是一种重要的植物资源，也是湿润热带沿海的一大特殊景观。经济植物包括药用植物、用材林、防护林、纤维植物、油料植物、可食用植物及美化绿化环境植物等。无居民海岛特有植物资源的存在是海岛植被的精华与特征所在。无居民海岛岛陆经济动物主要指腔肠动物门的珊瑚类和岛上陆生的脊椎动物，后者包括两栖类、爬行类、鸟类和兽类。濒危动物是指所有由于物种自身的原因或受到人类活动或自然灾害的影响，而有灭绝危险的野生动物物种。从广义上讲，濒危动物泛指珍贵、濒危或稀有的野生动物。从野生动物管理学角度讲，濒危动物是指《濒危野生动植物种国际贸易公约》附录所列动物，以及国家和地方重点保护的野生动物。

（3）滩涂是海岸带平均高潮线与理论基准面零点之间的潮间带，又称海涂。能被人类改造利用的滩涂，称为滩涂资源。我国海岛的滩涂资源丰富，有的可以

---

① 刘焯：《法与社会论：以法社会学的视角》，武汉大学出版社2003年版，第20—29页。

用作养殖,有的可以用作盐场,有的可以围垦造田,有的可修建港口区,有的可以辟为浴场作为旅游之用。一般而言,进行海岛评估时应主要侧重于评估滩涂的养殖价值。适宜于养殖的滩涂资源一般应具备以下条件:①以泥质滩和沙泥质滩为主,优良的泥滩一般有黏性,滩面软、承载力小,适宜于滩涂养殖物觅食、生长;②滩面宽度大,滩涂的组成物质粒径细,能发展一定经济规模的水产养殖;③土质松软、养分高、气候条件优越;④具备一定的防御自然灾害的能力,而且自然灾害少(赤潮、风暴潮对滩涂养殖的危害极大,有可能使得养殖的成果毁于一旦),所以,适宜于养殖的滩涂必须具备一定防御自然灾害的能力,比如周围有其他海岛屏障或海岛自身形成避风港;⑤滩面坡度平缓,5‰以下;⑥周边海域无环境污染,无重污染工业。①

(4)港口在海岛的经济开发中具有十分重要的意义,它是区域经济的中枢或枢纽,它的建设和规模将直接影响到周围海岛及其海域的经济开发和发展。评估某一海岛是否具有港口资源经济价值,主要应考察以下几个方面:①是否具备优良的港口岸线条件;②周边经济发展对开发无居民海岛港口是否有需求;③海岛旅游资源开发是否需要建设港口;④是否具备建设港口的经济价值。②

(5)海岛旅游资源指海岛能对游客产生吸引力的各种独特生态环境和自然资源的总和。海岛旅游资源可以分为两类:①自然旅游资源。自然旅游资源是指那些具有较高美学、保健或科学价值的各种自然要素(如大气、水、岩石及生物等)及其组合,能吸引人们去观光和游憩,从而具有寓教于乐、陶冶情趣的功能。自然资源不仅融观光、度假、运动于一体,开发前景广阔,而且具有观赏、科研、教学价值,海洋科普素材丰富。②人文旅游资源。人文旅游资源是古今人类文化活动的结晶。它包括有观赏和研究价值的历史文化遗迹(含考古遗址、古建筑、宗教庙宇、纪念故址等)及现代人类的社会、经济和文化活动的产物(如现代工程、民俗风情等)两大部分。

2. 生态系统

海岛生态系统是海洋生态系统的重要组成部分,其独特的生态价值主要源于两个方面:一是海岛为海水所包围,与其他陆地区域相对隔绝,很少甚至没有人类活动干扰,每个海岛的自然环境条件具有唯一性,陆地物种也由于物种交流受到限制而具有很强的原始性和地域性特征;二是海岛作为海洋生物栖息的重要场所,吸引、孕育和养护了多种海洋生物,生产力高。海岛生态系统的价值主要表现在以下几方面:

---

① 周林彬:《法律的经济学论纲》,北京大学出版社1998年版,第7页。
② 尚国非、杜常华:《房地产开发过程中土地交易的博弈分析》,《商场现代化》2005年第10期。

（1）海岛具有极大的生物多样性。海岛生物多样性包括物种多样性、遗传多样性和生态系统三个基本层次。由于人类活动干扰很少，一些海岛生态系统往往能够自由发展，种群数量多，物种和遗传基因丰度高。

（2）海岛保存了大量珍稀、濒危动植物，是地球上重要的物种资源库。海岛生态系统的原始性和地域性，使得海岛物种躲避了大陆物种的演替和人类活动的侵害，众多珍稀物种得以在海岛上繁衍和生存。

（3）海岛在广阔的海域中构成相对独立的小生态环境，成为众多海洋生物种群的栖息地、繁育场、索饵场和重要的洄游路线，是高生产力的海洋生态系统。珊瑚礁是典型的高生产力生态系统，分布在我国南部海域，在海南省、广东省、广西壮族自治区以及台湾省的许多海岛都是珊瑚岛，营养物质充足，初级生产力高，生物多样性极为丰富。

3. 社会文化价值和科学文化价值

（1）具有社会文化价值的海岛，指具有历史遗迹和地质遗迹、典型的海岛景观等，可供人们旅游观光、运动休闲、考古及科学研究的海岛。社会文化价值评价标准应主要考虑以下几方面：①自然历史遗迹。自然历史遗迹是指自然和地质演变过程中留下的痕迹。对研究海陆变迁、气候变化等自然科学有一定的价值。②人类历史遗迹。人类历史遗迹是指记载人类重要事件、名人事迹等反映人类历史和社会演变的历史事件等遗留下的痕迹。它包括考古遗址、古建筑、宗教庙宇、纪念故址等。③遗留的军事设施。这些军事设施不但为海岛旅游增加光彩，也是很好的国防教育基地。例如威海市刘公岛，该岛历史悠久，人文景观丰富独特，既有上溯千年的战国遗址、汉代刘公刘母的美丽传说，又有清朝北洋水师及甲午战争等大批遗址，作为清代北洋海军基地，刘公岛有甲午战争的古战场、水师衙门、龙王庙、丁汝昌寓所、水师学堂及炮台码头等二十八处水师旧址，岛上现有中国甲午战争博物馆、甲午海战馆等著名历史遗迹和刘公岛博览园、刘公岛国家森林公园、刘公庙等旅游景点。该岛被评为"全国优秀社会教育基地"、"全国中小学爱国主义教育基地"和"全国爱国主义教育示范基地"。

（2）具有科学研究价值的海岛，指对专业人员的教学实习及海岛地貌、地质作用过程、人文遗迹、海岛生物等研究和科普教育有重要价值的无居民海岛。有些无居民海岛特殊的自然生态环境优势是一般陆地所不具备的，可辟为珍稀植物资源和典型地质客体的保护区（地），海洋生物药物的繁殖园或实验海区，动植物驯化、繁殖、开发的研究实验基地，以及作为检疫隔离区等。同时，在自然保护区的核心外围部分，还可对游人开放，发展生态保护业，构成科学研究上一个特殊的基地。

4. 战略价值

战略价值海岛是指对于维护国家权益、巩固国防安全、促进我国经济发展，保障我国的经济利益具有重大影响的海岛。战略价值海岛可以分为海洋权益价值海岛和国防安全价值海岛。海洋权益价值海岛是指对国家具有海洋权利和海洋利益的海岛。国家海洋权利是从法律的角度，界定国家应当享有的各种利益。被称为"海洋宪章"的《联合国海洋法公约》，建立了新的海洋制度，国家的海洋权利第一次得到系统、全面和明确的规定。国家的海洋权利具体包括：沿海国可主张一定范围的管辖海域（领海和毗连区、专属经济区和大陆架）；在国家管辖海域的主权、主权权利和管辖权；在国家管辖之外海域（公海、国际海底）的各项自由和权利；在他国管辖海域依法享有的各种权利，如专属经济区的无害通过权等。国家海洋利益是国家在开发利用海洋方面实际享有的便利和收益，是国家海洋权利的具体体现和实际享有状态。海洋权益价值海岛主要包括：(1)领海基点所在的岛屿；(2)主权归属存在争议的海岛。国防安全价值海岛是指对保障我国的国土安全、海上交通、国家利益有重要影响的海岛。国防安全价值海岛主要包括：(1)军事海岛（军事驻地、军事训练基地或建有重要的军事设施的海岛）；(2)国防前哨；(3)部分建有导航灯塔、海洋观测站等设施的无居民海岛。[①]

5. 海岛社会环境

海岛周边的社会经济发展、基础设施的状况和开发海岛的科技水平，对海岛的保护和开发会产生重要的影响。为了鼓励人们开发海岛的热情，有关部门应根据海岛的实际状况制订一些优惠措施。评估人员在进行评估时，除了对海岛状况进行评估外，还应对海岛的周边环境进行调查，为有关部门制订优惠措施提供参考依据。此方面的调查评估应包括以下几个方面。

(1)基础设施情况

①交通设施状况。大部分海岛由于未经开发，交通设施落后，岛屿之间、岛屿和大陆之间，只有简易的码头甚至没有码头。公路几乎没有，恶劣的气候条件下，岛上将没有道路可以通行。②电力和通信状况。由于岛上恶劣的自然和历史条件，大部分无居民海岛几乎没有供电能源和通信设施。此外，由于大部分海岛陆域的面积狭小，径流短促，加之缺乏保水蓄水工程，淡水资源十分匮乏。海岛的交通状况、淡水和电力供应成为影响海岛开发建设的三大制约因素。因此，评估人员在进行评估时，应对海岛的基础设施状况进行调查。

(2)社会经济条件

海岛开发的社会经济基础主要取决于海岛所处的区位经济发展状况、海岛

---

① ［法］孟德斯鸠：《论法的精神（上册）》，商务印书馆1982年版，第154页。

开发的技术水平、人们的文化观念和海岛开发的劳动力。大多数海岛目前仍与大陆沿海地区无直接的交通来往,但它们都与大陆相隔不远,部分海岛还处于沿海发达城市和其他沿海城镇的辐射或吸引范围内。沿海城镇及其周围地区经济的发展对海岛经济发展有很大的带动作用,能够为海岛的经济开发创造有利的条件。反之,如果海岛地理位置偏僻、交通不便,则对其的开发利用活动就会减少。因此,海岛的社会经济条件也应是一项重要的评估内容。

二、海岛价值评估的原则

海岛评估是评估的一种,因此进行海岛评估应遵循评估的一般原则。

1. 真实性原则

真实性原则要求海岛评估机构及评估人员应当以真实的资料、文件和数据为依据,本着认真负责的态度对海岛进行评估,最后得出的结论应当能够反映真实情况。评估机构应当对海岛的经济价值、生态价值、权益价值等方面进行实地调查,真实反映海岛的实际价值。

2. 合法性原则

合法性原则是指海岛评估委托人、评估机构的评估人员等应当按照与海岛评估有关的法律、法规的规定开展海岛评估活动。主要是主体合法,即作为受托方的从事海岛评估的机构和评估人员,必须具有法定能力与评估资格;程序合法,即无论是委托方还是评估机构,都应当及时申报、立项,严格按照有关法律、法规所规定的评估程序、条件进行评估活动;行为合法,指委托方和受托方以及第三方都应当按照法律、行政法规等规范性文件的规定,约束和规范自己的行为,不能违反法律的强制性规范;文书合法,主要指评估申请、评估报告等文件和文书应当符合法定的程序。违反操作的海岛评估行为及其结果,不具有法律效力;做出违法行为的当事人应当承担行政责任;情节特别严重、构成犯罪的,应当承担刑事责任。

3. 可行性原则

可行性原则要求海岛评估机构在评估过程中,应当根据海岛的实际情况采取科学可行的评估方法、评估手段、评估方案等,以保证海岛评估工作得以顺利完成,从而得出符合海岛真实状况的结论。

4. 客观性原则

客观性原则要求海岛评估的机构应当严格按照评估目的、评估程序以及事先设计的评估方案进行,不能任意偏离或者变更;同时应当根据海岛调查取得空间资源价值评估的相关数据、资料等作为评估的客观依据,不能以主观判断代替客观评估行为。此外,评估者在评估过程中应当尽可能地排除主观偏见,更不能凭一己之见预设结论,影响评估的真实性。

5.独立性原则

独立性原则是指从事海岛评估的机构以及具体进行评估事务的评估人员应当凭借自己的评估技术知识和水平,独立地进行评估,不受外界的各种影响,尤其是不应受到聘请或委托进行海岛评估的当事人的不正当影响。例如,海岛评估机构及评估人员不应当接受委托方酬金之外的其他不法"馈赠",不应当因外界的威胁、利诱或上级行政部门的命令等而丧失独立的立场,作出虚假评估等。独立性原则与客观性原则是保证评估报告真实性的基础。

三、海岛价值评估方法

海岛价值评估可以分为两个部分的资源评估:无居民空间资源价值评估和资源生态价值评估。因为评估的内容不同,评估的方法和评价指标也不同,通过两个部分的评估,可以对海岛空间资源和生态资源有进一步的了解和把握。一般地,空间资源价值评估比较市场化,而生态资源价值评估则趋向于技术化。

1.无居民空间资源价值评估

无居民海岛大部分远离陆地,四周被海水包围,具有不同于陆地的独特属性,陆地上成熟的土地评估体系不完全适合无居民海岛空间资源价值评估。无居民海岛资源同海域资源、矿产资源和土地资源一样均为资源性资产,都是由自然资源转化而成的资产。国际上资产价值评估常见的方法有市场法、收益法和成本法,这三种方法都是模拟资产的价值形成过程,分别从供给、需求和投资等不同角度考虑资产的价值。无居民海岛空间资源价值评估可以参考国际通用的三种评估方法,结合海岛空间资源自身属性进行适当调整。[①]

(1)市场法

①基本原理

市场法从供给和需求两个角度考虑无居民海岛空间资源的价值,依据替代原理,与市场上已交易的同类无居民海岛空间资源做比较,进行因素修正,求取评估对象的价值。

②方法说明

将评估对象与近期市场上已经交易的同用途的实例加以对照比较,就两者在影响该评估对象的交易时间、区域因素和个别因素等方面的差别进行修正,求取评估对象在评估时点的空间资源价值。基本公式为

---

① 吴姗姗、幺艳芳、齐连明:《无居民海岛空间资源价值评估技术探讨》,《海洋开发与管理》2010年第7期。

$$P = P_B \times K_1 \times K_2 \times K_3 \times K_4 \times K_5$$

式中：P 为评估对象空间资源使用价值；P_B 为比较实例空间资源价值；K_1 为交易情况修正系数；K_2 为交易时间修正系数；K_3 为评估对象区域因素修正系数；K_4 为个别因素修正系数；K_5 为使用年期修正系数。[1]

③主要指标含义

比较实例选择和使用年期修正系数，与一般土地、资产评估方法基本相同，这里主要强调交易情况修正系数、交易时间修正系数、区域因素修正系数及个别因素修正系数。

交易情况修正系数。这是排除交易过程中一些特殊因素所造成的比较实例的空间资源价值金额偏差，将其成交金额修正为正常金额的调整系数。由于无居民海岛交易市场目前尚未形成，存在着信息的不完全对称性问题，因此对交易中受到当地一些特殊因素的影响而引起的交易金额的偏差，须预先将其修正为正常的交易价格，这样才能作为估算评估对象的比准值。

交易时间修正系数。无居民海岛空间资源的市场价值因供给、需求的波动而波动。随着国家对无居民海岛保护的政策力度的加大和经济发展引发的需求的增加，未来无居民海岛作为稀缺资源，其空间资源价值也将随着时间发生变化。为了消除由于交易时间不同而产生的价格波动的影响，需要将比较实例交易日期的金额调整为评估基准日的金额。由于目前我国无居民海岛交易实例比较少，采用具体日期计算修正系数较难，因此以年为单位比较适宜，同类用途无居民海岛空间资源价值年度之间的平均上涨或下降的幅度，可以作为该年度的交易时间修正系数。在无同类用途无居民海岛空间资源价值变动幅度的情况下，可根据其他用途无居民海岛空间资源价值的变动情况或趋势作出判断，给予调整。

区域因素修正系数。区域因素是影响无居民海岛空间资源价值的重要因素之一。区域因素主要包括区域经济发展水平、无居民海岛需求状况和区域基础设施发展水平等。区域因素修正系数是通过分析比较实例价值所在区域与评估对象所在区域的各项因素差异，进行逐项比较，计算出各个区域因素条件指数，最后综合分析所确定。

个别因素修正系数。无居民海岛个体之间的差异也是影响无居民海岛空间资源价值差异的重要因素。无居民海岛个别因素修正内容主要包括海拔、海岛形体、岸线、周围水深、地质地貌状况、水文状况、自然灾害发生频率、资源及开发程度、海岛及其周围海域生态等。个别因素修正的具体内容应根据评估对象的

---

[1]　中华人民共和国质量监督检验检疫总局：《城镇土地估价规程》，中华人民共和国国字标准（GB/T18508—2001），2002 年正式实施。

用途而确定。进行个别因素修正时,应将比较实例与评估对象的个别因素逐项进行比较,计算出不同个别因素条件指数,进而计算个别因素修正系数。

(2)收益法

①基本原理

收益法可以将购买无居民海岛空间资源作为一种投资,将该投资在未来可以获得的预期纯收益折现之后累加,将该结果作为估价对象的评估价值。收益法是从投资的角度来考虑无居民海岛空间资源的价值,以每一年资产的预期收益进行折现来求取资产价值的一种方法。

②方法说明

该方法是运用某种适当的还原利率,将评估对象未来各年的正常预期纯收益折算到评估基准日的现值求和。基本公式为

$$P = \sum_{i=1}^{n} \frac{A_i}{(1+r_1)(1+r_2)\cdots(1+r_i)}$$

式中:P 为评估对象空间资源价值;A_i 为第 i 年评估对象纯收益,$i=1,2,\cdots,n$;r_i 为第 $1,2,\cdots,n$ 年的还原利率(%);n 为评估对象使用年限。

无居民海岛使用年期有限,其他因素不变时,即当 A 每年不变、r 每年不变且大于零、无居民海岛使用年限为 n 时,空间资源价值计算公式为

$$P = \frac{A}{r} \times \left[1 - \frac{1}{(1+r^n)}\right]$$

③主要指标含义

评估对象年纯收益:评估对象年纯收益是指无居民海岛使用期限内,每年经营无居民海岛的预期总收益扣除相应总费用之后的预期净收益。可以通过参考类似海岛(与评估对象用途、资源相似的有经营收益的有居民或无居民海岛)的总收益,剔除比较海岛与评估对象之间基础设施投入成本、相应的运营总费用后获得。

还原利率:还原利率是一种预期投资报酬率,是投资者在投资风险一定的情况下,对投资所期望的回报率。还原利率可采用安全利率加风险调整值法、投资风险与投资收益率综合排序插入法、加权平均资金成本法等方法确定。

(3)成本法

①基本原理

成本法从供给的角度考虑无居民海岛空间资源的价值,依据累加原理,在无法通过市场判定(比较方式、收益方式)直接得到估价对象的正常市场价格的情况下,通过对估价对象的构成进行分解,分别确定各个构成部分的价格,然后通过累加方式计算出估价对象的评估价格。

②方法说明

以假设建造类似用途人工岛所耗费的各项费用之和为依据,基本公式为

$$P = P_o + C + I + R$$

式中:P 为评估对象空间资源价值;P_o 为毗邻地区相同面积的海域使用权取得成本;C 为建造类似用途人工岛工程成本;I 为建造类似用途人工岛所需资金成本;R 为建造类似用途人工岛项目利润。

③主要指标含义

毗邻地区相同面积的海域使用权取得成本。毗邻地区是指评估对象无居民海岛所在的县(市),或者距离大陆最近点的县(市);海域使用权取得成本,可采用海域评估进行测算或参照海域使用金征收标准确定。

建造类似用途人工岛工程成本。建造类似用途人工岛工程成本根据项目所需工程量和周边同类项目工程费用单价确定。

建造类似用途人工岛所需资金成本。建造类似用途人工岛所需资金成本主要指项目建设所需资金中的贷款利息,依据建设工期、投资进度和建设期内各期贷款利息率确定。

建造类似用途人工岛项目利润。建造类似用途人工岛项目利润依据项目总投资和项目所在行业的平均利润率确定。

(4)方法比较

上述三种方法从不同角度反映了无居民海岛空间资源价值,在适用范围、技术难点方面各有不同(见表 1-1)。

表 1-1　三种评估方法比较

评估方法	适用范围	技术难点
市场法	市场发达,交易案例充足的无居民海岛评估	选择适宜的比较案例,确定主要比较因素和修正幅度
收益法	已有收益或有潜在收益的无居民海岛评估	确定评估对象客观收益、还原利率
成本法	市场不发达又无收益的无居民海岛评估	确定建造类似用途人工岛所需工程量、工期、行业利润

①适用范围

市场法主要用于无居民海岛市场发达,有充足的具有替代性的无居民海岛交易实例的地区。收益法适用于已经运营、能持续产生收益或具有潜在收益,并且收益金额可量化的无居民海岛空间资源价值评估以及可以获取周边类似海岛收益、成本费用资料,具备开发潜力的无居民海岛空间资源价值评估。成本法适宜于市场依据不充分又没有产生收益的无居民海岛空间资源价值评估。

②技术难点

市场法主要技术难点是寻找适宜的比较案例,确定主要比较因素的修正幅度。收益法主要技术难点是毛收益、成本和折现率等参数的确定。成本法主要技术难点是建造类似用途人工岛所需工程量、工期和行业利润等参数的把握。

(5)示例:南沙群岛空间价值的 SAVEE 评价[①]

①评价对象

本例选取南沙群岛中的太平岛、中业岛、南威岛和弹丸礁南部礁坪人工岛(以下简称弹丸礁)进行评价。这四个海岛面积较大,代表性比较显著。

②因子的选取和分析

首先,选取因子。本例目的为说明 SAVEE 的具体应用,故仅选取少量因子,如海岛面积、高程数据、海岛人口、海岛建筑设施、淡水资源、生物资源、自然资源等。同时,本例设定价值范围的依据是科学假设,在实际应用中,应采取专家咨询或者调查统计得出。随后,对每个因子进行分析。

海岛面积。依据图 1-1,将此因子的最大价值设为 0.75,此为同比海岛中面积最大者的价值。当海岛面积小于等于 500 平方米时,价值为 0;面积大于 500 平方米的,价值随面积增加而增加。其适用公式为:

$$V=0.75\times\{-[\mathrm{e}^{\frac{-(x+1)}{|A|}}]^5+1\},500\leqslant x\leqslant A,0\leqslant V\leqslant 0.75$$

式中:A 为同比最大海岛面积。

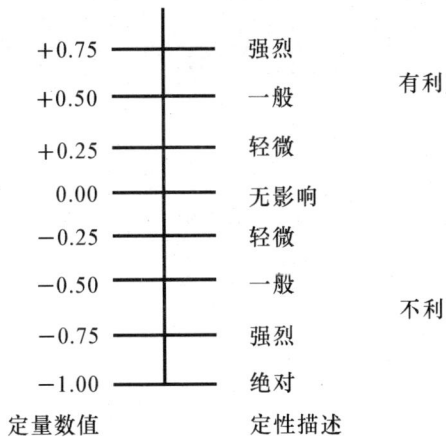

定量数值	定性描述	
+0.75	强烈	有利
+0.50	一般	
+0.25	轻微	
0.00	无影响	
−0.25	轻微	
−0.50	一般	
−0.75	强烈	不利
−1.00	绝对	

图 1-1　权重的定量数值与定性描述的转化

[①]　陈韶阳、程镇燕、Douglas K. Loh:《基于 SAVEE 方法的海岛空间价值评价——以南沙群岛为例》,《海洋环境科学》2012 年第 1 期。

海岛高程。暗礁、暗沙等，价值较低，设定当平均高程小于等于−10米时，价值为−0.75；对于高潮不淹没的岛礁，价值为0，即没有影响；当海岛高程小于0米且大于−10米时，适用公式为：

$$V=0.75\times\{-[e^{\frac{-(x+10)}{|A|}}]^5+1\},0\geq x\geq A,-0.75\leq V\leq0,A=-10$$

海岛人口。设定当单位面积人口数量为200人/平方千米时，其价值最高，其价值分布为一抛物线，抛物线顶点为200人/平方千米，价值为+0.5。当人口为0或超过400人/平方千米时，价值为0。基于此种设定，其适用公式为：

$$V=-0.0000125x^2+0.005x,400>X\geq0;当 X\geq400 时,V=0$$

建筑设施。依据齐全程度设定价值，可分为齐全，较齐全，较不齐全和无设施四类，对应的价值可设定为0.75、0.5、0.25和0。

淡水资源。可以分为丰富、不丰富或水质不佳、无淡水三类，对应的价值分别为0.7、0.2和−0.3。

生物资源。依据岛上及周边海域生物资源状况设定价值，分为丰富、较丰富、较匮乏、极匮乏四类，对应的价值为0.75、0.5、0.2和0。

自然资源。依据岛上及周边海域具有经济开发价值的自然资源种类设定价值，如有三种及以上可开发资源，价值为0.8；如有两种，为0.5；如有一种，为0.2；无资源，为0。由相关资料获得的价值影响因子，如表1-2所示。

表1-2　南沙群岛四个海岛价值影响因子

影响因子	太平岛	中业岛	南威岛	弹丸礁
面积/平方千米	0.49	0.33	0.15	0.3
平均高程/米	3.8	3.3	2.4	2
人口	200	100	550	110
设施状况	较齐全	较齐全	非常齐全	非常齐全
淡水资源	不丰富	丰富	不丰富	无
生物资源	一般	较丰富	一般	丰富
自然资源	很少	丰富	很少	较丰富

③评价结果

通过对各因子进行初步分析，并将各因子进行标准化处理，可得所对应的价值量（见表1-3）。利用SAVEE叠加方程，将因子的价值进行两两计算，可得到海岛的综合价值。其中，太平岛的价值为0.936、中业岛为0.997、南威岛为0.946、弹丸礁为0.392。结果显示，前三个海岛具有极其重要的价值。随着更多其他影响因子的加入，最终结果的真实性、客观性能够得到进一步的提高。

表 1-3　经过计算得出的各因子价值量

影响因子	太平岛	中业岛	南威岛	弹丸礁
面积/平方千米	0.75	0.71	0.58	0.68
平均高程/米	0	0	0	0
单位面积人口	0	0.375	0	0.168
设施状况	0.5	0.5	0.75	0.75
淡水资源	0.2	0.7	0.2	−0.3
生物资源	0.2	0.5	0.2	0.75
自然资源	0.2	0.8	0.2	0.5
SAVEE 总分	0.936	0.997	0.946	0.392

2. 资源生态价值评估

海岛是海洋资源与环境的复合区域,是沿海城市的天然屏障,也是大陆对外贸易、交通、建设的桥头堡,因此,海岛的开发、建设与保护是实施海洋经济可持续发展的任务之一。我国面积在 500 平方米以上的岛屿(除海南岛本岛和台湾、香港、澳门等所属岛屿外)有 6961 个,其中有人常住岛 433 个,人口 453 万人,岛岸线长 12710 公里,岛屿总面积 6691 平方公里。[1] 近几十年来,海岛环境恶化成为海洋生态环境保护的热点问题之一,加强海岛生态系统管理势在必行。进行海岛生态系统评价是开展海岛生态系统管理工作的基础和依据。

(1)海岛资源生态系统评价现状

海岛四周为海水包围,构成了一个完整的地域单元,形成了与大陆不同的自然生态系统,岛内的生物群落在长期进化过程中形成了独特的动植物区系斑块。首先,海岛地理位置特殊,相对孤立地处于海洋之中,海岛及其周围的海域构成了一个完整的生态系统,兼备了海、陆两类生态系统的特征;其次,其面积狭小,地域结构简单,资源有限,生物多样性低,生态结构相对简单,导致海岛生态系统的稳定性差,环境容量和环境承载力有限,生态系统十分脆弱;再者,海岛离大陆远,缺乏与外界生态系统之间的交流,从而形成了自己独特的地貌、地质构造和生物群落特征;此外,由于受到气候条件的影响(主要是风),海岛生态系统的一面呈现冲刷态势(主要为山地),另一面则呈现淤积态势(主要为沙滩),具有动力两重性[2]。基于这些特征,评价一个海岛生态系统,应当将海岛的陆地、潮间带以及周边海域视为一个相互联系、相互影响的整体,综合考虑相互间的联系和作

① 《全国海岛资源综合调查报告》编写组:《全国海岛资源综合调查报告》,海洋出版社 1996 年版,第 15 页。

② 李金克、王广成:《海岛可持续发展评价指标体系的建立与探讨》,《海洋环境科学》2004 年第 23 期。

用机制。海岛生态系统评价就是以整个海岛的生态系统为评价对象,以生态系统的基本特征为依据,运用生态评价的原理和方法,对生态系统的结构和功能以及各子系统间的相互影响机制进行的综合评价。考虑到海岛生态系统的动态性,其生态系统综合性评价应当包括回顾性评价、现状评价以及影响评价。1973年启动的 MAB 计划(人与生物圈计划)中关于岛屿生态系统的合理利用与生态学研究,可以认为是国际上关于海岛生态系统研究的进一步发展。[①] 在国外,自20世纪90年代以来,海岛生态系统的研究主要集中在海岛生态退化、海岛及周边海洋管理以及人为压力下海岛生态系统的响应等方面。我国的海岛生态系统研究起步较晚,研究工作与国外相比存在着一定的差距,比较系统的海岛研究主要集中在国家组织的几次全国性海岛海岸带调查。近几年来,国内陆续有学者对海岛生态旅游、港口和渔业资源开发、无居民海岛保护和管理以及海岛生态环境可持续发展等方面开展了相关研究,对海岛生态系统综合评价。[②] 总的来说,国内外在海岛生态系统的研究上,工作还很不充分,具体到生态系统评价上,研究报道更是寥寥无几。上述针对海岛生态系统的研究工作还较为简单,更多的是宏观上的定性分析,还处于研究的初级阶段。但是,它们为今后进行海岛生态系统评价的深入研究提供了理论、方法和模式的借鉴。

(2)示例:PSR 模型在海岛生态系统评价的运用[③]

由于地理因素和生态保护观念落后等原因,我国对海岛生态系统的重视和研究起步较晚,尚未形成一套完整的综合评价指标体系,加强海岛生态系统评价指标体系研究是今后海岛生态系统研究的一个重要方向。本书选取《PSR 模型在海岛生态系统评价的运用》作为示例,该评价体系在目前零星的海岛生态调查研究基础上,结合环境 PSR 模型加以总结,尝试提出了上述的海岛生态系统评价指标体系。若要将该评价指标体系应用于实践,还要深入进行海岛调查,开展海岛资源、环境监测和评估,结合各种实际情况加以不断完善。

①PSR 模型在海岛生态系统评价中的作用

海岛生态系统是典型的社会—经济—自然复合生态系统(Social-Economic-Natural Complex Ecosystem,SENCE)[④],人类是生态系统的重要组成要素之一,尤其在人类活动较为频繁的有居民海岛。在其生态系统评价工作中要充分

---

① 王小龙:《海岛生态系统风险评价方法及应用研究》,中国科学院研究生院(海洋研究所),2006 年博士学位论文。

② 任海、李萍、周厚城等:《海岛退化生态的恢复》,《生态科学》2001 年第 2 期。

③ 肖佳媚、杨圣云:《PSR 模型在海岛生态系统评价的运用》,《厦门大学学报》(自然科学版)2007 年第 s1 期。

④ 马世骏、王如松:《社会—经济—自然复合生态系统》,《生态学报》1984 年第 1—4 期。

考虑其社会属性和自然属性两方面的内容,研究社会、经济和自然的共同持续发展。然而,不同的海岛类型和规模差异较大,生态环境背景有所区别,人类活动的干预程度也不同,要建立一套既能体现不同海岛间差异性又能涵盖所有海岛共性的生态系统评价指标体系十分困难。经过归纳分析和筛选,海岛生态系统评价方法可以借鉴环境评价的 PSR 模型。相对于其他方法和模型,PSR 模型在建立海岛生态系统评价指标体系上具有一定的优势,其作用主要体现在以下几个方面[1]:

综合性:同时面向人类活动和自然环境。PSR 模型能抓住复合生态系统中"社会—环境—自然"相互关系的特点,体现出不同海岛生态系统间的共性,从社会经济和环境的因果关系中反映出生态系统的状况。

灵活性:可以适用于描述较大时空尺度的环境现象。海岛生态系统是一个动态的生态系统,加上生态过程存在一定的迟滞效应,因此仅对生态系统某一特定时期的状态进行评价不能全面地反映海岛生态系统的实际状况。PSR 模型具有易调整性,它是一个动态模型,在实际评价工作中可以针对具体情况在时空的尺度上进行扩展。

因果关系:强调了经济运作对生态系统的影响之间的联系。PSR 模型可以从海岛生态系统退化的原因出发,通过压力、状态和响应三方面指标把相互间的因果关系展示出来,同时每个指标都能进行分级化处理形成次一级子指标体系。这三个环节正是决策和制定对策措施的全过程。依据该模型建立的指标体系更注重指标之间的因果关系及其多元空间联系。[2]

②基于 PSR 模型的海岛生态系统评价指标体系构建

——指标体系的设置原则

要建立海岛生态系统评价指标体系,全面、真实地衡量海岛生态系统的状态水平以及可持续发展的能力,评价指标的选取必须具有相当的完备性和代表性,以便能够综合地反映影响海岛生态系统发展的各种因素。[3]

针对海岛生态系统的特点,评价指标体系的设置应当依据如下几个原则[3]:

整体性原则:海岛生态系统是由岛陆、岛基、岛滩和环岛浅海四个小生态环境组成的不可分割的整体,指标体系的建立不仅要考虑各个生境的特有要素,还

① 马小明、张立勋:《基于压力—状态—响应模型的环境保护投资分析》,《环境保护》2002 年第 11 期;张翔、夏军、王富永:《基于压力—状态—响应概念框架的可持续水资源管理指标体系研究》,《城市环境与城市生态》1999 年第 5 期。

② 薛雄志、吝涛、曹晓海:《海岸带生态安全指标体系研究》,《厦门大学学报》(自然科学版)2004 年第 s1 期。

③ 李金克、王广成:《海岛可持续发展评价指标体系的建立与探讨》,《海洋环境科学》2004 年第 23 期。

应当包括能体现生态系统整体特征的指标。

可操作性原则:评价指标体系在设置上应当考虑指标的现实性和易获程度,并能够反映系统的某些关键性特征和预测系统的发展趋势。

层次性原则:海岛生态系统是一个复合的多元生态系统,生态要素众多,指标体系应从简单到复杂层层剖析,以便能更清晰地体现生境状况。

动态性原则:评价指标体系要能反映一定时空尺度的生态系统状况,其选择要求充分考虑生态系统动态变化的特点,以期更好地对生态系统的历史、现状和未来变化趋势做准确的描述。

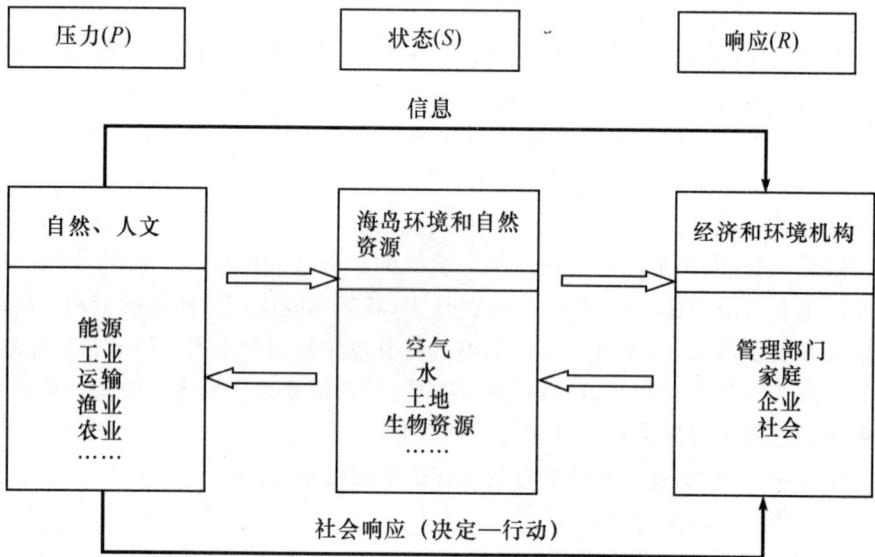

图 1-2 海岛生态系统评价指标体系的 PSR 模型

——指标体系的构建

在以 PSR 模型为基础的海岛生态系统评价指标体系中:"压力"指标是指来自自然灾害及人类活动对海岛生态系统产生的压力,具体由经济、社会和自然多方面的压力构成;"状态"指标用来反映整个海岛生态系统的结构、功能状况与动态特征,同时也是自然生态系统对人类服务功能和资源的反映;"响应"指标是能够反映处理海岛生态环境问题和维护改善海岛生态系统状态的保障及管理能力[1]。三方面相互联系,构建出海岛生态系统评价指标体系框架(见图 1-2),由压力指标可派生出对应的状态指标和响应指标,但这些分类指标间的关系并非

[1] 薛雄志、吝涛、曹晓海:《海岸带生态安全指标体系研究》,《厦门大学学报》(自然科学版)2004 年第 s1 期。

完全一一对应。本书根据海岛生态系统评价的目的及指标选择原则,选取了有代表性的评价指标,形成了三级指标体系(见表1-4)。

表 1-4　基于 PSR 模型的海岛生态系统评价指标体系

分类	一级指标	二级指标	三级指标
压力	自然因素	气候条件	平均气温、降水量、相对湿度
		海水水文	水温、盐度、pH值、潮汐、海流
		自然灾害	台风、风暴潮、赤潮、地震、海啸
	人文因素	常住人口	人口数量、人口密度、人口自然增长率
		旅游	旅游人口、旅游人口变化趋势、旅游业产值
		社会经济	海岛GDP、海岛人均GDP、恩格尔系数、第三产业比重
		资源利用	土地资源利用率、水资源利用率、海洋资源类型、海洋资源开发利用程度
状态	非生物环境	污染源	污水排放类型和排放量、污染气体排放类型和排放量、噪声污染情况、固体废物排放类型和排放量
		淡水环境质量	溶解氧、COD、无机氮、活性磷酸盐
		海水环境质量	溶解氧、COD、无机氮、活性磷酸盐等
		土壤环境质量	pH值、镉、汞、砷、铜、铅、铬、六六六、DDT
		潮间带沉积物环境质量	硫化物、有机碳、重金属(铅、铜、锌等)
		潮下带底栖生物质量	贝类体内的重金属(汞、铜、铅、锌、镉)
		生境质量	生境面积、生境质量
	生物环境	岛陆生物	海岛植被面积,植被覆盖率,植物种类、建群种、优势种,动物种类数量、动物优势种
		潮间带生物	潮间带鸟类种类、数量,底栖生物种类、数量,底栖生物多样性指数
		近海海域生物	叶绿素a,初级生产力,浮游植物物种、生物量、多样性指数,浮游动物物种、生物量、多样性指数,底栖生物物种、生物量、多样性指数,游泳动物物种、生物量、多样性指数
		外来种	外来物种种类、数量,外来物种危害程度
		珍稀物种	珍稀物种种类、数量
	景观格局	自然性	景观类型比例指数
		多样性	辛普森多样性指数、香农均匀度指数
		破碎度	斑块密度、破碎化指数
		稳定性	稳定度指数

续表

分类	一级指标	二级指标	三级指标
响应	政策措施	污染控制	建设项目环境影响评价技术实施率、生态修复工程实施率、危险废物处理率、污水处理率、固废综合利用率、环境噪声达标区覆盖率
		生态环境管理	生态环境管理措施及相关法规、环境保护投资占 GDP 的比重、公众对环境的满意度、公共环保意识普及率
		生态保护与建设	绿化覆盖率、自然保护区面积比率、沿海防护林面积比率、森林公园面积比率、文物古迹保护率

压力指标的选取。压力指标是海岛生态环境变化的驱动力,是生态环境质量变异的重要贡献因素。压力的来源是一个非常关键的问题,因为造成生态变化的这些压力应当对生态系统状态的变化负责。本书将压力指标归纳为自然因素和人文因素。考虑到海岛的特殊地理位置,影响海岛生态系统状态的自然因素主要是气候条件、海水水文以及由气候和水文条件引起的自然灾害,包括台风、风暴潮、赤潮、地震、海啸等;人文因素主要考虑对海岛生态系统环境施压的社会结构、经济活动以及资源利用情况,共四项指标,每项指标又做了进一步的细化。

状态指标的选取。生态系统状态指生态系统所处的状态或趋势,它是各种生态因子时空相互耦合的综合反映。它是压力作用的结果,同时也是政策响应的最终目的。本书考虑到社会—经济—环境之间的相互作用机理以及 PSR 模型中三要素之间的因果关系,从非生物环境、生物环境、景观格局三个方面来确定海岛生态系统状态指标。非生物环境方面分为七项指标:污染源、淡水环境质量、海水环境质量、土壤环境质量、潮间带沉积物环境质量、潮下带底栖生物环境质量以及生境质量,同时结合海岛地区的实际情况及数据资料的可获得性,每项指标进一步细化,选取相应的关键因子做重点评价。生物环境方面包括五项指标:岛陆生物、潮间带生物、近海海域生物、外来种以及珍稀物种,每项指标选取重点评价因子建立了下一级指标体系。景观格局方面考虑了景观的自然性、多样性、破碎度和稳定性,三级指标通过计算景观类型比例指数、辛普森多样性指数、香农均匀度指数、斑块密度、破碎化指数以及稳定度指数来反映海岛景观生态状况。

响应指标的选取。社会响应是人类应对海岛生态系统受到人类胁迫的加剧和生态环境效应恶化所做出响应,以改善海岛生态环境质量,防止海岛生态退化。社会响应程度的大小能够反映一个海岛地区生态环境保护投入(包括人力、财力、物力)的大小。通过对响应指标的考察,可以判断这些响应是否不足以减轻压力的影响，或者不足以改善海岛生态系统状态的变化。如果响应一栏归于空白，那将是一个非常重要的信息，说明尚未在这一方面采取必要的政策行动。海岛生态系统社会响应指标主要考虑保护与污染控制力度、生态环境管理以及生态保护与建设状况，下一级指标体系涉及生态修复工程的实施、废物处理、科技文化、公众参与、绿化、保护区等方面实施的政策和措施。

——指标的使用

指标以及各指标权重的确定主要是基于经验判断。上述指标可能适合于不同类型海岛，在评价过程中应该根据实际情况选择或增加相应指标。指标体系中指标数量较多，有些指标可定量，有些指标不易定量。对于定性指标可以采用文献分析、专家座谈和公众参与的方式确定指标的评价等级或将评价值纳入整个指标体系的计算中。定量指标在单指标评价过程中可采用相对评价方法，即按一定标准将每一指标值划分成不同等级分别赋分，并对所得分值进行标准化，然后用层次分析法或特尔斐法确定每一指标的权重，再通过综合指数法计算整个海岛生态系统的综合指数值。最后可以建立一套生态系统评价指数，确定评价标准，设定于生态环境状况"很差"、"差"、"一般"、"良"、"优"五种状态的参考范围，根据计算的等级值处于哪个范围，来确定海岛生态系统状况处于何种状态。再综合压力和响应指标定性分析压力的适宜程度和响应的能力。

第三节　海岛价值评估的法律制度

一、海岛价值评估法律制度建立的必要性

根据法律制度的一般含义，海岛评估法律制度的概念可以概括为：是我国法律体系的组成部分，是为维护国家海岛权益、建立合理的开发利用秩序，最终实现海岛资源的可持续利用，而由国家制定、认可，并由国家强制实施的调整海岛评估过程中发生的各种社会关系的规范制度的总和。人类社会有序运行依赖各种制度的保证。大到国家制度、经济制度、科技制度、文化制度、教育制度、法律制度等，小到基层单位的具体行政与生产管理的规章制度等，没有管理制度，必然会发生混乱。而这其中由于法律制度的本质特征是"统治阶级按照自己的意志，通过国家政权建立的用来维护自己秩序的制度，是统治阶级实行阶级统治的工具"，使得其在国家各类管理制度中最具强制性、权威性和执行性。因此，海岛评估法律制度的建立，对于保障海岛评估工作有序、顺利进行具有重要意义。

首先，目前进行的海岛评估工作没有统一的标准。评估工作主要是依据《中

华人民共和国海域使用管理法》《中华人民共和国海洋环境保护法》《中华人民共和国渔业法》《中华人民共和国土地管理法》《中华人民共和国矿产资源法》、《中华人民共和国森林法》《中华人民共和国物权法》《中华人民共和国野生动物保护法》等法律规范。评估标准的不统一,势必会影响到评估结论,从而影响到对海岛的保护和利用。其次,评估机构的资质没有相应规定。目前我国还没有制定相应的规范,规定承担海岛评估工作的机构应具备的条件,实践中,往往是有关部门委托相应的机构从事评估工作,而受委托的机构是否具有相应的资质,以及相应的评估人员是否具有相应的评估资格,有关部门往往很难界定。而评估机构及评估人员的评估行为直接影响到评估结果的准确性。第三,对评估机构和评估人员以及其他各方在评估过程中的违法行为,目前我国也还没有相应的制裁措施,法律责任的缺失往往会放任违法者的违法行为。因此,我们应尽快建立海岛评估法律制度,针对海岛评估标准、评估资质、评估内容、法律责任等方面制定统一的标准,使海岛评估工作有章可循,保证评估结论的准确性,促进海岛的保护和有效开发利用。

二、建立海岛价值评估法律制度的依据

目前我国还未建立起海岛评估的相关制度,包括海岛评估的法律制度。海岛属于国有资源,因此,海岛的评估,首先要遵循一般国有资源资产评估的法律规定,如:国务院 1991 年 91 号令《国有资产评估管理办法》,原国家国有资产管理局〔1992〕36 号文件《国有资产评估管理办法实施细则》及〔1996〕23 号文件《资产评估操作规范意见(试行)》。其次,海岛评估还要遵循与海岛保护与利用有关的法律、法规。具体来说主要包括以下内容。

1. 法律依据

(1)《中华人民共和国海域使用管理法》(自 2002 年 1 月 1 日起施行)

其中第一章第二条规定:"本法所称海域,是指中华人民共和国内水、领海的水面、水体、海床和底土。"

"本法所称内水,是指中华人民共和国领海基线向陆地一侧至海岸线的海域。在中华人民共和国内水、领海持续使用特定海域三个月以上的排他性用海活动,适用本法。"

第一章第三条规定:"海域属于国家所有,国务院代表国家行使海域所有权。"

海岛四周被海水包围,远离大陆,是海洋中的"陆地"。海岛的开发利用和保护活动应遵循海域使用管理的一般规定,对海岛的开发利用和保护不应与所在海域管理相冲突。相应的,海岛评估法律制度的构建也应遵循海域使用管理的

相关规定。

(2)《中华人民共和国海洋环境保护法》(自 2000 年 4 月 1 日起施行)

其中第三章第二十条规定:"国务院和沿海地方各级人民政府应当采取有效措施,保护红树林、珊瑚礁、滨海湿地、海岛、海湾、入海河口、重要渔业水域等具有典型性、代表性的海洋生态系统,珍稀、濒危海洋生物的天然集中分布区,具有重要经济价值的海洋生物生存区域及有重大科学文化价值的海洋自然历史遗迹和自然景观……"

第三章第二十二条规定:"凡具有下列条件之一的,应当建立海洋自然保护区:具有特殊保护价值的海域、海岸、岛屿、滨海湿地、入海河口和海湾等……"

第七章第五十六条规定:"国家海洋行政主管部门根据废弃物的毒性、有毒物质含量和对海洋环境影响程度,制定海洋倾倒废弃物评价程序和标准……"

随着沿海经济的迅猛发展,近海海域遭到越来越严重的污染,使海域环境质量明显下降,生态环境日趋恶化,并对生物资源和人体健康产生有害影响。近海水域的污染已成为世界各国,特别是像我国这样具有相当长的海岸线和众多海湾的国家所共同关心的环境问题。《中华人民共和国海洋环境保护法》确立了建立海洋自然保护区制度,对具有特殊价值的海岛建立保护区,因此,在海岛评估过程中,应遵循海洋环境保护法的有关规定,使对海岛的保护和开发利用符合海洋环境保护的需要。

(3)《中华人民共和国渔业法》(2009 年修正本)

第十一条规定:"国家对水域利用进行统一规划,确定可以用于养殖业的水域和滩涂。"

第二十二条规定:"国家根据捕捞量低于渔业资源增长量的原则,确定渔业资源的总可捕捞量,实行捕捞限额制度。国务院渔业行政主管部门负责组织渔业资源的调查和评估,为实行捕捞限额制度提供科学依据。"

第十七条规定:"……引进转基因水产苗种必须进行安全性评价,具体管理工作按照国务院有关规定执行。"

近几年来,由于人为滥捕,一些海岛邻近的渔场资源量显著下降,鱼类个体变小,已很难形成鱼汛,严重影响了主要经济鱼类的生长。通过海岛评估工作,对海岛周围的渔业资源进行调查和评估,以利于相关部门制定合理的渔业资源捕捞量,因此,海岛评估法律制度的建立需要与渔业法的有关规定相衔接。

(4)《中华人民共和国矿产资源法》(自 1997 年 1 月 1 日起施行)

第二十四条规定:"矿产资源普查在完成主要矿种普查任务的同时,应当对工作区内包括共生或者伴生矿产的成矿地质条件和矿床工业远景作出初步综合评价。"

第三章第二十五条规定:"矿床勘探必须对矿区内具有工业价值的共生和伴生矿产进行综合评价,并计算其储量。未作综合评价的勘探报告不予批准。但是,国务院计划部门另有规定的矿床勘探项目除外。"

我国海岛金属矿产资源贫乏,非金属矿产资源则相对丰富,并且矿产资源分布极不平衡,《中华人民共和国矿产资源法》确立了矿产资源综合评价制度,对海岛矿产资源的评估,既需要遵循矿产资源评价的一般规律,又需根据海岛自身的特殊性确立相应的评估规则。

(5)《中华人民共和国森林法》(1998年修正本)

第一章第二条规定:"在中华人民共和国领域内从事森林、林木的培育种植、采伐利用和森林、林木、林地的经营管理活动,都必须遵守本法。"

第三章第二十四条规定:"国务院林业主管部门和省、自治区、直辖市人民政府,应当在不同自然地带的典型森林生态地区、珍贵动物和植物生长繁殖的林区、天然热带雨林区和具有特殊保护价值的其他天然林区,划定自然保护区,加强保护管理。"

海岛森林资源是海岛生态系统的主体,森林资源是海岛生物赖以生存的基础资源,同时森林还具有维护地球生命、改善人类生存环境的生态价值。因此,对海岛森林资源的评估,应该计算林业利用之外的间接价值,以加强对林业资源的保护。

2. 法规依据

(1)《中华人民共和国自然保护区条例》(1994年12月1日起施行)

第一章第三条规定:"凡在中华人民共和国领域和中华人民共和国管辖的其他海域内建设和管理自然保护区,必须遵守本条例。"

第二章第十条规定:"凡具有下列条件之一的,应当建立自然保护区:……(三)具有特殊保护价值的海域、海岸、岛屿、湿地、内陆水域、森林、草原和荒漠……"

在海岛评估过程中,应对各种类型的珍稀与濒危动物自然保护区、原始自然生物多样性保护区等,进行规划保护,以求保留、保存天然的海洋自然风貌,改善海洋生态过程和生命维持系统,促进资源的恢复、繁衍和发展。

(2)《国有资产评估管理办法》(自1991年11月16日起施行)

第一章第二条规定:"国有资产评估,除法律、法规另有规定外,适用本办法。"

第一章第四条规定:"占有单位有下列情形之一,当事人认为需要的,可以进行资产评估:(一)资产抵押及其他担保;(二)企业租赁;(三)需要进行资产评估的其他情形。"

第一章第五条规定："全国或者特定行业的国有资产评估，由国务院决定。"

第一章第六条规定："国有资产评估范围包括：固定资产、流动资产、无形资产和其他资产。"

第一章第七条规定："国有资产评估应当遵循真实性、科学性、可行性原则，依照国家规定的标准、程序和方法进行评定和估算。"

第一章第八条规定："国有资产评估工作，按照国有资产管理权限，由国有资产管理行政主管部门负责管理和监督。国有资产评估组织工作，按照占有单位的隶属关系，由行业主管部门负责。国有资产管理行政主管部门和行业主管部门不直接从事国有资产评估业务。"

(3)《国有资产评估管理若干问题的规定》(自 2002 年 1 月 1 日起施行)

第三条规定："占有单位有下列行为之一的，应当对相关国有资产进行评估："……(六)资产转让、置换、拍卖；(七)整体资产或者部分资产租赁给非国有单位……"

第七条规定："……占有单位有本规定所列评估事项时，应当委托具有相应资质的评估机构进行评估。占有单位应当如实提供有关情况和资料，并对所提供的情况和合法性负责，不得以任何形式干预评估机构独立执业。"

第八条规定："……国有资产评估项目实行核准制和备案制。"

第十四条规定："……财政部门应当加强对资产评估项目的监督管理，定期或不定期地对资产评估项目进行抽查。"

海岛评估属于评估的一种，因此，海岛评估法律制度应遵循评估工作的一般原则与准则。已有的国有资产评估法律制度对海岛评估法律制度的构建具有重要的指导意义。

(4)《无居民海岛保护与利用管理规定》(自 2003 年 7 月 1 日起施行)

第一章第一条规定："为了加强无居民海岛管理，保护无居民海岛生态环境，维护国家海洋权益和国防安全，促进无居民海岛的合理利用，根据有关法律，制定本规定。"

第二章第二条规定："在中华人民共和国内水、领海、专属经济区、大陆架及其他管辖海域内，从事无居民海岛的保护与利用活动，适用本规定。"

《无居民海岛保护与利用管理规定》是我国关于海岛保护和开发利用的一般规定，海岛评估法律制度相关内容的构建应遵循其一般规定。根据海岛的实际状况，对海岛的评估应包括对海岛生态系统的评估。对生态系统的评估，在相关的领域提出过具体的指标和标准，这些内容对海岛评估法律制度的构建具有一定的指导意义。如《碧海行动计划》第七章"碧海实施行动的技术支持"中所述，渤海生态系统健康度评估指标体系及生态功能区划主要包括以下几方面内容：

①生物性质量指标及标准的建立,包括生物质量指标的筛选与评估、生物标志物指标在生物质量评估中的应用、生物质量标准的构建。②评价生态系统健康状况的结构性指标,包括生物多样性状况,重要生物类群结构与数量变动(种群数量波动、优势种更替等),特定区域代表性经济生物发生状况及品质,赤潮爆发频率等。③评价生态系统健康状况的功能性指标,包括生产力水平的变动,生态系统能流途径健康性与物质循环的稳定性,食物链网的稳定性与复杂性,生物过程与非生物过程偶合的稳定性,生态系统自身调节能力和自净能力。④受损生态系统恢复评估指标,包括恢复评价指标体系筛选与构建,各重要生态功能区服务功能恢复状况评价,渤海生态功能区区划及可持续发展能力等。①

首先,国务院于 2006 年 1 月发布的《国家中长期科学和技术发展规划纲要(2006—2020 年)》,已经明确列出了生态系统评估的内容,把生态脆弱区域生态系统功能的恢复重建列为全国 62 个优先主题之一,明确提出了构建生态系统功能综合评估和技术评价体系的任务。在《中国科学院中长期发展规划纲要(2006—2020 年)》的 40 个科技战略重点之一的"生态系统修复与保护研究"中,明确提出要开展我国生态系统服务功能综合评估,即"研究不同类型退化生态系统恢复的技术与模式,建设试验示范区。研究我国生态系统过程及变化趋势,发展生态价值化理论与绿色核算技术,开展我国生态系统服务功能综合评估。研究重大工程建设对生态环境的影响,提出防控对策。"

除上述法律、法规外,《中华人民共和国土地法》、《中华人民共和国野生动物保护法》、《中华人民共和国森林法实施条例》等相关法律、法规,对海岛评估法律制度相关内容的构建也具有重要的指导和借鉴意义。

3. 理论依据

(1)可持续发展理论

我国海岛开发虽然已有了一定的发展,由于各种原因,还存在着许多生态经济问题,主要是:①掠夺式资源型开发,致使海岛资源遭受严重破坏,如海南岛红树林的破坏就是一例;②有人居住的海岛污染较严重,特别是片面发展工业的海岛污染更为突出;③盲目开发,忽视生态平衡,造成生态系统的破坏;④不适度的向海岛移民,造成海岛资源与海岛人口的矛盾。②

我国海岛开发利用活动中存在的问题,已严重影响了海岛资源的可持续利用,通过海岛评估工作,对海岛的生态状况进行调查,对海岛的自然资源状况进

① 张铁民:《中国海洋区域经济研究》,海洋出版社 1990 年版,第 279—319 页。
② 张文显:《西方法社会学的发展、基调、范围和方法》,《法律社会学》,山西人民出版社 1988 年版,第 71—74 页。

行评价分析,能为有关部门确立海岛的开发和保护方式提供依据。为了促进海岛资源的可持续利用和永续发展,在构建海岛评估法律制度相关内容时,必须以可持续发展理论为指导。可持续发展是一个内涵极为丰富的概念,公认的可持续发展的定义是既满足当代人的需求,又不损害子孙后代满足其需求能力的发展,可持续发展的核心是正确处理人与人、人与自然之间的关系。

(2)生态系统方法论

生态系统方法的最终目标是促进可持续发展。在海岛领域采取生态系统方法,包括维持海岛生态系统的完整性、机能运作和健康,以确保当代及后代可持续利用海岛资源。从生态学角度讲,"生态系统的健康"意指一个能长期维持自身结构、活动和复原力的生态系统;换句话说,是可持续的。就人类对海岛的利用和影响而言,人类是海岛生态系统的内在组成部分。这意味着海岛生态系统的健康和机能运作也包括其提供海洋资源、生态系统服务及美学和精神裨益、从而促进人类福祉的能力。生态系统方法的一个突出特点是它的综合、整体性质,考虑到了生态系统的物理和生物等所有组成部分及其相互间的作用和可能对它们产生影响的一切活动。应根据对海岛生态系统现状、其各个组成部分之间的相互作用及其面临的压力等方面的科学评估结果,全面、综合地管理可能对海岛产生影响的所有人类活动。

(3)生态系统管理理论

生态系统管理是一种物理、化学和生物学过程的控制,将生物体与它们的非生命环境及人为活动的调节连接在一起,以创造一个理想的生态系统状态。"生态系统管理"内涵的实质是"基于生态系统的管理"(Ecosystem-based Management),从本质而言,它强调的不是生态系统过程,而是人类活动对这些过程和生态系统结构、功能结果的影响。

可持续性是生态系统管理的最终目标。生态系统管理的目标是要充分了解环境中生物多样性的作用、生态系统的功能和动态特性、生态系统在不同管理尺度上的开放性和相互联系,以及克服公众的偏见。生态系统管理研究的主要内容包括重新认识、探讨生态系统管理的理论基础、方法和步骤,而且将重点集中在对人类影响下的各类生态系统研究,为生态系统及其资源的可持续性、生物多样性保护、减缓全球环境变化、最终实现人类社会的可持续发展提供理论依据和行动指导。人们在进行海岛的开发和利用活动时,不可避免地会对海岛的生态环境产生影响,而如何将这种影响控制到合理范围内,需要通过多种途径加以解决。通过海岛评估工作,可以及时发现在开发和保护过程中存在的问题,进一步优化传统的海洋产业结构,发展海洋新兴产业,从"浅层次、粗放型"开发逐步过渡到科学地开发利用和保护并举的轨道上来,这有利于控制和改善海岛及其海域生态环境的恶化趋势,使海岛及其海域的生物资源衰退趋势得到遏制,使具有特色的海岛自然、人文景观得到切实保护,由此带来海岛开发与利用的健康发展。

三、海岛价值评估法律制度建立的意义

海岛评估制度对海岛的开发利用和保护工作具有重要作用,通过立法使海岛评估制度化,可以使海岛评估工作有章可循,规范评估主体的评估行为,制裁评估过程中发生的违法行为,使海岛评估制度发挥其应有的功能。但是,目前我国的海岛评估法律制度的构建尚处在起步阶段,已有的评估活动主要是依据海域使用、土地管理、矿产资源等相关法律、法规进行,海岛的特殊性决定了海岛评估活动不能简单地以其他相关法律制度为依据,而必须结合海岛自身的特点建立海岛评估法律制度。为此,必须结合已有的资产评估法律制度、环境影响评价法律制度等内容,探讨海岛评估法律制度相关内容,对海岛评估的原则、内容、主体及法律责任等问题进行分析,从而得出海岛评估除应遵循一般评估原则以外的特有原则。进行海岛评估的主体应是具有海岛评估资质的评估机构及评估人员。为了规范评估机构和评估人员的评估行为,应建立起海岛评估主体法律责任体系。海岛评估主体法律责任作为法律责任的一种,也应当包括民事责任、行政责任和刑事责任三类。海岛评估的内容应包括经济资源、生态系统、战略价值、社会环境等方面。在构建海岛评估法律制度时,应遵循海岛保护的基本原则和已经确立的基本制度,注意与已有的海岛相关法律制度相协调。

第二章

海岛生态保护

海岛是经济社会发展中的一个特殊区域,加强海岛生态保护,严格限制填海、围海等改变海岛岸线的行为对于合理开发利用海岛资源、维护国家海洋权益、促进经济社会可持续发展意义重大。自20世纪90年代以来,在全国海岛资源综合调查的基础上,我国先后开展了三批海岛开发、保护和管理的试点。2003年,国家海洋局、民政部和总参谋部联合发布《无居民海岛保护与利用管理规定》,开始了中国海岛管理的制度建设。2009年12月,《中华人民共和国海岛保护法》经第十一届全国人大常委会第二次会议审议通过,并于2010年3月1日起施行。这是一部以保护海岛生态为目的的行政法,从事中华人民共和国所属海岛的保护、开发利用以及相关管理活动,都必须符合此法相关规定。从20世纪90年代海岛开发、保护和管理的试点,到2003年《无居民海岛保护与利用管理规定》的出台,再到2010年《中华人民共和国海岛保护法》的实施,我国海岛生态保护显著加强,海岛生态修复工作也取得了一定成效。

第一节　海岛环境

按照环境的属性,可将环境分为自然环境、人工环境和社会环境。自然环境是指未经人工改造天然存在的环境。根据环境的要素,自然环境又可分为大气环境、水环境、土壤环境、地质环境和生物环境等;人工环境是指在自然环境的基础上经过人工改造所形成的环境,或人为创造的环境;社会环境是指由人与人之间的各种社会关系而形成的环境,包括政治制度、经济体制、文化传统、社会治安、邻里关系等。这里阐述的海岛环境主要是指海岛自然环境。

一、海岛自然环境

自然环境是海岛生物赖以生存的物质基础,也是形成海岛价值的先决条件。

海岛自然环境既深刻影响着海岛生物生存和发展的状态,同时又决定着海岛自然资源价值、生态经济价值、科学研究价值、军事利用价值和权益维护价值的大小。因此,优美和谐的海岛自然环境对于实现海岛经济社会可持续发展至关重要。影响海岛自然环境的因素主要包括以下几个方面:地质、地貌、土壤、气候、植被、生物和自然灾害。

1. 海岛地质

我国海岛地处世界最大洋——太平洋和最大陆地——亚欧大陆的过渡地带,由于深受太平洋板块和亚欧板块的相互挤压作用,我国海岛基本上呈东北—西南方向排列。如外长山列岛、里长山列岛、庙岛群岛、舟山群岛、韭山列岛、渔山列岛、南北麂山列岛、四礵列岛、马祖列岛、澎湖列岛、担杆列岛、佳蓬列岛的排列均为东北—西南方向。我国海岛地质与沿海大陆地层有着非常密切的关系。辽宁省和山东省所属的渤海、黄海绝大部分岛屿由华北地层组成;江苏省和上海市所属的黄海、长江口一带众多岛屿由扬子地层组成;浙江省、福建省、广东省、广西壮族自治区、台湾和海南省所属的东海、南海各岛屿由华南地层组成。我国海岛分布南北跨度大,岩性构造也较为复杂。总体而言,渤海、黄海各岛屿基本上由变质岩、沉积岩和燕山期花岗岩组成;东海、南海各海岛基本上由变质岩、火山岩和燕山期侵入岩组成。我国海岛地质问题主要包括地震、重力滑坡、矿产开发的副作用,以及过量开采地下水、建筑物分布不均匀引发的地面沉降。

2. 海岛地貌

我国海岛地貌类型齐全,虽不如大陆地貌典型,但几乎所有的大陆地貌类型均可以在海岛上有所发现。我国海岛地貌类型主要有侵蚀剥蚀地貌、冲积地貌、洪积地貌、火山地貌、地震地貌、海成地貌、湖成地貌、风成地貌、黄土地貌、重力地貌、冰川地貌和人为地貌等。海岛地貌最典型的特征是海岛中部一般高度最高,水系从海岛中央向四周呈放射状排列,在山丘出口处形成洪积扇、冲积扇和各种平原。再向外,是以侵蚀性基岩海岸为主要特征的潮间带地貌以及延伸到浅海水域的海底地貌。多样的海岛地貌类型为农、林、牧、渔布局和自然资源开发利用提供了不同层次的空间环境。如平原、台地适合种植农作物;丘陵可以发展林业;滩涂是进行人工养殖的好地方;河口冲积岛附近水域,由于河流从陆地带来较多的营养盐和有机物,因此往往形成面积广大的高产渔场;侵蚀性基岩海岸,耐冲刷、地质条件稳定,适宜建设港口;陡崖峭壁和丰富的原始地貌,具有很高的旅游观赏价值。多样的海岛地貌类型不仅为海岛开发利用提供了多种选择,同时也为海洋生物和海岛动植物提供了赖以生存的自然环境。

3. 海岛土壤

我国海岛土壤种类主要包括滨海盐土、沼泽土、潮土、风沙土、火山灰土、粗骨土、石质土、水稻土、磷质石灰土、薄层土、紫色土、灰化土、棕壤、褐土、黄棕壤、黄壤、红壤、赤红壤、砖红壤和燥红土等。海岛山地丘陵土壤主要分为棕壤、褐土、黄棕壤、黄壤、红壤、赤红壤、砖红壤、燥红土、紫色土、火山灰土、薄层土、粗骨土、石质土、灰化土和高山草甸土 15 个土类;海岛平原土壤主要以滨海盐土、沼泽土、草甸土、潮土、水稻土、风沙土和磷质石灰土 7 个土类为主;海岛潮间带已发现的土壤类型主要有滨海盐土和潮土 2 个土类,潮间带滨海盐土分为潮滩盐土和红树林潮滩盐土 2 个亚类,潮间带潮土分为潮滩潮土和沼泽潮滩潮土 2 个亚类。总体而言,我国海岛上石质土、粗骨土、滨海盐土等不利于耕作的土壤比例过高,再加上海岛上山地多、平地少,于是适合耕作的土地就十分有限。土壤是发展种植业的先决条件,因此防止海岛水土流失、改善海岛土壤肥力就显得尤为重要。

4. 海岛气候

海岛所处地理位置的不同,决定了其气候特征的差异。渤海、黄海海区海岛:四季分明,春季冷暖多变、风多雨少,夏季温差大、湿度高、降水多,秋季天高云淡、风和日丽,冬季严寒、少雨雪。大部分海岛日照充足,但降水较少,风向和降水存在明显的季节变化。灾害性天气比较严重,以大风、暴雨、大雾和干旱为主。东海海区海岛:该海区的气候与渤海、黄海海区基本相似,除最南部海区无冬季外,其他海区四季分明,气温较高。冬季无严寒,夏季少酷暑,光照充足,降水充沛,无霜期长,多灾害性天气,南部海区经常受热带气旋影响。台湾海峡及南海北部海区海岛:该海区属热带和亚热带季风气候,光照充足,热量丰富,终年气温较高,长夏无冬,基本无霜冻,季风气候较明显,干湿季分明,降水充沛且集中于夏季,灾害性天气比较频繁。西沙群岛和南沙群岛:光照时间长,气温高,全年都为夏季,降水比较多,干、湿季分明,灾害性天气频发,多热带气旋、暴雨、大风和干旱。[①]

5. 海岛植被

我国海岛植被主要有针叶林、阔叶林、竹林、灌丛、草丛、滨海沙生植被、滨海盐生植被、沼生植被、水生植被、木本栽培植被和草本栽培植被等 11 个 I 级分类单位。这 11 个 I 级分类单位在东海和南海各海岛均有分布,除竹林外其他 10 个 I 级分类单位在渤海和黄海各海岛也都有生长。海岛植被分布具有明显的地带性和非地带性两大特征。地带性分布的植被多为成林的高等植物,而非地带性的广布种多为草甸、沼泽、水生、沙生和盐生植被,它们是所有海岛的共有植被。我国海岛植被可被划分为温带区系、亚热带区系和热带区系。辽宁省、河北

---

① 刘容子、齐连明等:《我国无居民海岛价值体系研究》,海洋出版社 2006 年版,第 33—58 页。

省、山东省以及苏北所辖各海岛属于温带区系,该区系顶级植被为落叶阔叶林,夏季炎热而多雨,冬季寒冷且干燥;亚热带区系地跨江苏省中部和南部、上海市、浙江省、福建省所辖各海岛以及台湾省北部诸岛屿,本区系属亚热带季风性湿润气候,夏季高温多雨,冬季寒冷潮湿,代表植被为亚热带常绿阔叶林;广东、广西、海南和台湾南部诸海岛属于热带区系,气候为热带海洋性季风气候,全年高温多雨,代表植被为热带季雨林。

6. 海岛经济生物

(1)海岛经济植物

我国海岛共有红树和半红树植物 27 种,面积约 2440 平方千米。红树植物的生长发育由于受到环境条件的综合影响,特别是深受温度限制,因此只在我国海南、广西、广东、福建、台湾和浙江有分布,其中数量和种类以海南最为丰富,随纬度增高数量渐减,种类也渐趋单调。我国海岛药用植物共有 1000 多种,其中数量较多、普遍应用的在 200 种左右。总的来看,我国海岛上药用植物种类丰富,但资源量有限,只有少数种类可定点收购,如茵陈蒿、菱陵菜、知母、地丁、石竹、地榆、枣仁等,其余大多数种类只是零星少量有分布。我国海岛植物已被列入国家级保护的珍稀濒危植物种类共有 29 种。其中,属国家一级保护的植物有 2 种,为桫椤科的桫椤树和茶科的金花茶,均分布在广西壮族自治区;属国家二级保护的植物有 9 种,其中桦木科的普陀鹅耳枥生长在浙江普陀山,目前仅存一株。樟科的舟山新木姜了生长在浙江舟山群岛,是海岛特有树种。油杉分布在福建南部和广东、广西,卫矛科的膝柄木、龙脑香科的窄叶坡垒和山榄科的紫荆木分布在广西,野生荔枝和海南海桑分布在海南,高根科的粘木在广西和海南均有分布。国家三级保护植物共有 18 种。

(2)海岛经济动物

我国海岛经济动物主要是指腔肠动物门的珊瑚类和岛上陆生的脊椎动物,后者主要包括两栖类、爬行类、鸟类和哺乳类。据调查,我国珊瑚种类有 400 多种,其中造礁石珊瑚近 200 种。珊瑚主要生长在热带和亚热带地区,有珊瑚的地方不一定会形成珊瑚礁,只有存在造礁石珊瑚的地方才可能有珊瑚礁的分布。造礁石珊瑚需要较高的水温才能生长,因此我国珊瑚礁分布的最北部仅限于福建南部海岸,广东和广西的珊瑚礁也只在局部小面积存在。但我国西沙、南沙海域的珊瑚礁却非常普遍,海南岛沿岸的珊瑚礁面积也十分广阔。根据调查资料分析,离大陆较近的岛屿两栖类和爬行类动物的数量和种类都较多,而离大陆较远、无人居住的小岛爬行类动物相对较少,两栖类动物基本不存在。我国海岛上两栖类动物至少有 9 种,较为普遍的是蟾蜍科的大蟾蜍、花背蟾蜍和蛙科的金线蛙、黑斑蛙。爬行动物有龟科、壁虎科、石龙子科、蜥蜴科、游蛇科、蝰科等 10 多种。我国海岛上鸟类的种类和数量都非常多,并形成了一些非常有特色的鸟类栖息地。厦门素有"白鹭故乡"之称,我国有记录的 5 个白鹭属鸟类在厦门都有分布,即白鹭、中白鹭、大白鹭、黄嘴白鹭和岩鹭;海南大洲岛是我国唯一的金丝燕栖息地,因此该岛也被称作"燕窝岛";西沙群岛鸟类资源非常丰富,其东岛由于海鸟众多,被人们誉为"鸟类天堂"。我国海岛共有 7 目 14 科 30 多种哺乳动物。海岛上除啮齿动物外,其他大型哺乳动物少有分布。大型哺乳动物主要分布在较大的岛屿上,有山有树且人为干扰较少的地方才可能见到它们的踪迹。

7. 海岛自然灾害

我国海岛是自然灾害发生次数较多的地区,主要自然灾害有地震、灾害性天气、风暴潮、赤潮、海岸侵蚀等。由于我国海岛大多位于环西太平洋地震带上,因此地震灾害发生的频率比较高。灾害性天气是一种成灾频率高、影响广泛、灾情严重的自然灾害,主要有热带气旋、寒潮、海雾、旱灾、冰雪和干热风等。风暴潮是指由于剧烈的大气扰动,如热带气旋、温带气旋等引起的海面异常升降现象。如果风暴潮恰好与天文高潮重叠,就会使得滨海区域潮水暴涨,海堤、江堤被冲毁,码头、工厂、村庄被吞噬,物资不得转移,人畜不能逃生,从而酿成巨大灾难。我国南海台风盛行,风暴潮的成因以台风为主;渤海、黄海北部常遭寒潮大风侵袭,成因以寒潮为主;黄海南部、东海两者兼有,但以台风为主。我国赤潮发生次数较多的地区有辽宁省、河北省、浙江省、福建省和广东省的近海海域,其中辽东湾、渤海湾、黄海北部近海、杭州湾、浙江省中部近海、厦门近海、珠江口是赤潮灾害多发区。此外,海岸侵蚀也是我国海岛一种常见的自然灾害。[①]

二、海岛环境污染

1. 船舶油类污染

船舶对海岛周围海域造成的油类污染主要有以下途径:(1)事故性排放。普通船舶或油轮在航行途中发生碰撞、触礁、搁浅或失火等事故,所载石油会全部或部分排入海洋。如果失事地点距离海岛非常近,就会给海岛环境带来巨大灾难。(2)操作性排放。①洗舱水。油轮换装不同品种燃油时,为了保证燃油质量,必须清洗货油舱。含油洗舱水直接排入近海,就会对海岛水域造成环境污染。②压载水。油轮卸载完石油后,为了保持返航途中船舶的适航性,避免砰击现象或空船振荡,必须加装压载水。压载航行时货油舱内不可抽汲的残油会与压载水相混合,而在到港装载货油前,所有压载水必须从油舱中排出,以便接收

① 全国海岛资源综合调查报告编写组:《全国海岛资源综合调查报告》,海洋出版社 1996 年版,第 323—326、384—423、492—499 页。

新的货油。假若压载水在近海海域排放,便会对海岛水域造成油类污染。③舱底水。一方面,机舱的主机、副机、油柜、油泵、分油机、油冷却器、油滤器、尾轴密封装置和管路系统泄放或泄漏的燃油、润滑油,在维修机械设备过程中泄放的燃油、润滑油,或者操作失误造成的跑油,这些油质都会不可避免地流入舱底;另一方面,冷却水、压舱水、消防水、冷凝水和日用淡水也会有一部分泄漏到机舱舱底。流入舱底的油质和水相混合,成为含油舱底水。含油舱底水如不经处理便直接排入近海,就会导致海岛水域环境质量下降。(3)油类作业溢油。此类污染主要是指船舶加油、装卸货油以及机舱驳油等油类作业中的跑、冒、滴、漏所造成的油类污染。虽然这种油类污染每次的数量不是很多,但由于加驳油的操作十分频繁,因此对海岛水域造成的油类污染也就不可小觑。①

2. 工业废水污染

我国大多数海岛上没有大型工业,除台湾岛和海南岛外,已开发的海岛上也罕有大型工矿企业,多数为中、小型工厂。我国海岛企业类型广泛,涉及化工、化肥、纺织、印染、造纸、制糖、制革、食品加工、水产加工、造船、拆船等行业。由于海岛企业工业类型、生产工艺以及用水水质、管理水平的不同,使得各类工业废水的成分与性质也千差万别。海岛上中、小型企业排放的工业废水除冷却水外,一般都含有各种污染物质:有的含有大量的有机污染物,有的含有毒有害物质,有的物理性状十分恶劣、成分十分复杂,因此工业废水处理起来会比较困难。纺织、印染、造纸、制革、食品加工等轻工业部门,在生产过程中,会产生大量工业废水。以造纸企业为例,其生产 1 吨纸浆需要排放 300 立方米以上的工业废水,并且排出的工业废水中含有多种有机物质、悬浮物、硫化物和重金属(铜、铬、铅、镉、汞等),其中有机物质在水中降解时会消耗大量的溶解氧,容易引起水质发黑变臭。化工企业排放的废水中更是含有众多有毒或剧毒物质,如氰、酚、砷、汞等。有的物质不易降解,且能够在生物体内积累,如 DDT、多氯联苯等;有的为致癌物质,如多环芳烃和氮杂环化合物。化工企业排放的废水有的为强酸性,有的为强碱性,pH 值很不稳定,对水生生物、农作物和构筑物都会产生极大危害。此外,除尘和净化煤气、烟气的废水中也含有各种物质成分,如酚、氰、硫氰酸盐、硫化物、铵盐、焦油、悬浮物、氧化铁、石灰、氟化物、硫酸、氢氟酸等,这些物质会对人体健康产生非常严重的不利影响。

3. 生活污水污染

生活污水是指居民在日常生活中所产生的水体,主要包括包括厨房洗涤、洗澡洗衣、人类排泄等活动形成的污水。海岛生活污水的成分及其变化取决于海

---

① 朱宁强:《船舶油污染及防治措施探讨》,《中国水运(下半月)》2011 年第 3 期。

岛居民的生活状况、生活水平和生活习惯。与工业废水相比,生活污水的污染物浓度要低很多。由于雨水对生活污水具有稀释作用,因此我国南方海岛生活污水的污染物浓度相对低于我国北方海岛。生活污水的水质一般比较稳定,但水体具有浑浊、色深且恶臭的特点,其 pH 值呈微碱性,大多不含有有毒物质。在厌氧细菌作用下,容易产生恶臭物质,如硫化氢、硫醇、氮杂茚(吲哚)和 3-甲基氮杂茚(粪臭素)等。生活污水中的有机物包括糖类、氨基酸和非挥发性有机酸、醇、醛、酮等,均为可溶性物质。因此,生活污水适于各种微生物的繁殖和生长,所以往往含有大量的细菌、病毒和寄生虫卵。生活污水中所含固体物质约占污水总质量的 0.1%～0.2%,其中溶解性固体约占固体总量的 3/5～2/3,主要是各种无机盐和可溶性有机物质;悬浮性固体约占固体总量的 1/3～2/5,而其中有机成分几乎占悬浮性固体总量的 3/4 以上。此外,生活污水中还含有大量的氮、磷等营养物质。因此,如果不对生活污水中的氮、磷等营养物质进行有效的处理而直接排入水体,就会大大增加水体富营养化发生的风险。目前,我国生活污水处理技术主要有曝气生物滤池生活污水处理工艺、城市污水 SPR 除磷工艺和 A/O 生物滤池污水处理工艺三种。

4. 固体废弃物污染

固体废弃物是指人类在生产和生活中所形成的固态、半固态废弃物品,即通常所说的"垃圾"。采矿业的废石、尾矿、煤矸石,工业生产中的高炉渣、钢渣,农业生产中的植物秸秆、人畜粪便,核工业以及某些医疗单位的放射性废料,还有城市垃圾等等,均属于固体废弃物。固体废弃物若不及时清除,必然会对大气、土壤和水体造成严重污染,导致蚊蝇滋生、细菌繁殖、疾病传播,从而给人体健康带来严重危害。海岛固体废弃物的来源主要有三种:一是城市生活垃圾和厂矿企业产生的工业废弃物、危险废弃物;二是港口陆域作业产生的固体废弃物和港口生活区产生的垃圾,三是驻港船舶产生的舰船垃圾。前两种厂矿企业产生的工业废弃物、危险废弃物和港口陆域作业产生的固体废弃物按照行业分类可以分为以下五种:(1)非金属矿物制造业产生的固体废弃物;(2)化学原料与化学产品制造业产生的固体废弃物;(3)金属制造业和机械制造业产生的固体废弃物;(4)纺织业、印染业以及造纸业产生的固体废弃物;(5)制药和卫生行业产生的固体废弃物。第三种舰船垃圾的来源主要有以下三种:一是各种食品带来的垃圾。如蔬菜肉食、水果饮料、热食调料、罐头包装等产生的垃圾;二是生活用品产生的垃圾,如购买的日用品和用完的旧衣服、鞋袜、毛巾等都是舰船垃圾的重要来源;三是工业用品产生的垃圾,如船舶上使用的电池、刷子、棉纱、油漆桶、玻璃用具、钢铁制品、铜铝电线、报纸书刊等都可以成为固体废弃物。

5. 海岛空气污染

海岛空气污染物的来源主要有以下三种途径：一是海岛工矿企业在各类工业生产过程中，如冶炼、锻造、焙烧、化工生产等方面采用燃料燃烧的方式，使得大量烟类、烟气、粉尘及众多有害物质逸散到空气中；二是海岛居民在生活过程中使用的燃料经由燃烧而产生的烟气和城市交通运输工具产生的尾气进入空气；三是海岛驻港船舶使用的燃料经过燃烧后产生的废气排入空气。当这些烟气、尾气、废气在海岛空气中达到一定浓度并持续一段时间时，就会改变正常的空气物质组成，使得空气的物理、化学和生态平衡遭到破坏，最终致使空气受到严重污染。造成空气污染的物质主要有二氧化硫、一氧化碳、氮氧化物（NO、NO_2 等）、氯气、氯化氢、硫化氢、臭氧等。另外，还包括有些在常温、常压下是液体或固体，而在高温下以蒸气的形式挥发到空气中的物质，如苯、苯并（α）芘、多氯联苯、汞等以及烟尘、工业粉尘、总悬浮颗粒物和可吸入颗粒物等。由于空气污染物的物理、化学性质不同，排放源相异，因此，各种空气污染物在空气中存在的状态也就不一样。例如，直接从工厂排出的各种有害气体，在空气中呈气态；一些从工厂烟囱排出的一次污染物，在空气中经过光化学作用、氧化作用等形式转化成二次污染物，这些从工厂烟囱排出的一次污染物和转化而成的二次污染物大多以极微小的颗粒均匀地分布在空气中，且多呈气溶胶态。[①]

6. 农业生产污染

农业生产污染主要是指农业生产过程中因过量使用化肥和农药造成的环境污染、残留在农田中的农用薄膜、不科学的水产养殖产生的水体污染物以及由于禽畜粪便处置不当形成的恶臭气体。施用于农田的化肥与农药除一小部分被植物吸收外，大部分都残留在土壤表面或漂浮于大气之中，经过降水淋洗、表面冲刷和灌溉排水，残留的化肥与农药最终会随大气降水和灌溉排水进入地表河流或渗入地下水中，使得河流和地下水为有毒物质所污染，进而威胁到人体健康。大量盲目施用化肥不仅难以达到农作物增产的目的，反而破坏了土壤的内在结构，造成土壤板结，地力下降。而农药一旦进入人体，由于其化学性质极端稳定且脂溶性比较高，因此进入人体后，既不能被代谢，也不能被排泄，便会在脂肪组织和肝脏不断积累，最终影响到人体的正常生理活动，引起中毒，甚至癌症。如果海岛牧场、养殖场、农副产品加工厂的有机废物被大量排入河流或近海，由于这些有机废物中含有丰富的氮、磷等营养物质，因而会促使藻类和其他浮游生物迅速繁殖，甚至覆盖整个水面，造成水体严重缺氧，最终导致鱼类和其他生物大

---

① 路静、唐谋生、李丕学：《港口环境污染治理技术》，海洋出版社 2007 年版，第 7—10、41—43、55—56 页。

量死亡。此外,农业废弃物(包括农作物的杆、茎、叶以及各类动物的粪便等)也会通过各种途径进入海岛河流或近海水域,致使水体遭受不同程度的污染。

三、保护海岛环境的对策与建议

1. 建立环境污染损害赔偿机制

建立环境污染损害赔偿机制主要包括以下四个方面:(1)明确赔付责任,加大执法力度。从实际案例来看,我国环境污染损害赔偿责任不明确、处罚金额偏低,更为重要的是,自然资源损害后没有得到应有的赔偿与修复。建议我国在相关法律中明确环境污染损害赔偿责任,切实提高企业环境违法成本。(2)完善环境损害赔偿诉讼制度。从现实情况看,我国至今还没有形成一套完整的环境损害赔偿诉讼制度,导致受害人难以得到及时、充分的赔偿。建议我国应尽早建立环境损害的公益和私益诉讼制度。通过修改相关法律法规,明确环境保护、国土资源、海洋管理等部门在自然资源损害公益诉讼中所负有的职责。(3)建立健全环境污染责任保险法律体系。尽管我国在 2007 年已开始推行环境污染责任保险,但对比欧美发达国家和地区的环境保险制度和执行情况,我国存在立法缺失、机制不健全、执行不得力等问题。结合国际趋势和中国国情,建议采取强制和自愿相结合的保险模式,鼓励大多数企业自愿购买环境污染责任险,而对于环境风险大、污染严重的区域或者行业,则应强制其购买。(4)建立环境污染责任信托基金。一些严重污染往往造成巨大的经济损失,由于我国保险、再保险制度不健全,污染企业和保险公司可能无法支付环境污染造成的巨额损失。因此,仅仅依靠环境污染责任保险无法完全解决企业污染的风险问题,而建立专项的环境污染责任信托基金,却可以成为解决这一问题的主要手段。[①]

2. 实施海岛环境影响评价制度

环境影响评价制度是指在进行重大的工程建设之前,对新建项目的选址、设计和投产使用后可能对周围环境产生的不良影响进行调查、预测和评价,进而提出防治措施,并按照法定程序进行报批的法律制度。目前,我国海岛开发利用过程中存在的环境破坏问题十分突出:随意在海岛上开采石料、破坏植被,不仅损害了地质地貌和自然资源,甚至导致崩塌事故的发生;随意改变海岛岸线,破坏了海岛及其周围海域的生态环境;不合理地建造海岸工程和挖采砂石,使海岛岸滩遭受严重侵蚀;在海岛上任意倾倒垃圾和有毒有害废物,把海岛变成了垃圾场。鉴于以上环境破坏行为的大量存在,建立海岛环境影响评价制度也就显得

① 王金南:《应建立海洋环境污染损害赔偿法》,http://news.imosi.com/news/20110922/29513.shtml,2011 年 9 月 12 日访问。

第二章 海岛生态保护

刻不容缓。《中华人民共和国海岛保护法》明确规定:有居民海岛的开发、建设应当对海岛土地资源、水资源及能源状况进行调查评估,依法进行环境影响评价。海岛的开发、建设不得超出海岛的环境容量。新建、改建、扩建项目,必须符合海岛主要污染物排放总量、建设用地和用水总量控制指标的要求。严格限制填海、围海等改变有居民海岛海岸线的行为,严格限制填海连岛工程建设;确需填海、围海改变海岛海岸线,或者填海连岛的,项目申请人应当提交项目论证报告、经批准的环境影响评价报告等申请文件,依照《中华人民共和国海域使用管理法》的规定报经批准。因此,实施海岛环境影响评价制度既是贯彻落实《中华人民共和国海岛保护法》的应有之举,同时也可以成为保护海岛环境的一项有力措施。

3. 加大对海上污染源的监管力度

进一步加强海上船舶污染物处置的监督和管理,严格实行《海上船舶防止油污证书》制度,严禁违反规定向海洋排放污染物、废弃物、压载水、船舶垃圾及其他有害物质。实行海上排污许可证制度和收费制度,利用法律形式和经济手段治理海洋海岛环境污染。科学合理地规划和设置海洋倾废区,加强海洋倾废活动的执法监督工作,加大对违法、违规倾倒行为的打击和处罚力度。建立船舶污染管理机构,要求较大吨位船舶的各类含油舱底水必须经过油水分离处理,达到国家标准后方能向海域排放。小吨位的船舶不得向海域排放含油污水,返港收集后由设置在港口的油水分离器进行处理,并交纳排污费和处理费。此外,还必须预防和控制海上石油开采和石油运输造成的溢油污染。通过建立与完善海上溢油事故应急防治体系和管理信息系统,采用先进的溢油监视、监测设备和石油污染消除技术,以提高海上油污事故处理能力,减轻和消除溢油污染对海岛周围海域生态环境造成的负面影响。同时,采油平台还应配备含油污水处理设备,经过处理后的污水含油量在达到国家标准后方可排入海洋。[1]

4. 大力发展海岛生态渔农产业

推行测土配方施肥和减量增效技术,引导农民科学施肥。鼓励农民使用生物农药或高效低毒残留农药,推广防虫网、杀虫灯、昆虫性诱剂、诱虫色板等安全生产技术,及时发布农业病虫情报,大力推广有机肥生产。提倡减耕、免耕及复合经营,防止水土流失。在符合海洋功能区划和规划的前提下,选择适当海域建设海洋牧场,设置人工鱼礁,营造海底森林,为海洋生物提供栖息地和繁殖场所。此外,渔农生产基地建设必须注重生物多样性保护与水土保持,注意确保渔农生产基地周边原有植被不遭破坏。用海水浇灌的蔬菜是世界上公认的纯天然绿色

① 江志坚、黄小平:《我国热带海岛开发利用存在的生态环境问题及其对策研究》,《海洋环境科学》2010年第3期。

保健有机食品,发展前景十分广阔,许多国家已进入以海水浇灌农作物的大规模生产阶段。因此,海岛渔农户可将大量闲置的盐碱地和滩涂利用起来种植海水蔬菜,这不仅能够调整种植结构,提高农村土地利用率,还可以缓解海岛淡水资源短缺的问题。同时,大力发展海岛绿色生态渔农产业。光靠渔农户单干是非常不现实的,必须着力培育一批竞争力强、具有较强拉动作用的产业龙头企业,全力支持渔农产品加工企业做大做强,提高企业抗风险能力。依托龙头企业,采取签订购销合同、提供系列服务、实行价格保护、加工利润分成、股份合作等多种形式,促使渔农产品加工企业与基地渔农户建成风险共担、利益共享的经济联合体,实现渔农业"企业带动,经纪人牵动,政府推动"的产业化运行机制。[①]

第二节　海岛生态

海岛生态既不同于一般的陆地生态,也不同于海水环境下的海洋生态。由于海岛与大陆地理上的隔离,使得它具有物种组成上的特殊性,即物种存活数目与其占据的面积存在特定关系。此外,在没有人类干扰的情况下,岛屿内物种总数量基本保持稳定。由于海岛具有孤立性并受大气环流的影响,海岛生态在人为不利干扰下极易退化且很难修复。近几十年来,我国海岛经济发展迅猛,海岛开发程度不断加大,海岛资源与生态环境面临的威胁也日益严重。因此,保护海岛生态,合理开发利用海岛自然资源,促进国民经济可持续发展,就成为当前迫切需要解决的问题。

一、生态系统及其功能

1. 生态系统

生态系统是生物群落与其所处的无机环境相结合,形成的一个相互依存、相互制约、相互调控,并沿着一定途径不断进行物质循环和能量转化的自然综合体。在地球表面有海洋生态系统、淡水生态系统和陆地生态系统,陆地生态系统又可分为森林生态系统、草原生态系统与农田生态系统。因此,生态系统有大有小,有高有低。但不论生态系统大小如何,高低怎样,一般都包括四个基本组成部分:无机环境、生产者、消费者和分解者。[②]

---

① 胡高福:《舟山群岛发展海洋有机农业的研究》,《浙江海洋学院学报》(人文科学版)2008年第3期。

② 向洪:《四项基本原则大辞典》,电子科技大学出版社1992年版,第429页。

（1）无机环境

无机环境是生态系统的非生物组成部分，同时也是生物生存的基础环境。动物从植物身上获取营养和能量，而植物则依靠阳光、水分、肥料等自然资源生长和繁殖。影响生物生存的环境因子主要包括以下几种：光因子，包括温度和热量因子，它们对植物的生长最为重要；水因子，如果没有水，植物同样无法生长；地理因子，包括与山脉、陆地、江河、海洋有关联的海拔、地质、地貌、纬度等因子，它们对生物的分布与生存有着决定性影响；气候因子，主要包括辐射因子、环流因子以及地理因子，他们决定着生物生长与繁殖的周期；土壤因子，包括地质、结构以及土壤中水、肥、气、热的供应以及与物质循环有关的因子，它们直接影响着植物的生长状况；化学因子，包括水土中的营养盐、有机质含量、盐度与酸度、微量元素等因子。此外，食物因子和营养因子也属于化学因子。如果某种化学元素过高或偏低，都有可能导致赖以生存的植物疯狂生长或濒临死亡。①

（2）生产者

生产者是能够利用简单的无机物合成有机物的自养生物。生产者主要是绿色植物，例如水域生态系统中的藻类，陆地生态系统中的乔木、灌木、草本植物和苔藓等。但值得注意的是，除了绿色植物外，能进行化能合成作用的细菌（如硝化细菌等）也是生产者。在封闭且稳定的生态系统中，生产者的生产速度（生产量）要大于消费者的消费量与分解者的分解量之和。生产者通过光合作用把太阳能转化为化学能，把无机物转化为有机物，不仅供给自身的生长和发育，也为其他生物的生存提供着物质和能量。除此之外，绿色植物还为各种生物提供了栖息、繁衍的场所。因此，生产者在生态系统中起着基础性作用。

（3）分解者

分解者是分解已死亡动植物遗体和残骸的异养生物，以各种细菌和真菌为主，也包括蜣螂、蚯蚓等腐生动物。分解者的主要作用是将已死亡的有机体分解为简单的无机物并释放出能量，使得无机物能被植物再次利用，从而完成整个生态系统的物质循环。如果没有分解者，任何一个生态系统都不可能维持下去。因为如果已死亡的生物没有腐烂而堆积起来，那么用不了多长时间，一些组成生物体的化学元素就会出现短缺和不足。从能量学的观点看，分解者在整个生态系统中似乎无关紧要，但从物质循环的观点出发，分解者是整个生态系统不可或缺的组成部分。

（4）消费者

消费者是指直接或间接以生产者为食物的生物，又称异养生物（相对自养生

---

① 百度百科：http://baike.baidu.com/view/2527686.htm，2011年10月3日访问。

物而言）。消费者通常都是动物，但也包括部分微生物（主要是真细菌）。从营养关系看，可以把消费者分成不同等级：以植物为食的动物，叫作初级消费者；以初级消费者为食的动物，叫作二级消费者；以二级消费者为食的，叫作三级消费者；如此类推，可以分至五级消费者。如果说生产者和分解者是任何一个自我维持的生态系统不可或缺的组成部分的话，那么，没有消费者的生态系统照样可以正常运转。理论上讲，一个生态系统只要有吸收能量的自养生物和能使生物死亡后腐烂并再循环的分解者就已经足够了。但是，正是由于消费者的存在，整个生物世界才会变得如此生机勃勃、丰富多彩。

2. 生态系统的功能

地球上生命的存在完全依赖于生态系统的能量流动和物质循环，而生命活动的正常进行、生物种群的繁衍以及生物种间关系的调节，同样离不开生态系统的信息传递。能量的单向流动和物质周而复始的循环是一切生命活动的主动齿轮，而信息传递则是保持主动齿轮正常运作的润滑剂，它们都是生态系统的基本功能。

（1）能量流动

能量流动是指生态系统中能量输入、传递、转化和丧失的过程。能量是生态系统存在和发展的动力，如果能量无法进行流动，则生物与环境、生物与生物之间同样不可能建立密切的联系，生命的过程也将不复存在，生态系统的存续更像无源之水、无本之木一样无从谈起。生态系统的能量来自太阳能，绿色植物通过光合作用把太阳能转变成化学能，在植物体内贮存下来后，能量在生态系统中的传递过程便从此开始。以海洋生态系统为例，浮游植物（通常是指藻类）进行光合作用，生产有机物；浮游动物（如一些小虾、小虫）去吃浮游植物，把浮游植物体内的有机物转移到它们自己体内；接着鱼类再去吃浮游动物或浮游植物，然后又被更高一级的动物或人吃掉。于是，有机物最后就被转移到其他动物或人的体内。各种生物通过一系列吃与被吃的关系，把一种生物与其他生物紧密地联系起来，从而实现了能量在生态系统中的单向流动。

（2）物质循环

生命的维持不但需要能量，而且也依赖于各种化学元素的供应。如果说生态系统中的能量来源于太阳，那么生物生长所需的各种物质则是由地球提供的。生态系统的物质循环按循环途径可分为三大类型，即水循环、气体型循环和沉积型循环。水循环是指大自然的水通过蒸发、植物蒸腾、水汽输送、降水、地表径流、下渗、地下径流等环节，在水圈、大气圈、岩石圈和生物圈中进行连续运动的过程。水循环是生态系统的重要过程，是所有物质进行循环的必要条件。气体型循环的主要物质储存库是大气和海洋，循环过程也与大气和海洋密切相关，因此,气体型循环具有明显的全球性,循环性也最为完善。沉积型循环的主要物质储存库是岩石、土壤和水体。沉积型循环的速度比较慢,参与沉积型循环的物质,其分子或化合物主要是通过岩石的风化和沉积物的溶解,逐步转变为可被生物利用的营养物质,而海底沉积物转化为岩石圈成分则是一个相当漫长的单向物质转移过程,时间要以千年计。气体型循环和沉积型循环虽然各有特点,但都要在水循环的推动下才能实现物质的迁移。

(3)信息传递

生态系统中的信息有四种:物理信息、化学信息、行为信息和营养信息。动物更多的是凭借物理信息中的声信息来确定食物的位置或发现敌害的存在。我们最为熟悉的以声信息进行通讯的当属鸟类。鸟类的叫声婉转多变,它们能够发出报警鸣叫以提醒其他同伴敌害的存在。植物同样可以接收声信息,例如含羞草在强烈的声音刺激下,就会有小叶合拢、叶柄下垂等反应。化学信息在生态系统中同样有着举足轻重的作用,例如当黄鼠狼遇到危险时,它们会由肛门排出有强烈臭味的气体,此种臭味气体既是报警信息,又具有防御功能。许多动植物可以通过特殊行为传递某种信息的著例,当属蜜蜂的"圆圈舞"以及鸟类的"求偶炫耀"。动物和植物不能直接对营养信息进行反应,通常需要借助其他信号手段。例如,当生产者的数量减少时,动物就会离开原生活地,去其他食物充足的地方生活,以此来减轻同种群的食物竞争压力。

二、海岛生态系统

海岛是四面环水并在高潮时高于水面的自然形成的陆地区域,具有孤立性、有限性、依赖性、脆弱性和独特性等特征。由于海岛独特的生态系统特点和发展中面临的众多问题,海岛生态系统的可持续发展已经成为众多研究关注的焦点。海岛生态系统可以从很多不同角度加以论述,现选取海岛生物的多样性、海岛生态系统的自我调节、海岛生态系统的稳定性以及海岛生态系统的平衡四个主要方面对海岛生态系统进行简要阐述和说明。

1. 海岛生物的多样性

生物多样性是指一定范围内动物、植物、微生物有规律地结合所构成的稳定的生态综合体。生物多样性主要包括三个层次的内容,即遗传多样性、物种多样性和生态系统多样性。据调查,我国海岛周围海域共有浮游植物 633 种、浮游动物 615 种、浮游幼虫 51 种和文昌仔鱼 1 种,鱼卵、仔、稚鱼 186 种,潮间带动、植物 2377 种,底栖动物 1780 种,鱼类 1126 种,大型无脊椎动物 290 种(不包括水母和小型浮游性甲壳类)。除此之外,微生物的数量更是数不胜数。① 海岛物种是海岛生态系统食物网中必不可少的环节,它们担负着海岛生态系统中物质流动、能量转换和信息传递的功能。如果某些海岛物种被消灭,海岛食物网将趋于简单化。一般认为,海岛食物网越复杂,海岛生态系统抵抗外力干扰的能力就越强;海岛食物网越简单,海岛生态系统就越容易发生波动甚至毁灭。

2. 海岛生态系统的自我调节

生态系统保持自身稳定的能力被称为生态系统的自我调节能力。一般而言,成分多样、能量流动和物质循环途径复杂的生态系统自我调节能力强;反之,结构与成分单一的生态系统自我调节能力弱。在生长良好的海岛林地内,对林木进行择伐,只要采伐量不超过生长量,即使局部改变了群落的结构和数量,林地也可以通过自我调节来维持生态平衡。海岛上的河流在受到一定量化学物质污染后,也可以通过沉降、分解、转化等过程,使污染物浓度和毒性逐渐降低,经过一段时间后就可以恢复到受污染前的状态。但海岛生态系统的自我调节能力是有限度的,如果外来干扰和破坏超过了其自我调节的生态阈限,海岛生态系统的自我调节能力也将随之下降,甚至消失。

3. 海岛生态系统的稳定性

生态系统的稳定性是指生态系统所具有的保持或恢复自身结构和功能的能力,生态系统的稳定性源于生态系统的自我调节功能。在海岛陆地生态系统中,海岛森林生态系统层次最多、结构最为复杂,单位面积的生物种类和数量远高于其他海岛陆地生态系统,种群的密度和群落的结构也长期处于稳定状态。如果海岛森林生态系统里的某种生物大量减少或濒临灭绝,由于其生物种类繁多,这时就会有同一营养级的多种生物来代替它在整个生物网中所处的位置,海岛森林生态系统的结构和功能依然能够维持在相对稳定的状态。因此,海岛森林生态系统的抵抗力稳定性非常高。对于一个生态系统而言,其抵抗力稳定性与恢复力稳定性之间往往存在着负相关关系。所以,海岛森林生态系统的恢复力稳定性也就比较低。如果海岛林地遭到严重破坏,要想再恢复其原状将会非常困难。

4. 海岛生态系统的平衡

生态系统的平衡是一种动态平衡,是生态系统内部长期适应的结果,其特征表现为以下五个方面:第一,能量和物质的输入、输出基本相等;第二,群落内种类和数量保持相对稳定;第三,生产者、分解者和消费者组成完整的营养结构;第

① 全国海岛资源综合调查报告编写组:《全国海岛资源综合调查报告》,海洋出版社 1996 年版,第246—290 页。

四,具有典型的食物链与符合规律的金字塔形营养级;第五,生物个体数、生物量、生产力维持稳定。[1] 珊瑚礁生态系统和红树林生态系统作为海岛生态系统的重要组成部分,它们能够提供更多的生物产量,因此也具有更强的维护海岛生态系统平衡的能力。而且一旦海啸来袭时,珊瑚礁和红树林可以极大地削减海啸的能量,降低海啸破坏力。因此,禁止破坏珊瑚礁和红树林,对于抵御海洋自然灾害,维持海岛生态系统平衡的意义十分重大。

三、人类对海岛生态系统的影响

人类对海岛生态系统的影响既可以是消极的,也可以是积极的,但目前仍以消极影响为主。人类对海岛生态系统的消极影响主要表现为,在海岛的开发利用过程中其生态系统屡遭破坏,包括砍伐红树林、破坏珊瑚礁、不合理施工、过度采伐天然林以及排放污染物等一系列集体非理性行为。而人类对海岛生态系统的积极影响则主要体现在,人们通过多种生态修复技术对严重受损的海岛生态系统加以恢复和改善。

1. 人类对海岛生态系统的破坏

(1)砍伐红树林

近 40 年来,特别是最近 10 多年来,由于填海造地、围堰养殖、乱砍滥伐等人为因素,我国红树林面积从 40 多年前的 4.2 万公顷(420 平方千米)减少到现在的 1.46 万公顷(146 平方千米),不及世界红树林面积的千分之一。特别是在《海洋环境保护法》和《国家海域使用管理暂行规定》颁布实施多年的今天,有些人无视国家法规,急功近利,仍然大片砍伐红树林,几个国家级红树林自然保护区都遭到不同程度的砍伐破坏。海南省文昌市铺前镇约 6 千米长的沿海岸线上,67 公顷(0.67 平方千米)的红树林区已被全面挖塘养殖,近半数的红树林遭受严重破坏。海南东寨港国家级红树林自然保护区是中国目前面积最大的红树林自然保护区,总面积 3300 多公顷(33.3 平方千米),有林面积 2000 多公顷(20 平方千米),已被列入《世界湿地名录》。但从 1993 年以来,不断有群众进入保护区砍伐红树林、挖塘搞养殖,把大片大片的红树林区变为荒芜的水泥塘。[2]

(2)破坏珊瑚礁

采挖珊瑚和贝类用于观赏工艺品,破坏珊瑚礁块用做建筑材料和烧制石灰,在珊瑚礁区炸鱼、毒鱼、电鱼以及抛锚、践踏,珊瑚礁区经济性动、植物海产品被

---

① 吴人坚、朱德明编著,马建国绘画,徐明摄影:《图解现代生态学入门》,上海科学普及出版社 2004 年版,第 151 页。

② 百度百科:http://baike.baidu.com/view/261665.htm,2011 年 5 月 22 日访问。

过度捕捞造成的生态系统失衡,来自陆地和港口活动造成的污染物侵害,以及陆地水土流失和海底拖网导致的海水悬浮沉积物增加对珊瑚礁生长的干扰等,造成我国海岛周围的珊瑚礁被严重破坏并出现明显退化。据统计,我国海南岛的珊瑚礁退化率高达95%,南中国海地区超过80%的珊瑚礁受到威胁。[①] 历史上,海南岛的珊瑚礁遭受过巨大破坏,海南岛周围海域的珊瑚礁面积锐减状况更是触目惊心。根据 20 世纪 60 年代的调查资料,海南岛沿岸的珊瑚礁面积大约有 5 万平方千米,岸礁长度约为 1209.5 千米;1998 年的调查数据表明,海南岛近岸浅海的珊瑚礁面积仅为 22217 平方千米,岸礁长度约为 717.5 千米,珊瑚礁面积和岸礁长度分别减少了 55.57% 和 40.68%。[②]

（3）不合理施工

随着海岛开发建设项目的大力推进,我国海岛原有的潮间带湿地面积不断减少,其相应的生态服务功能也因此消失。温州浅滩曾是瓯江口外规模最大、发育最完善的拦门沙滩,但由于浅滩围垦工程的施工建设,浅滩因此变成了陆地。结果滩涂湿地逐步减少,使得原来在此栖息的涉水鸟类丧失了固有的觅食场所。厦门黄厝海区文昌鱼自然保护区因为受到海岸工程建设的影响,区内沉积物颗粒变细,导致文昌鱼分布面积缩小、数量减少。青岛市黄岛区在经济建设中大规模围滩填海,使得原本开阔的砂质泥潮间带基本消失,生物种类数量几乎减半,珍稀动物黄岛长吻柱头虫也因此绝迹。大量的不合理施工,破坏了海岸的地形地貌,改变了海域的自然属性,使得近岸浅海地区的生物栖息地、产卵繁殖场遭到严重破坏,生物多样性也因此受损。另外,海岸工程建设排放的污染物和倾倒的疏浚物也会对海岛周边环境造成不利影响,施工期间的爆破和噪音同样危害着近海生物的安全栖息和发育成长。[③]

（4）过度采伐天然林

海南岛中部山区的热带雨林是"海南岛之肺",具有涵养水源、保护水土、制造氧气、吸收二氧化碳的生态功能。基于实地调查和遥感数据分析,国际环保组织绿色和平于 2011 年 11 月发布消息称,海南岛中部山区的热带雨林在过去十年时间内消失了 720 平方千米,占整个中部山区原有天然林总面积的近1/4。广东南澳岛东半岛东西两个迎风口的林地被砍伐后,植被退化形成草坡,当地政府曾栽种大量树木,但东面迎风口的植被至今仍然不能恢复到原有形态。海岛地

① 兰竹虹、陈桂珠:《南中国海地区珊瑚礁资源的破坏现状及保护对策》,《生态环境》2006 年第 2 期。

② 周祖光:《海南珊瑚礁的现状与保护对策》,《海洋开发与管理》2004 年第 6 期。

③ 徐晓群、廖一波、寿鹿、曾江宁:《海岛生态退化因素与生态修复探讨》,《海洋开发与管理》2010 年第 3 期。

势大多中部高四周低,树木锐减导致地表大面积裸露,一遇到大暴雨,降雨形成的地表径流就会夹带大量土壤倾泻入海。结果每次大暴雨都会有一定量有机质被带走,使得本来贫瘠的土地更加贫瘠。更为严重的是,树木的骤减造成海岛抵抗台风的能力大幅下降,致使每一次台风的登陆就意味着一场灾难的降临。

(5)排放污染物

污染物对海岛居民的影响是非常巨大的,因为有害物质可以通过食物链从较低营养级的生物依次传递到较高营养级的生物。有害物质在生物体内的含量会随生物营养级的升高而增多,使生物体内某些元素或化合物的浓度远远超过其在自然环境中的浓度。营养级越高的生物,其体内所含的污染物的数量或浓度就越大,从而给较高营养级生物的生长发育和生命健康带来严重危害。以DDT(Dichloro Diphenyl Trich Loroethane,一种有效的杀虫剂)来说,其散布在大气中的浓度为 0.000003ppm[①],当降落到海水中为浮游生物摄取后,其在浮游生物体内将富集到 0.04ppm(大气浓度的 1.3 万倍);浮游生物被小鱼吞食后,小鱼体内的 DDT 浓度将达到 0.5ppm(大气浓度的 14.3 万倍);小鱼再被大鱼吞食后,大鱼体内 DDT 的浓度将增加到 2.0ppm(大气浓度的 57.2 万倍);如大鱼再为水鸟所食,水鸟体内的 DDT 浓度可达到 25ppm(大气浓度的 858 万倍);若人食用了这些水鸟,DDT 浓度在人体内可进一步富集到 30ppm,等于大气中DDT 浓度的 1000 万倍!

2. 人类对海岛生态系统的改善

改善海岛生态系统将有助于恢复和保存海岛生物多样性,维持和提高海岛生态系统的可持续经济生产力,保护和提升海岛自然资源与生态系统的服务功能,进而满足人类的精神文化需求。但由于海岛陆域面积较小,且与大陆相隔离,资源环境承载力有限,因此其生态系统非常脆弱,在受到人为不利干扰后极易退化且很难修复。

(1)海岛生态系统修复概论

目前关于海岛生态系统修复的研究还非常少,尚未形成海岛生态系统修复的一般性理论。总体而言,大海岛的生态过程与大陆相似,因而大海岛和大陆两者的生态系统修复方法存在诸多类似之处;小海岛由于物种稀少,生境缀块狭小,抵御自然灾害能力偏弱,一些生态系统过程不能在小尺度上维持,因此小海岛生态系统的修复目前尚无成功先例;中等海岛由一定尺度的景观组成,兼具大陆和海岛的双重特性,相对于小海岛比较容易修复,目前中等海岛生态系统的修复在新西兰比较成功。此外,海岛的生态系统由陆域、潮间带和周边海域三部分

---

① ppm:表示 100 万份单位质量溶液中所含溶质的质量,百万分之几就叫作几个 ppm。

组成,不同部分的生态系统修复策略也不一样。另外,海岛生态系统的修复应该定位于一个群落结构或整个生态系统,而不能只限于几个个体或单个种群。值得庆幸的是,适合的种群管理在很大程度上有助于海岛生态系统的修复。为了加快海岛生态系统的修复,有时可以在原群落中引入新的种群,但必须在不断研究、反复论证与大量实践的基础上方可进行。以新西兰为例,人们为了控制Santa Catalina岛上的一种杂草而引入山羊,但没想到的是,山羊竟然将全岛的一种乡土树木吃得只剩下7株。

(2)海岛生态系统修复的不利条件

海岛生态环境与大陆生态环境的不同点主要在于海岛多大风以及各种海洋性气候带来的附加影响。海岛一般面积较小,土壤有限,土壤中Cl^-和Na^+的含量较高,气候变幅小,蒸发量大,容易受到台风等极端气候或自然灾害的侵袭。这些特征形成了具有海岛特色的生物生存环境和营养循环过程,同时也决定了海岛生态系统修复中存在着诸多限制性因素:缺乏淡水和土壤、生物资源匮乏以及严重的风害和暴雨。海岛大都存在一定面积的裸露岩石,并且缺乏淡水资源和土壤资源,因此这样的生态系统一旦被破坏,退化了的生态系统将很难支撑生态系统的重建或修复过程。同时,风害对于海岛生态系统的修复也产生着极大的不利影响,尤其是处于迎风口的生态系统的修复会更加困难。由于受到海风的影响,海岛群落的平均高度一般都低于大陆群落的平均高度,一些易风折的树种以及蒸发量大的树种就很难在海岛上生存下来。[1]

(3)海岛生态系统修复技术

①陆域生态系统修复技术

海岛陆域植被的修复,是指通过人工方法,利用自然规律,恢复天然的海岛生态系统。海岛陆域植被的修复方法包括物种框架法和最大生物多样性法。所谓物种框架法,是指在距离天然林不远的地方,建立一个或一群物种,作为恢复生态系统的基本框架,这些物种通常是植物群落演替早期阶段的物种或演替中期阶段的物种。这种方法只需种植一个或少数几个物种,生态系统的演替和维持更多依赖于原地种源提供物种和生命力,以期逐渐实现生物多样性。而最大生物多样性法则是指尽可能地按照该生态系统退化前的物种组成与多样性水平,大量种植演替成熟阶段的物种,而忽略先锋物种。此种方法需要高强度的人工管理和维护,因为很多演替成熟阶段的物种生长缓慢,而且经常需要补植大量死亡物种,因此需要较多的人工投入。无论采取哪种方法,在生态系统的修复过程中都要对修复地点进行实地考察与论证,注意种子采集和种苗培育,尽可能利

① 任海、刘庆、李凌浩等:《恢复生态学导论》(第二版),科学出版社2007年版,第145页。

用乡土种进行生态系统恢复的研究和试验。①

由于与大陆地理隔离,海岛生物的遗传多样性一般较少。因此,在修复海岛陆域生态系统时应尽量增加海岛物种的遗传多样性,以提高海岛生物的抗逆性潜力。在引进新物种的过程中,对新物种生活史特征的研究非常重要,否则新引进的物种将可能由于缺乏与岛上植物、动物和微生物之间的协同进化关系而难以成活,或者由于缺乏病虫害和捕食者,造成外来物种入侵,进而形成生态灾难。此外,最重要的是要选择适合生存的关键种。因为关键种数量大,能够控制群落的能量流动,将会改变整个海岛生态系统的结构、功能和动态,是组成新生态环境的重要成分,而且还会修饰现存的生境。例如,如果在海岛的无林地带培育一片新的森林,那么这片新森林可能会影响到乡土植物的定居和扩散,也可能会成为一些低密度害虫的适生家园,还可能影响到土壤的质量。②

②潮间带生态系统修复技术

潮间带是指潮水退到最低时露出水面的地方到潮水涨至最高时所淹没的范围。受潮汐作用的影响,潮间带周期性处于干湿交替状态。由于来自陆地和河流的矿物质及有机物等营养成分十分丰富,因此生活在潮间带的生物种类也十分繁多。在修复潮间带生态系统时,应首先考虑恢复其生境的多样性,维持并加强该生态系统的功能。潮间带生态系统的修复可以通过以下两种技术手段加以实现:第一种,潮间带生物底播技术。对于生物资源衰退的泥质、砂质潮间带,可以通过投放沙蚕、青蛤、毛蚶、杂色蛤等生物,并依靠采捕非经济优势种等技术手段,使原来生物结构单一、生态系统脆弱的滩涂区的生物物种多样性和生物资源量得以提高。第二种,潮间带生境保育技术。针对岩礁、泥滩、沙滩等不同类型的海岛潮间带,可以选择建造人工鱼礁、人造沙滩等技术,也可以通过兴建人工导流堤、丁字坝等工程,改变岛屿局部水文动力条件,促进岛屿潮间带生态系统的发育。另外,构建人工海藻场、移植珊瑚礁、利用附着性海洋贝类等技术促进生物沉积,都可作为潮间带生态系统修复的备用选择。③

③周边海域生态系统修复技术

由于海岛四周都是海水,其周边水体环境的变化直接或间接地影响着潮间带生态系统和陆域生态系统,因此加强对水体富营养化、赤潮等生态问题的治理也是海岛生态系统修复的一个重要方面。周边海域生态系统的修复技术主要包

① 解焱:《恢复中国的天然植被》,中国林业出版社 2002 年版,第 43—45 页。

② 任海、刘庆、李凌浩等:《恢复生态学导论》(第二版),科学出版社 2007 年版,第 147—148 页。

③ 徐晓群、廖一波、寿鹿、曾江宁:《海岛生态退化因素与生态修复探讨》,《海洋开发与管理》2010 年第 3 期。

括以下两种:第一种,梯状湿地技术。梯状湿地技术,是指在浅海区域修建缓坡状湿地以减弱海浪冲击、促使泥沙沉积进而保护海滩的海岸工程技术。这种技术可以通过人造湿地来为海洋生物提供栖息地。第二种,人工鱼礁技术。这种技术是通过在海岛周围水域修筑构造物,以改善和优化水生生物栖息环境,为鱼类等生物提供索饵、繁殖和生长发育的场所,从而达到海岸带生物种群修复和海岸带栖息环境保护的目的。此种方法已经在日本、马尔代夫、塞舌尔等岛屿国家得到成功应用。[①]

第三节　海岛保护

随着国民经济的快速发展和自然资源的日益短缺,海岛资源的重要性逐渐为人们所关注。然而,我国海岛开发利用与保护管理工作却存在着诸多问题与弊端。不当利用海岛资源,导致海岛生态日趋恶化,海岛数量急剧减少,进而严重影响到我国国民经济的可持续发展。与 20 世纪 90 年代相比,辽宁省海岛消失 48 个,减少数量占海岛总数的 18%;河北省海岛消失 60 个,减少了 46%;福建省海岛消失 83 个,减少了 6%;海南省海岛消失 51 个,减少了 22%。因此,保护海岛及其周边海域生态环境,合理开发利用海岛自然资源,促进经济社会可持续发展,已成为我国政府的一项重要职能、企业的一份社会责任和普通民众的一种应尽义务。

一、我国海岛保护利用的现状与问题

1. 我国海岛保护利用受到高度重视

从经济社会可持续发展的角度看,海岛具有自然资源价值、生态经济价值、科学研究价值、军事利用价值和权益维护价值。随着陆地资源的日益匮乏,当陆地上的矿产资源不足以支撑 21 世纪的经济发展速度时,海岛的保护与利用便成为海洋经济这一新的经济增长点下人们关注的新焦点。

(1)海岛保护利用法制建设不断完善

根据"科学规划,保护优先,合理开发,永续利用"的原则,我国不断加强海岛保护与利用的法制建设。自 2010 年 3 月 1 日起施行的《中华人民共和国海岛保护法》,针对有居民海岛的工程建设、无居民海岛的开发利用和特殊用途海岛的

---

① 李红柳、李小宁、侯晓珉等:《海岸带生态恢复技术研究现状及存在问题》,《城市环境与城市生态》2003 年第 6 期。

特别保护,从实际情况出发,分别给予不同规定;《无居民海岛保护与利用管理规定》对无居民海岛保护与整治做出专门规定;《中华人民共和国海洋环境保护法》、《全国海洋功能区划》、《全国海洋经济发展规划纲要》以及《国家海洋事业发展规划纲要》又分别从不同角度对我国海岛保护工作提出具体要求。同时,各地方政府也非常重视海岛保护工作,纷纷出台规章制度,规范海岛开发利用活动。国家和地方关于海岛保护的法制建设,有效引导和规范了海岛资源的开发活动和生态环境的保护工作,使我国海岛保护与管理逐步纳入法制化轨道。

(2)海岛自然保护区数量日益增多

我国的海洋自然保护区,最早可以追溯到 1963 年在渤海海域划定的蛇岛自然保护区。其后的 1990 年,经国务院批准,我国建立了 5 个国家级自然保护区,即河北省昌黎黄金海岸自然保护区、广西山口红树林生态自然保护区、海南大洲岛海洋生态自然保护区、海南省三亚珊瑚礁自然保护区以及浙江省南麂列岛海岸自然保护区。据初步统计,截至 2007 年,我国已经建立的涉及海岛的海洋自然保护区有 50 多处,包括 800 多个面积大于 500 平方米的海岛,约占面积大于 500 平方米的海岛总数的 12%。这些保护区基本上都建立了相应的管理机构,并且制定了完善的管理制度,对于保护一些具有重要生态保护价值、资源开发价值和海洋权益维护价值的海岛功不可没。①

(3)无居民海岛保护利用活动方兴未艾

随着经济社会的不断发展,无居民海岛的经济价值日益显现,对无居民海岛的开发利用活动也持续升温,兴起一股前所未有的无居民海岛开发热潮。2011年 4 月 12 日,我国公布首批 176 个可以开发利用的无居民海岛名录,少则 10 万元,多则上亿元,个人就可以申请当"岛主"。目前,我国对无居民海岛的开发利用方式主要为渔业开发利用、海岛生态旅游、海岛农业开发、矿砂资源开采、科学研究应用、设置航海标志与领海基点以及修建港口和仓库等,开发利用方式粗放,手段落后,效率低下,缺乏对海岛及其周边海域资源的整体规划和综合利用。因此,将无居民海岛划分为保护类、适度开发类和保留类三种类型并实行分类保护,推行生态化无居民海岛开发利用模式,科学合理开发利用其资源,将是我国无居民海岛的未来发展方向。

2. 我国海岛保护利用中存在的主要问题

目前,我国海岛开发利用的广度和深度普遍较低,基本上处于粗放型开发利用阶段,缺乏陆海统筹的长远发展规划和推进高端产业发展的顶层设计,海岛综合利用水平不高。虽然我国的海岛保护与利用工作取得了一些成绩,但存在的

---

① 吴珊珊:《我国海岛保护与利用现状及分类管理建议》,《海洋开发与管理》2011 年第 5 期。

问题也不容忽视。

(1)海岛自然资源和生态环境破坏严重

我国的海岛,尤其是无居民海岛,由于缺乏科学合理的规划,造成生态环境破坏严重,开发秩序混乱,已经严重影响到海岛资源的可持续利用和海岛经济的健康发展。有的地区为了发展经济、改善海岛交通,修筑海堤式实体坝连岛工程,人为改变了海洋水动力环境和海岛的自然性状,阻碍了海洋生物的洄游与繁殖,使得海岛及其周围海域的生态系统被严重破坏;有的海岛近岸珊瑚被肆意采集和挖掘,导致海洋动植物赖以生存的家园被破坏,许多珊瑚礁鱼类、贝类数量也随之锐减;有的企业在海岛上非法倾倒垃圾和有毒有害废物,把昔日环境优美的海岛变成了今天空气污浊的垃圾堆放场。此外,开山取石、炸岛毁礁、填海连岛的现象也十分突出,致使一些海岛自然资源和生态环境遭受严重破坏。

(2)海岛保护与利用执法监管能力不足

我国面积大于 500 平方米的海岛有 6961 个,面积在 500 平方米以下的海岛和岩礁有上万个,如此数目众多的海岛散落于 300 多万平方千米的广阔海域,执法管理难度不言而喻。[①] 人员缺乏、装备落后和信息不足等因素,严重影响了海岛管理和环境保护的执法效率。一些海岛没有适合大型船舶停靠的码头,岸边岛、近岸岛、沙洲可乘坐执法艇前往,但登临某些岛屿只能依靠直升飞机,而我国配备的用来巡航执法的直升机数量却严重不足。多数海岛道路崎岖,毒蛇、毒虫数量众多,严重威胁到执法人员的人身安全。如需登岛检查,就必须采取防蛇措施,随身携带蛇药,而我国海监执法人员的个人野外安全防护装备并不齐全,毒蛇对执法人员人身安全的威胁依然存在,一定程度上制约了海岛执法工作的进一步开展。

(3)海岛基础设施和社会事业普遍滞后

目前我国除少数较大海岛已经通过海底管道与大陆通水、通电外,大部分海岛的基础设施仍旧相当落后,电力、淡水供应也十分困难,边远海岛的困难尤其突出。相当多的海岛只有简易码头,且渡船运行班次少,对外交通受到极大制约。一旦遭遇恶劣天气,轮船便无法正常航行,岛上居民进出海岛就会严重受阻;虽然多数海岛建有水库或者修建了大陆引水工程,但一旦遇到持续干旱,海岛淡水资源短缺问题将会十分突出;海岛的地理位置决定了其易受暴雨、台风、地震、海啸等海洋灾害的侵袭,但与此相反的是,大部分海岛的防灾设施建设标准过低,甚至没有防灾设施;绝大多数海岛采用微波技术进行信号传输,通

---

① 《全国海岛资源综合调查报告》编写组:《全国海岛资源综合调查报告》,海洋出版社 1996 年版,第 15 页。

讯信号很不稳定,一遇到大风大雾天气电话通讯基本上完全中断。此外,海岛地区的文化教育、医疗卫生、广播电视、体育娱乐等各项社会事业的发展也相对滞后。

二、海岛保护的博弈理论

1. 博弈理论

1928 年,冯·诺依曼证明了博弈理论的基本原理,从而宣告博弈理论的正式诞生。1944 年,冯·诺依曼和摩根斯坦合著的《博弈论与经济行为》一书将二人博弈推广到 n 人博弈并将博弈理论应用于经济领域,标志着系统的博弈理论的初步形成。随着现代经济的迅猛发展,博弈理论不断取得重大突破并被广泛应用于经济学、政治学、生物学、计算机科学等各个领域。博弈理论有三个著名的公共选择分析模型,即公地悲剧模型、囚徒困境博弈模型和集体行动的逻辑模型。其实,这三种分析模型在本质上是一致的,都涉及博弈主体"个人理性"的基本假定和博弈结果的集体非理性。[①]

(1)公地悲剧模型

公地悲剧最初由哈丁提出。哈丁设想了一个向一切人开放的公共草地,每个牧羊人直接利益的大小取决于他所饲养的牲畜的数量。作为理性个体,每个牧羊人都希望把自己的收益最大化。在公共草地上,每增加一只羊会同时出现两种结果:一是获得增加一只羊所带来的收入;二是加重草地负担,并有可能导致草地被过度放牧。经过思考,牧羊人决定不顾草地的承受能力而增加羊群的数量。于是,他便会因为羊群数量的增加而使得收益增多。看到有利可图,其他牧羊人也纷纷加入这一行列。由于羊群的进入不受限制,所以牧场被过度使用,草地状况迅速恶化。最后,悲剧就这样发生了。[②] 在公地悲剧中,每个牧羊人都知道公共草地会由于过度使用而枯竭,但每个人对阻止事态的恶化均感到无能为力,而且他们又都想在公共草地继续恶化的情况下及时捞一把。亚里士多德曾言:"凡是属于最多数人的公共事物常常是最少受人照顾的事物,人们关怀着自己的所有,而忽视公共的事物;对于公共的一切,他至多只留心到其中对他个人多少有些相关的事物"。[③] 由于个体仅具有追求自身利益最大化而由其他人和群体来承担损失的个体无责任理性,而缺乏通过协调自身行动以优化整体利

---

① 肖建华、赵运林、傅晓华:《走向多中心合作的生态环境治理研究》,湖南人民出版社 2010 年版,第 70—71 页。

② 陈新岗:《"公地悲剧"与"反公地悲剧"理论在中国的应用研究》,《山东社会科学》2005 年第 3 期。

③ [古希腊]亚里士多德:《政治学》,吴寿彭译,商务印书馆 1965 版,第 48 页。

益的集体理性,因此,个体的理性很可能导致集体的非理性。

(2)囚徒困境博弈模型

1950年,就职于兰德公司的梅里尔·弗勒德(Merrill Flood)和梅尔文·德雷希尔(Melvin Dresher)拟定出相关困境理论。后来,艾伯特·塔克(Albert Tucker)作为访问教授在斯坦福大学发表演说时以囚徒的方式对这一理论进行了阐述,并将其命名为"囚徒困境"模型。经典的囚徒困境模型如下:警方逮捕了甲、乙两名嫌疑犯,但没有足够的证据可以指控二人有罪。于是警方将两名嫌疑犯分开囚禁,分别和两人见面,并向双方提供以下相同选择:①若一人认罪并作证检控对方(相关术语称"背叛"对方),而对方保持沉默,此人将立刻获释,沉默者将被判刑10年。②若二人都保持沉默(相关术语称互相"合作"),则二人分别被判刑1年。③若二人互相检举(相关术语称互相"背叛"),则二人分别被判刑8年。假定两个囚徒都是理性的,即都寻求自身利益最大化,而置另外一个囚徒的利益于不顾。那么,囚徒到底应该采取什么样的策略,才能使自己的刑期缩至最短? 由于两名囚徒被分开囚禁,双方并不知道彼此的选择。其实,即使他们可以交谈,两个人还是未必会相信对方不会反口。就个人的理性而言,认罪并作证检控对方所获刑期,总比沉默要来得短一些。因为若对方沉默,背叛会让我立刻获释,所以我会选择背叛;若对方认罪并作证检控我,我只有指控对方才能获得较短的刑期,所以我必须选择背叛。结果,二人都被判刑8年。如果二人都能够为彼此着想,即采取合作的策略,那么两个人都只会被判刑1年。囚徒困境博弈模型说明:在合作对双方都有利的情况下,保持合作也是很困难的。[①]

(3)集体行动的逻辑模型

社会学家往往认为,如果集体中的个体具有共同的利益或目标,那么个体在个人理性和自我利益的指引下就会采取一致行动以实现集体利益或目标。然而,公共选择理论的奠基者奥尔森教授却不这么认为。他在《集体行动的逻辑》一书中指出:"如果一个集团中的所有个人在实现了集团目标后都能获利,由此也不能推出他们会采取行动以实现那一目标,即使他们都是有理性的和寻求自我利益的。实际上,除非一个集团中人数很少,或者除非存在强制或其他某些特殊手段以使个人按照他们的共同利益行事,有理性的、寻求自我利益的个人不会采取行动以实现他们共同的或集团的利益。"[②]其原因是个体理性不是实现集体理性的充分条件,理性的个体在实现集体目标时往往具有搭便车的倾向。集体

---

① 百度百科:http://baike.baidu.com/view/316629.htm,2011年10月2日访问。

② [美]曼瑟尔·奥尔森:《集体行动的逻辑》,陈郁、郭宇峰、李崇新译,上海人民出版社1995年版,第2页。

第二章　海岛生态保护

中的某些个体或团体希望在不付出任何代价的情况下,从其他人或群体获得好处和收益。这里所说的集体可以小到几个人的组织,也可以大至整个国家、甚至整个世界。相对于社区,家庭是个体,社区是集体;与国家相比,单个城市是个体,国家是集体;而一旦问题涉及全球,国家则沦为个体,全球才是集体。由此看来,个体与集体总是相对的,集体行动的障碍也是普遍存在的。当人数较少时,集体行动比较容易产生;但随着人数的增加,通过协商达成一致行动的成本会相应增加,集体行动的障碍也就越大。

2. 博弈理论在海岛保护中的运用

博弈理论作为一种分析冲突与合作的工具,在现代经济生活中的应用极其广泛。海岛保护涉及政府、企业、民众等多方利益主体,而各利益主体的态度更决定着海岛保护的效果与进程。因此,海岛保护的实质就在于化解冲突与建立合作。很显然,如果要对海岛保护中存在的诸多问题有一个更为深刻的认识,借助博弈理论的三个公共选择分析模型将会取得事半功倍的效果。

(1)海岛保护中的公地悲剧

海岛上的自然资源和生态环境作为公有物为岛上居民所共有,但是,炸岛采石、乱砍滥伐森林资源等严重改变海岛地貌的行为和污水未经处理直接排放、大气污染物严重超标等普遍损害公众健康的事件却时有发生。作为公共资源的海岛因个人利益与公共利益的冲突经常陷入乱采滥用的陷阱,产权模糊是造成海岛自然资源屡遭破坏和生态系统大规模退化的主要原因,而政企合谋、执法不严、违法不究又使得海岛公地悲剧雪上加霜。有观点指出,在海岛公地悲剧当中,岛上居民懵懂无知,海岛保护问题无法通过合作来解决,而得到普遍认可的、具有强大强制权力的"利维坦"——国家才是解决问题的关键。他们的观点是,政府对海岛的开发与利用实行严格的外部管制是绝对必要的。其实,在海岛公地悲剧的治理当中,任何单方主体的努力都不可能完全取得成功,政府失灵同样存在。公地悲剧产生的原因在于产权主体与责任主体的虚位,而明晰海岛资源产权、优化海岛资源产权制度安排将有助于克服公地悲剧重演。

(2)海岛保护中的囚徒困境博弈模型

为了说明海岛保护中的囚徒困境博弈模型,我们假定此时的市场处于完全的自由竞争状态,政府没有采取任何管制措施,且整个市场只有两家企业:企业1和企业2,同时两家企业的治污成本都分别为50。企业1和企业2选择不同的治污策略的收益会有以下四种情况:①如果企业1选择治理污染,企业2也做出同样的选择,那么企业1和企业2的收益都分别为50;②如果企业1选择治理污染,而企业2选择污染环境,那么企业1的收益为50,企业2的收益则为100;③如果企业1选择污染环境,而企业2选择治理污染,那么企业1的收益为

100，企业 2 的收益则为 50；④如果企业 1 和企业 2 都选择污染环境，那么企业 1 和企业 2 的收益都分别为 100（见表 2-1）。

很明显，无论企业 1 选择治理还是污染，企业 2 的最优策略都是污染环境；反之，无论企业 2 选择哪种策略，污染环境同样是企业 1 的最佳决策。因此，在完全自由的市场条件下，企业间的囚徒困境永远难以消除，整体性的帕累托最优状态也无法实现。而一旦政府对企业的污染行为进行相应的监管，企业与政府间的博弈便随之展开，企业偷排未经处理的污染物可以算作其中的著名案例（见表 2-1）。

表 2-1　不同策略下两企业的收益情况

企业 2 的策略 ＼ 企业 1 的策略	企业 1 治理	企业 1 污染
企业 2 治理	（50,50）	（100,50）
企业 2 污染	（50,100）	（100,100）

资料来源：彭林、潘南明、卢彦：《博弈理论的环境保护意义》，《广东科技》2007 年第 10 期。

（3）海岛保护中集体行动的逻辑

集体行动的逻辑在海岛开发利用中具体表现为：在岛上任意倾倒垃圾及有害物质、违规采挖珊瑚礁和未经批准砍伐红树林等非法行为。个人、企业以及地方政府在实施破坏海岛生态环境的一系列行为时，他们并非不清楚自身行为所带来的负面影响，而总是抱着搭便车的心理企图由他人、其他企业、下任政府来承担其行为所造成的损失，对全岛居民的整体利益采取漠不关心甚至非合作的态度。这样一种搭便车心理的存在虽然是造成集体行动障碍的成因，但也只是其表象。海岛开发利用中产生搭便车行为的前提是海岛资源、环境所具有的非竞争性与非排他性，而岛上居民的个体理性则是其产生的根源。经济活动中岛上居民的个体理性所追求的是自身利益或当前利益，而集体理性则以社会利益或长远利益为依归，因此，理性的岛上居民不会采取合作性的集体行动以维护社会的长远利益。由于海岛保护中个体理性与集体理性冲突的普遍存在，强有力的政府干预就显得非常有必要，但我们必须清醒地认识到：政府干预永远都不可能解决全部问题。

三、海岛保护中的"市场失灵"与"政府失灵"

1. 海岛保护中的"市场失灵"

市场在资源配置中发挥着基础性作用，但市场并不是万能的。由于公共物品、市场垄断、外部性和信息非对称的存在，市场失灵同样无法避免。海岛保护中的"市场失灵"主要表现在以下三个方面。

(1)海岛资源价值被低估

以海南岛的红树林为例,红树林遭到破坏的一个重要原因,就是因为它的价值被严重低估。由于直接经济效益小,不少岛上居民为了开发利用滩涂资源大量砍伐红树林,以致造成红树林成片死亡。其实,红树林最大的价值在于它的生态效益。红树林除了常见的防浪护堤功能外,还可为鱼类提供饵料与生存环境,鱼类的大量存在又会吸引海鸟前来觅食。因此,红树林在海岸生物链中起着特殊作用。

(2)外部性、公共物品与市场失灵

外部性是个人或企业的活动对其他个人或企业产生的没有补偿的影响。外部性意味着海岛居民或企业生产成本的转移。因此,谁产生的外部性越大,谁获利就越多,这是导致海岛资源被过度利用和海岛生态系统不断退化的根源。与外部性问题紧密相连的是海岛生态系统中存在的公共物品,例如干净的河水、清洁的空气、生物多样性等。由于公共物品的非竞争性和非排他性,任何人都可以自由使用,一方面导致河水污染、空气混浊和生物多样性减少,另一方面也使得个人和企业缺乏保护海岛生态系统的动力。

(3)产权不清、收入分配不公共同引发的市场失灵

以海岛上的农民为例,一个对土地所有权缺乏安全感的农民是不会考虑土地的长期收益的,其理性考量只能是如何在短期内获益。因此,他们不仅不会对土地进行长期投资,而且更是采取广种薄收、竭泽而渔的粗放利用以增加收入。一旦耕地生态退化,他们由于不具备消除生态退化所造成的负面影响的能力和资源,从而不得不选择砍伐林地以开垦新的耕地。即使成片的林地被砍伐导致陡坡被严重侵蚀,贫困的渔农民也别无选择。他们无力修复生态系统,只有耗竭资源或者以其他方式利用海岛上的林地,从而产生一种贫穷—破坏—更贫穷—更破坏的恶性循环。

2. 海岛保护中的"政府失灵"

经济学理论认为,市场存在缺陷,所以需要政府干预。其实,市场失灵并非政府干预的充分条件。市场机制解决不了的问题,政府也不一定能解决。即使政府可以解决,也并不一定会比市场解决得更好。在海岛保护中,由于政府的理性是有限的、政府信息的不完全以及政府官员权力寻租与腐败的存在,政府失灵同样存在。

(1)信息不足与扭曲

市场上单个经济主体的信息不足与扭曲是造成"市场失灵"的一个因素,和私人无法掌握完全且准确的信息一样,以科层制形式组织起来的地方政府也同

样存在着信息不足与扭曲的问题。由于信息不足与扭曲问题的存在,再加上行政人员的知识、经验和能力的有限性,因此,地方政府就不一定知道其政策的全部成本和收益,也不是十分清楚其政策实施的后果。信息不足和扭曲导致政府决策缺少充分且可靠的数据,因此决策出现失误也就在所难免。而一旦政府决策稍有偏差,其对经济运作都将产生无法挽回的负面影响。

（2）地方政府与企业的合谋

作为理性的"经济人",地方政府考虑更多的是地方经济的发展问题,而地方经济的发展又与当地企业密切相关,因为企业不仅可以增加就业从而缓解社会就业压力,而且企业纳税还可增加地方政府的财政收入,更为重要的是,企业的蓬勃发展能够带动经济增长,进而提升地方政府的政绩。因此,在很多地方政府眼里,经济增长是硬指标,环境保护降为软指标,经济增长是地方政府和企业的共同利益之所在。于是,就产生了地方政府与企业合谋的可能性,即地方政府为了经济增长而对企业污染环境的行为采取听之任之甚至保护的态度。[①]

（3）政府官员的权力寻租和腐败

地方政府对环境污染的管制只有凭借其掌握的行政权力才能够实现,这就为污染企业进行寻租活动提供了条件。一方面,他们以手中握有权力的政府官员为目标,通过游说、送礼、行贿等不当途径来获得自身行为的权利保障;另一方面,由于政府官员的自利性,他们也会主动创设租金吸引寻租者以满足自身利益的最大化,导致权力可悲地沦为政府官员谋求一己私利、满足个人欲望的非法工具。地方政府官员的权力寻租与腐败行为,使得他们对一些环境污染严重的项目视而不见,甚至其本人通过私下交易或者内部投资参与了这些项目的开发与实施。

四、海岛保护的多中心合作治理

市场机制与政府干预都拥有一定的有效区域,也都存在一定的失灵地带。保护海岛自然资源与生态环境需要克服市场和政府的双重失灵,让市场机制和政府干预发挥最大效能。在市场失灵与政府失灵同时发生且无可避免的情况下,我们必须适应社会多元化的现实,由政府、企业、非政府组织、个人等多方主体一道参与海岛保护,共同提供海岛保护所需的公共产品和公共服务。

1. 政府引导

理论与实践表明,海岛保护的多中心合作治理模型并不是一个只由政府一

---

① 肖建华、赵运林、傅晓华:《走向多中心合作的生态环境治理研究》,湖南人民出版社 2010 年版,第 217 页。

企业组成的二元结构,而是由政府—企业—非政府组织—个人等主体共同构筑的多元互动体系。在整个多元互动体系中,地方政府作为公共权力的执行者,其角色定位不再是传统的微观管制,而是作为海岛保护的引导者发挥作用。在保护海岛生态、加快海岛开发的进程中,政府职能主要体现在以下几方面:(1)出台法律法规,保护海岛生态环境;(2)制订旅游发展规划,合理开发海岛旅游资源;(3)加快海岛基础设施建设,促进海洋经济可持续发展;(4)严格环境监管执法,保障民众环境权益;(5)开展公民环境责任教育,增强公众生态保护意识;(6)扩大环境信息公开,引导社会团体和公众积极参与环境保护活动。

2. 企业履责

现实中,许多企业只把经济上的盈利作为唯一目标,而安全生产、节能减排、员工福利、食品与药品安全等企业社会责任则被抛诸脑后。在这种情况下,企业社会责任被推到社会舆论的风口浪尖。企业社会责任主要包括三个方面:经济责任、社会责任和环境责任,海岛保护意义上的企业社会责任主要是指企业致力于可持续发展——消耗较少的自然资源,让海岛生态系统承受较少废弃物的环境责任。企业从事生产经营活动,时时要与海岛环境发生联系。企业负有的环境责任促使它们必须从人与海岛生态的和谐共处出发,严格遵守《中华人民共和国海岛保护法》等相关法律法规,自觉降低自然资源消耗,减少污染物排放,促进海岛经济社会可持续发展。

3. 非政府组织参与

市场和政府双重失灵的存在,打破了人们的幻想,将非政府组织推到了美化环境、保护生态的前台。较之公民个人单独参与海岛保护,非政府组织拥有广泛的民众基础,因此对政府和企业决策的影响力会更大,是从事协调与合作的有效组织形式。非政府组织既不代表特定集团的利益,也不受控于任何行政机关,角色超脱,具有很强的公共性,可以成为沟通政府与民意的纽带,也可以为公众参与海岛保护提供有效的渠道。非政府组织在海岛保护中的作用主要体现在学术研究、决策参与、技术普及、资金援助、项目开展、社会监督和公众宣传等方面,它们正在作为独立于政府、企业之外的新角色广泛参与海岛自然资源保护和生态环境修复等各项活动。当环境污染和生态破坏事件发生时,拥有专业人士、技术条件、一定资金和广泛影响力的非政府组织在某种程度上可矫正加害方与受害方实力失衡的状态,这不仅有助于弱势群体利益诉求的表达和救济,更有利于实现政治社会稳定和构建社会主义和谐社会。

4. 个人维权

海岛是岛上所有居民的共同家园,其自然资源与生态环境为岛上每一个人所共同享有,因此,岛上居住的所有人都有权利守护好自己的生活家园。海岛开发建设中个人可以采取以下两种方式保护自然资源与生态环境：一是参与决策。在政府公布了有关海岛开发建设方面的法律、法规和规划的草案后，公民个人应积极建言献策，提出切实可行的方法和措施，以保护和改善海岛生态环境。召开立法听证会时，公民个人要踊跃参加，理性且合法地表达自己的利益诉求。二是进行监督。在有关海岛保护与开发的法律、法规、规划的实施过程中，个人有权进行监督。一旦发生环境污染事件，个人有权向有关部门检举、控告相关污染者。通过参与决策和进行监督，公民个人可以在参与中学习、了解海岛保护方面的法律和知识，自觉提高生态道德水平，增强环境权益维护意识，最终能以积极、热情的态度促进海岛经济社会科学可持续发展。

第三章

海岛开发利用

在我国辽阔的海域中有着数以万计的海岛,它们以其迷人的风景和独特的环境,吸引着人们的眼光。海岛是拓展海洋经济发展空间的重要依托,是我国特殊的国土,对于促进海洋经济发展、维护国家生态安全、国防安全和海洋权益具有重要的战略意义。因此,对于海岛的开发和利用,不仅要全方位考虑海岛的价值意义,更要与时俱进,因地制宜,从海岛本身出发,制定一个从大局观出发的海岛开发战略,然后根据开发战略,逐步规划详细的海岛开发策略,循序渐进地进行海岛的开发和利用,将是中国海洋经济发展的另一片蓝天。

第一节 海岛开发战略

一、海岛开发的动因

海岛是联结陆域国土和海洋国土的海上基地,拥有丰富的资源。海岛土地资源可开发潜力比较大,可为各行各业提供必要的建设用地;有的岛屿及周围海域蕴藏着油气资源、非金属和金属矿物,可提供一定的工业原材料;海岛周围的浅海和滩涂是海水养殖的良好区域;海岛具有天然的港址资源,有的岛屿具有建设深水良港的条件;有的海岛有美丽的自然景观,可以发展旅游业。这些资源是一个复合体,必须综合开发才能合理利用海洋资源。那么为什么要进行海岛开发? 主要有以下几个方面。

1. 海岛具有丰富的资源

(1)岛陆经济生物资源。海岛是一种特殊的生态环境,他们与大陆分离,但是单优物种明显。根据调查结果:在有土壤的海岛上,一些近岸较大的岛屿上植被种类丰富,共约 2000 多种,这些野生植物中有 1000 种以上可作药用。海岛上的动物以鸟类最多,约有 400 多种,个体数也较多,其中 80% 以上为候鸟和旅鸟。另外,在福建省以南,特别是海南省海岛周围有丰富的红树林和珊瑚礁资源,因红树林和珊瑚礁都是海洋高生产区域,在搞好管理和保护的同时,可合理地开发和利用。

(2)海岛森林资源。森林在保护海岛环境上的地位十分重要,我国海岛的优势造林树种资源相当丰富,全国海岛有林地面积 136827.4 平方千米,宜林地面积 54264.8 平方千米。这些都为林业的发展(尤其是配套防护林网体系)、开发特色旅游景观提供了充足的后备资源。

(3)港口资源。我国海岛港口资源非常丰富,绝大部分的海岛具有靠近大陆海岸和较为集中的特点。多数海岛港口临近大的河口和海湾,或者靠近沿海经济发达地区,这样就使岛屿港口成为我国沿海港口的一部分。

(4)矿产资源。我国海岛金属矿产种类丰富,非金属矿产资源丰富,尤其是建筑材料矿产分布广且储量大。我国海岛矿产种类包括黑色金属、有色金属、稀有金属、化工原料、建筑材料、燃料及其他非金属矿产等。初步统计结果表明,探明储量的矿产 32 种,共有矿床 46 个。海岛优势矿产主要有石油、天然气、钛铁矿、型砂、标准砂、玻璃砂、建筑砂等。

(5)海盐资源。我国东部、南部濒盐辽阔海洋,海盐资源丰富,500 平方米以上的海岛,有着广阔的滩涂,共计有滩涂面积 35.1×10^8 平方米,而且自然条件十分优越,有利于海盐生产。[①] 岛区海域盐度高,风速大,蒸发量高,具有良好的产盐条件,且食盐质量高。

(6)旅游资源。我国海岛在从热带、亚热带,到温带的不同自然生态条件下,经千百年来人类生产、社会生活、文化活动的创建改造,形成了一幅色彩斑斓、景物多姿、生机盎然的景象,对旅游者有极强的吸引力,有发展旅游业的良好基础。在浩瀚无垠的大海上,海岛由于能拥有一个相对狭小的空间,将阳光、大海、沙滩及水产、绿化汇集一起赐予人类,因而海岛也往往成为我国沿海经济发达区建设滨海旅游基地的首选目标。

(7)再生能源。太阳能资源非常巨大,据气象专家估算,太阳能每年照射到我国地面的能量相当于 10×10^4 个功率为 1200×10^4 千瓦的发电站一年发电量的总和,而全国沿海岛屿的太阳能资源处于全国的中上水平。全国海岛风能分布的总趋势是东南沿海海岛最高,其次是辽东半岛和山东半岛两侧沿岸海岛和海南岛西南部。以上自北向南的沿岸狭长带区是全国风能资源密度最大的地区之一,年平均风速大于 3 米/秒的日数在 200 天以上,有效风能密度 200 瓦/米²

---

① 《全国海岛资源综合调查报告》编写组:《全国海岛资源综合调查报告》,海洋出版社 1996 年版,第 542 页。

以上。海岛还有潮汐能、波浪能、潮流能等其他再生能源。

2. 目前海岛开发利用的程度低

海岛地区拥有渔业、港口、旅游和海洋能源等多种海洋资源。由于各海岛地区资源条件、地区经济发展水平和需求等有所差异,海岛资源开发类型不尽相同。有些海岛面积较大,海洋资源种类多、数量大、质量高,开发历史悠久。根据地区经济发展的需要,海岛开发中多种产业并举,多种海岛资源同时得到不同程度的利用。如辽宁省长海县大长山岛围绕渔业立县、旅游兴县战略,开发海岛渔业资源和旅游资源,发展渔业和旅游业;舟山群岛更是多重资源同时开发的典型实例。同时也应看到,还有相当一部分海岛开发利用程度低下,没有得到合理科学的开发。[①]

现实一:一些海岛开发利用随意性较大,开发秩序混乱,使海岛资源和生态系统面临较大威胁。有的海岛为了发展经济、改善海岛交通,修筑海堤式的实体坝连岛工程,人为地改变了海洋水动力环境和海岛的自然性状,阻碍了海洋生物的洄游与繁殖,造成海岛及其周围海域生态系统的严重破坏;有的海岛被肆意采集和挖掘珊瑚,引起依赖热带珊瑚礁生存的鱼类生态环境恶化;有的海岛被乱扔垃圾,变成了垃圾岛。此外,开山取石、炸岛毁礁、填海连岛现象突出,造成海岛资源丧失。据统计,从 1996 年全国海岛综合调查结束以来,辽宁省因围填海或者连岛大坝造成的陆连岛达 32 个,因淤积等原因造成的陆地岛有 16 个。

现实二:有些海岛面积较小,仅具有某种资源优势,如渔业资源、旅游资源丰富,而其他资源相对较差,一般都实行单一开发模式。如广东省电白县放鸡岛开发旅游资源,发展海岛旅游业;浙江省宁海县岛屿开发渔业资源,发展海水增养殖业。有的仅有岛屿区位资源优势(如处于闽江口的粗芦岛),其行政建制一般为乡镇以下行政区域;有些岛屿长期以来也处于经济边缘地带,缺少投资,交通、能源以及其他生产生活基础设施十分落后,岛上居民以渔业为主要产业。改革开放虽然给他们带来了发展机遇,但因区域狭小、资源贫乏单一,往往很少得到大量投资,有些岛屿居民生活贫困,自然生态环境不良,岛屿资源开发利用不够,处于海陆联系桥梁和对外开放前沿的区位资源优势尚未发挥。

3. 海岛开发的前景广阔

改革开放以来,各海岛县从实际出发,走现代化海洋开发之路,取得了一定的成绩,海岛经济也有了长足的发展。海洋捕捞、海岛盐业和海上交通运输发展较快,海水养殖、海岛旅游和海岛工业正在崛起。如长岛县成为全国第一个小康县,人均储蓄名列全国第一;崇明、玉环两县进入全国综合实力百强县行列;东山已有国家级的经济技术开发区、海滨森林公园、一类开放口岸和省级的创汇农业

---

① 吴姗姗:《我国海岛保护与利用现状及分类管理建议》,《海洋开发与管理》2011 年第 5 期。

试验区、旅游经济开发区、科技兴海试验区;南澳县为全国 6 个海岛综合开发试
验区之一,依据南澳的优势,在试验区内规划开发对台贸易区、亨翔(台商)投资
区、旅游度假区和水产农业出口创汇区等 4 个小区。南澳县的开放建设现已进
入高潮。海岛基础建设突飞猛进,市政建设和投资环境全面改善.旅游业迅速兴
起,高新科技振兴海洋产业;正在形成有海岛特色的产业体系,人民生活水平稳
步提高。[1]

由于海岛得天独厚的优势,海岛开发的前景十分广阔,海岛开发产业多样
化:(1)海岛旅游业。突出开发海岛生态旅游,建设具有海岛风情和海洋文化特
色的国际滨海旅游区以及集观光、度假、休闲、会议、娱乐、美食、海上运动、海上
垂钓和海底博览为一体的综合性旅游区。(2)海水养殖业。可以利用岛上港湾
积极推广养殖新技术,开发高附加值的产品,重点发展抗风浪升降式深水大网
箱、近岸特色资源增养殖等。(3)港口及仓储业。(4)高新技术产业。(5)风力发
电和海水淡化产业。风力发电和海水淡化在海岛经济中比较优势明显,是绿色
环保的新兴产业。西班牙的海岛城市拉斯帕尔玛斯所需淡水全部由海水淡化提
供,已成为世界海水淡化的范例城市。每一个海岛都有自身的资源特点和优势
条件。[2] 因此,如果在充分发挥优势上做足文章,打好特色牌,通过调整产业布
局来大力扶持和发展海岛优势特色产业,我国海岛地区将成为经济发达、社会繁
荣、环境优美、生态良好的海上明珠。

二、海岛开发的方向

海岛的开发和利用必须要基于海岛本身的资源优势。如日本屋久岛发展的
人文自然岛、马尔代夫的生态旅游岛、欧洲的海洋渔业岛以及浙江舟山发展的国
际物流岛。其中每个小岛都分别根据自己的文化优势、旅游优势、渔业优势、口
岸优势进行发展,这种因地制宜的良性开发方向正是我国海岛开发中应取的
方向。

1. 人文自然岛
成功案例:日本屋久岛环境文化村之永续发展
(1)发展背景
1990 年拟定的鹿儿岛县综合基础蓝图的发展策略中,首次提出了屋久岛环
境文化村的构想,计划在当地产业发展的同时,也能注重岛上丰富自然资源之保

---

① 张德山:《我国海岛开发现状与发展》,《海洋信息》1998 年第 6 期。
② 张士海、陈万灵:《珠海海岛资源综合开发利用的思路与对策》,《海洋开发与管理》2007 年第
5 期。

存与适当利用,利用岛上自然与文化的价值与特色,将屋久岛塑造为一个人与自然共存的新小区。因此在 1993 年(平成 5 年)3 月由鹿儿岛县、上屋久町与屋久町三个县町政府出资成立财团法人屋久岛环境文化财团,其设立宗旨为守护屋久岛的自然风光,强调与自然共生共存的地方发展概念,使屋久岛成为环境文化村。

(2)发展概念

屋久岛环境文化村的发展概念主要可分为自然环境保护、产业促进、观光改善、生活与文化四个方面:①自然环境保护。须注意到自然环境保护及产业发展相互间的协调,尤其因观光发展与地方都市化后所衍生出的废弃物与废水处理问题。此外,亦需能管理地方基础建设(infrastructure)改变后所带来生活模式与产业结构的变化,并因而调整发展策略。屋久岛全岛分为三大土地使用分区,依环境特性,而实施不同的资源与保育措施,以兼顾自然保育与人为开发之间的平衡。②产业促进。考虑小型产业与离岛偏远性所造成的产业发展劣势,如发展腹地较小、劳工短缺及运输成本较高等问题,而发展适当的解决方案,以求得经济发展与环保的平衡。因此,以"绿色产业"为发展主轴,鼓励以再生能源开发、废弃物处理与再利用、有机农渔牧业生产、地方工艺品制作等为产业发展方向。③观光改善。辅导现有不够完善之观光相关产业,以增加观光吸引力。以生态旅游来吸引观光客,并善加利用有限观光资源,将游客在时间与空间上分散,解决旅游旺季游客人数过多所造成的环境冲击。④生活与文化。解决离岛地区缺乏资源、人口外流与人为发展过度集中等问题,改善教育、医疗及其他相关地方社会福利设施,发展有效率的基础建设开发,并保存传统小区功能与文化。

2. 生态旅游岛

成功案例:马尔代夫——"一岛一店"模式

坐落在印度洋上的群岛国家——马尔代夫,由 26 组自然环礁、1190 个珊瑚岛组成,其中 199 个岛屿有人居住,991 个岛屿为荒岛。马尔代夫以海岛旅游闻名于世,旅游业也成为其三大经济支柱之一,其旅游业的成功,首先得益于完善的发展规划。马尔代夫在海岛开发过程中特别重视海岛规划,规划是政府的职能,规划的设计充分考虑单一岛屿的整体性及与其他海岛的关联性,以规划指导开发,总体规划、分步实施,使得一岛一风格,整体如诗如画,被誉为"印度洋上的人间乐园"。马尔代夫海岛规划规定,岛上建筑物不得高于两层,同时以别墅式和木质结构为主,建在礁盘水面上的单层别墅则用木桥相连为路,各个风格不同的建筑物构成了岛上别具一格的亮丽风景线。而马尔代夫的每一个小岛都有不同的天然景色,由政府出租给不同的公司经营,各有各的风格和特色。岛上的旅店一般沿海而建,使游客一踏出房门便能走入细软洁白的沙滩,投向大海的怀抱。另外,规划也控制了马尔代夫的工业污染,使海水格外清澈。

世界上许多环境优美、景色宜人、人与自然和谐相处的成功开发岛屿的案例都在说明,要有一个持续健康的海岛旅游业,就必须要有生态旅游的理念。例如,马尔代夫著名的"三低一高"的开发原则(即低层建筑、低密度开发、低容量利用、高绿化率),就是为了保持原有的地貌特征,确保岛上旅游资源和生态系统不会遭到破坏,使游客能够感受到大自然的亲切,体会到休闲的享受;另外,马尔代夫还注重其岛上资源的可持续发展,禁止砍伐树木,只能钓鱼不能网鱼,使得树木得以成长,丰富的渔业资源得以保存。又如,著名的泰国普吉岛,尊重岛上原有的热带风格,无论在建筑还是绿化中,都注重风格的统一与原生植被的保留;岛上的车辆不许上山,而是采用有轨缆车来运送客人上山,建筑之间的交通也采用步行,从而避免了在山上建车行道而破坏山体的情况发生。[1]

3. 海洋渔业岛

成功案例一:欧洲小岛屿联盟

欧洲小岛屿联盟(European Small Islands Network,ESIN)于 2001 年由法国、爱尔兰、苏格兰、丹麦、瑞典与芬兰共同组成。这个联盟成立的主要目的在于使欧洲有人居住的极小岛屿所面临的挑战能让大家有更深的认识,并且促成各岛屿之间能在永续岛屿发展这个主题方面相互合作。此小岛屿联盟的六个国家位于西欧与北欧,受大西洋、英伦海峡、地中海、索尔威湾(Solway Firth)、爱尔兰海、北海、松德(The Sund)海峡、波斯尼亚湾(Gulf of Bothnia)、波罗的海、芬兰湾等海洋、海湾与海峡所环绕。因此,此六个岛屿海岸地区的渔业与海洋相关发展具有相当的重要性。

成功案例二:葫芦岛市

葫芦岛市位于以沈阳为中心的辽宁中部城市群和以京津为中心的华北城市群之间,这两大城市群特别是京津地区,人口多,水产品需求的质量高、品种多。葫芦岛市利用海域空间广阔和区位优势,充分利用海域空间,养殖适合该地区市场需求的品种,提高市场竞争力。葫芦岛市的海域广阔,网箱养殖不局限于 15 米等深线以内,可以向深水化、大容积、高品位方向发展;建立网箱养殖示范区;曹庄井盐水资源丰富,绥中利用电厂的余热资源,可以建立工厂化养殖示范区。对养殖示范区,要形成一套综合的渔业体系,逐步实现渔业的产业化,带动其他地区发展。近年来,世界水产品年出口量为 2000 万~3000 万吨。我国是世界

---

① 中国海洋经济信息网:《马尔代夫——海岛旅游首选圣地》,http://www.cme.gov.cn/hyjj/gk/yhly.htm,2011 年 6 月 11 日访问。

第三章 海岛开发利用

69

上水产生产和养殖大国,有较强的竞争优势,海洋水产品贸易伙伴遍及五大洲。因此,我国海洋水产品出口贸易有更广阔的国际环境和发展前景。葫芦岛市应利用这一机遇,充分发挥海洋水产品物美价廉的优势,扩大出口数量,提高国际市场份额。[①]

4. 国际物流岛

成功案例:舟山国际物流岛[②]

舟山已经成为我国重要的石油、煤炭、矿砂、粮食、化工品集装箱运输大宗商品中转基地,预计到"十二五"末,舟山港域将新增25～30个万吨级以上泊位,新增吞吐能力2亿吨以上,使货物总吞吐量超过4亿吨,运力保有量达600万～800万载重吨,大宗商品交易额达1000亿元左右。2012年,一期6万平方米的舟山大宗物品交易中心大楼已交付使用,成为国际物流岛的大脑,集电子交易、物流信息平台、金融、航运服务、船舶交易五大功能于一体,开展石油、化工品、煤炭、铁砂、粮油、建材等大宗商品交易。2011年3月14日,舟山群岛新区正式写入国家"十二五"规划,成为我国第四个国家级新区,也是我国首个群岛新区。

打造国际物流岛是舟山海洋综合开发试验区的核心功能定位。为支持舟山国际物流岛建设,浙江省交通运输部门于近日出台浙江省交通运输厅关于贯彻落实发展海洋经济的实施意见,重点从七个方面加大对包括舟山国际物流岛在内的海洋经济建设的支撑力度,同时积极搭建平台,加大协调力度,营造良好氛围,积极吸引国内外的大宗商品贸易商、现代物流运营商等利益相关者共同参与舟山国际物流岛建设。为配合国际物流岛战略,舟山把建设大宗商品物资交易园区作为"十二五"舟山港航经济转型升级的重要载体,争取用5年时间,把舟山打造成集资金流、商流和信息流于一体的商贸型港口物流。

二、海岛开发的动力

海岛具有丰富的资源,而且海岛开发的前景也十分广阔。我国作为一个海岛大国,对于海岛的开发和利用给予了充分的政策支持。其中海洋大省,如广东省、福建省、浙江省、海南省等沿海地区,都出台了各自海岛开发的法规、规章。而且我国海岛的区位优势明显,海岛的区位优势对于海岛的开发利用价值是一个质的提升。作为临近陆地区域的海岛,是沿海经济拓展的重要空间。

1. 国家政策的支持

2008年12月国家海洋局为扩大内需、促进经济平稳较快发展,出台了十项

---

① 吴姗姗、张颖辉:《葫芦岛市海洋渔业资源的合理开发利用》,《中国渔业经济》2003年第3期。

② 史景华、陈官平、陈莉莉:《构建舟山国际物流岛的思路与对策》,《港口经济》2012年第6期。

政策措施,其中一条规定:要加强对海岛地区经济社会发展的政策支持,对适宜开发的海岛,在科学论证的基础上,明确功能定位,选择合理开发利用方式,发展海岛特色经济,推进无居民海岛的合理利用,单位和个人可以按照规划开发利用无居民海岛。鼓励外资和社会资金参与无居民海岛的开发利用活动。这些政策和法规的出台给无居民海岛的开发与管理指明了方向,即不是限制开发,而是适度开发和合理利用。[①]

(1)广东省于1992年12月25日发布《关于加快海岛开发有关政策的通知》,扩大海岛在利用外资、引进先进技术方面的审批权限,规定海岛可享受国家和省有关扩大开放的各项优惠政策,尤其是减免企业的所得税;在设备引进、土地出让、旅游开发、水产养殖和资源开采等方面给予优惠。1998年9月设立万山海洋综合开发试验区,购置了外商所需进口的生产物资,免办进口许可证;产品免征出口关税;利润汇出境外、免征汇出税;允许在岛上指定港口或海区设立海产品交易市场等优惠政策。

(2)福建省是对无居民海岛开发利用较早的省份,自2003年1月1日起,厦门市率先在我国实施第一部有关海岛的法规《厦门市无居民海岛保护与利用管理办法》。同意个人承包开发无居民海岛,以发展海岛旅游业为主,由承包人负责被开发岛屿的建设和日常维护,以岛养岛。平潭岛作为福建省对台开发与合作的前沿领地,将享有下放审批权限,简化办税手续、免税、退税和保税的特殊政策,以及省财政十年内对平潭实行地方级财政收入全留的财政政策,在基础设施建设和融资方面也给予大力支持。

(3)浙江省是我国海岛最多的省份,2003年7月1日《无居民海岛保护与利用管理规定》实施后,同年7月,浙江发布《浙江省人民政府关于进一步加强无居民海岛管理工作的通知》,明确提出要对海岛项目进行规划管理,同时,政府欢迎资金实力雄厚的开发商进入无居民海岛的开发领域。

(4)海南是我国最大的经济特区,国务院公布的《关于推进海南国际旅游岛建设发展的若干意见》,确定海南国际旅游岛的战略定位,到2020年海南将初步建成世界一流的海岛休闲度假旅游胜地。已经出台的《海南投资优惠政策》以及部分县市出台的投资优惠政策,对包括海岛在内的投资给予优惠,特别在税收方面给予减免。2011年4月20日起,海南离岛免税政策开始试点实施,海南正式成为继日本冲绳岛、韩国济州岛和台湾澎湖之后全球第四个离岛免税区。

(5)上海对于入驻崇明岛的企业,给予全市最高返税比例,即营业税最高返

[①] 汤坤贤、廖连招、郭莹莹、陈鹏:《我国海岛开发开放政策探讨》,《海洋开发与管理》2012年第3期。

税 40%，企业所得税最高返税 16%。

2. 区位优势明显

沿海地区作为中国经济发展的龙头区域，必然要在全面小康社会的建设过程中继续发挥火车头的作用。然而，经过二十多年的快速发展，沿海大陆地区开发活动密集，资源利用过度，空间资源短缺，迫切需要新的发展空间。作为临近陆地区域的海岛，基本处于开发不足或尚未开发状况，是沿海经济拓展的重要空间。例如，上海作为中国经济大都市，资源短缺、空间狭小的矛盾尤为激烈，特别是年货物吞吐量超过 2 亿吨、营运收入达 400 亿元的交通运输业的发展受到很大制约，而临近上海的大、小洋山岛，具有良好的深水港条件，资源互补性很强。因此，从 20 世纪 90 年代开始，上海市和浙江省就开始协商和酝酿，建立上海国际航行中心——洋山深水港。

在依托沿海发达经济区发展的基础上，海岛以其特有的区位优势，在国家现代化建设过程中占有重要的地位。海岛作为海洋生态系统的重要组成部分，资源丰富，既是中国开发海洋的天然基地，也是中国国民经济走向海洋的桥头堡和海外经济通向内陆的岛桥。特别是在党中央和国务院确立实施海洋开发战略决策，将海洋经济作为新的国民经济增长点以来，海岛发展前景更加看好。广东南澳岛是东南沿海一带通商的必经泊点和中转站，又是对台和海上贸易的重要通道，早在明朝已有"海上互市之地"之称。南澳岛与台湾岛隔海相望，有着源远流长的地缘关系，在台湾就设有南澳同乡会，有"南澳街"和"南澳山"，在台湾的南澳籍同胞达 10 万多人，每年到南澳避风、补给和贸易的台船占全台湾的三分之一以上，全县每年对台贸易额均在 1500 万美元以上，南澳已经成为广东对台工作的重要窗口。万山群岛地处珠江出海口，是华南地区海上交通要道，它位于香港、澳门和珠江三角洲之间，最近处距香港大屿山仅 3 千米。香港在国际贸易中占有重要地位，而香港的海港资源有限，在香港以外建设货物仓储基地和分流港已是必然趋势。2003 年 4 月，万山港口岸作为一类口岸正式开放，使得万山群岛的桂山港等港口具有成为香港的货物仓储基地和中转基地的可能，这将对我国南部沿海经济的发展及其与香港、澳门的经济合作起到积极促进作用。崇明岛、长岛、东山岛等各海岛都在依靠自身的区位优势，利用周边发达经济区及区域间经济的互补特性，探索海岛经济发展道路，进而推动整个地区经济的合理布局和良性发展。①

3. 海洋经济发展不可或缺的载体

（1）海岛作为联结陆域国土和海洋国土的海上基地，兼备丰富的陆海资源。

---

① 王忠：《国家推进海岛经济建设政策分析》，《太平洋学报》2003 年第 4 期。

海岛具有天然的港址资源,某些岛屿有建设深水良港的条件;海岛有一定的土地资源,可为各行各业提供必要的建设用地;许多海岛有美丽的自然景观、宜人的气候条件、平缓开阔的沙滩和浴场,可以发展旅游业;海岛周围的浅海和滩涂,是海水养殖的良好区域;不少岛屿还蕴藏着一些非金属和金属矿物;某些海岛及周围海域的油气资源,更为人们所瞩目。

(2)海岛是发展外向型经济的理想阵地。沿海不少岛屿,因其地处前沿,与海外有更便捷的通航、通商条件,能够吸引大量的外资和先进的技术,被列入沿海地区经济发展的重点区域,而成为发展外向型经济的窗口。

(3)海岛开发能为沿海地区的经济发展提供新的经济增长点。由于海岛所处的地理位置及其拥有丰富的海陆资源,再加之陆地资源的日趋匮乏,因而开发海岛、发展海岛经济,不仅是海岛自身经济发展的需要,也将为沿海地区的经济发展提供新的经济增长点,从而带动整个地区经济的腾飞。

第二节　海岛开发策略

一、海岛开发的定位

海岛远离大陆,且被海水分隔,每个海岛都是一个独立而完整的生态环境地域系。一般而言,海岛面积狭小,海岛地域结构简单,生态系统十分脆弱,生物系统的生物多样性指数小、稳定性差,极容易遭到损害而造成严重的生态环境问题,从而可能破坏良好的生态系统。所以,只有明确海岛的功能定位和海岛开发适宜性,编制海岛保护与利用规划,才能保证海岛资源和环境的有效保护和适度利用,实现海岛经济的可持续发展。

1. 海岛定位的必要性

海岛大多数是小而分散的地理单元,一般蕴藏的资源比较单一,过度开发某种资源,不但经济效益不高,而且可能制约海岛其他功能的发挥。近年来,我国海岛生态系统遭到了较大的破坏,风暴潮、温室气体排放、海平面上升、海水倒灌、陆源污染、赤潮、海洋环境污染、过度捕捞、非法爆破等自然与人为干扰严重影响了海岛生态系统的健康,导致海岛生物多样性降低、生产力水平下降、某些服务功能丧失、群落演替缓慢甚至停滞等问题,严重影响了生态系统的稳定性。[①]

---

① 麻德明、丰爱平、麻德波、刘揩:《无居民海岛功能定位初探》,《测绘与空间地理信息》2012年第3期。

改革开放以来,特别是国家实施海洋开发战略以来,随着经济社会的快速发展和自然资源的短缺,海岛的重要性日益显现,开发利用活动也越来越多。从已经开发利用的海岛特别是无居民海岛来看,普遍缺乏规划,功能定位不清,开发的随意性很大,危及海岛生态系统健康,导致海岛承载力急剧下降,致使海岛生态系统急剧恶化,甚至导致海岛灭失,使得海岛数量急剧减少。随着国家对海岛管理、保护、开发和建设工作高度重视,我国海岛开发与保护工作正在走向一个新的时期。国家海洋局《关于为扩大内需促进经济平稳较快发展做好服务保障工作的通知》(国海发〔2008〕29号)中明确提出:对适宜开发的海岛,在科学论证的基础上,明确功能定位。随着《中华人民共和国海岛保护法》的颁布与实施,国家将制订并实施一系列的政策和措施来加强海岛生态保护。明确海岛的主体功能,是进行海岛保护与利用规划的前提,对于贯彻落实《海岛保护法》,加强海岛的生态保护,推动海岛的合理开发利用,促进海岛经济社会的可持续发展,有着重要的理论意义和现实意义。

2. 海岛定位指标体系构建

(1)分类探讨。按照《海洋功能区划技术导则》的原则,参照国家海洋局制定的《海岛功能区划技术导则》(征求意见稿),根据海岛的区位条件、自然属性和海洋经济发展的需求、结合海岛自身的特色,拟将海岛功能划分为保留类、可开发利用类和特殊功能类三大一级类型。其中保留类不再细分。可开发利用类可划分为旅游、临港工业、农渔、能源利用和其他利用五个亚类。特殊功能类可划分为国家权益、军事和航标及测控三个亚类。在亚类基础上,借鉴目前国内外对海岛价值分类方法,进一步细划为不同的功能种类,分别构建无居民海岛保护类、可开发利用类和特殊功能类三类三级功能分类体系。

(2)构建原则。由于海岛地区的地理位置、环境资源及社会经济与其他地区不同,要想选定合适、全面的评价指标是难以达到的。在具体选定海岛开发适宜性评价指标体系时,应该遵循以下基本原则:①科学性原则。指标体系的建立应具有一定的科学性,指标的概念必须明确,且具有各自独立的内涵,并尽量做到互不重叠。从相应的层级和尺度上客观地反映其对无居民海岛功能定位产生影响的主要因子。②可比性、可度量性、可操作性原则。可比性要求各个指标在时间和空间上可进行对比;可度量性要求所选取指标应以可量化指标为基础,但由于区域的开发适宜性评价是一件复杂的工作,涉及多方面因素,而某些因素难以用具体数值进行度量,可采用模糊数学法将此类指标量化;可操作性要求指标体系最终能被管理者所使用,能反映某一因素的现状和变化趋势。因此,在选定指标时要考虑到获取统计数据的难易程度,易于分析计算,并得出最终结果。③代表性、综合性原则。选定的各个因子应具有某个方面的典型性和代表性,避免选择意义相近或重复的指标,指标必须含义简明且易于计算;选取的因子应涵盖自然、社会、生态等多方面指标,从多个角度出发,综合考虑。④相对稳定性原则。所选取的评价指标应该具有相对稳定性,短期内不会发生较大的变化,以免影响评价结果的合理性。

(3)体系构建。指标体系分为三个层次:第一层为目标层,第二层为准则层,第三层为评价指标层。目标层表达海岛主体功能;准则层是海岛功能评价的一级综合评价指标;评价指标层是评价因素层的支撑系统,选取的指标应具有典型性、代表性、可测性、可比性和可操作性,同时既要面面俱到,又要减少信息的重复,最终可直接度量各个指标的数量表现、速率表现、强度表现以及幅度表现(如表3-1)。

表3-1　海岛功能定位评价指标体系

目标层	准则层	评价指标层
特殊功能类	国家权益、军事、国防	领海基点
		军事基点
		重要海峡
		战略区位
	保护区	珍惜或濒危动物
		珍惜或濒危植物
		特殊生态系统
	试验区	特殊地形地貌
		具有科学实验,动植物繁殖、培育引种条件
		科研价值
可开发利用类	旅游	自然景观
		休闲娱乐
		历史、人文遗迹
	工业	港口、仓储
		工程建设
		海产品加工
		矿产
	能源	海洋能
		风能
		潮汐能
	农渔	海水增养殖
		农林牧
		其他

二、海岛开发的模式

中国沿海海岛类型多样,蕴藏着丰富的生物、矿物、海洋能、港口、旅游、生态环境等资源,具有无可估量的社会、经济、科研、生态价值;同时,特殊的地理位置,还造就了海岛在维护国家领土完整、维护海洋权益等关系到民族生存与发展的大是大非问题上的独特价值。因此,在海岛的开发与利用上不可能采用统一的发展模式。从海岛利用价值来看,可以分为具有国防与权益价值的海岛、具有经济资源价值的海岛、具有生态价值的海岛和具有社会文化价值的海岛。根据海岛利用价值不同,可以有针对性地采用相应的经济发展模式。①

1. 具有国防与权益价值海岛经济发展模式

(1)具有国防与权益价值的海岛

有国防安全价值的海岛是指对保障我国国土安全、海上交通、国家利益有重要影响的海岛。具体包括军事海岛(军事驻地、军事训练基地等)、国防前哨、建有导航灯塔和海洋观测站等设施的海岛。海洋权益价值海岛是指对维护我国海洋权益和海域主权有重要影响的海岛。具体包括领海基点所在的海岛、主权归属存在争议的海岛。

(2)具有国防与权益价值的海岛经济发展模式

由于我国海岛经济发展已经进入了高峰期,已经发现有部分开发利用活动与军事活动争抢海岛,有些海岛的开发利用活动便于间谍监视我军的军事活动,有些海岛的开发利用活动造成军事机密的泄漏、干扰和影响军事活动,严重威胁国防安全。同时,一个时期以来,在海岛经济开发活动中,炸岛、炸礁、炸山取石等严重改变海岛地貌和形态的事件时有发生,极可能改变我国海岛领海基点位置,从而使我国丧失大片主权管辖海域。因此,此类海岛的经济发展模式应以可持续发展模式为主。具体建议如下:①加强资源保护和可持续利用。拥有海岛主权的国家同时拥有海岛周围海域的资源开发权利,海洋丰富的生物资源和油气资源开发为海洋经济的发展提供了广阔的空间。一方面我们既要利用丰富的海洋资源来满足社会经济发展的需要,另一方面也要加强海岛资源与环境的保护。如果不注意保护和管理,海岛一旦遭到破坏或消失,不但对国家的海洋权益造成巨大损失,也会影响子孙后代的利益。②积极发展旅游业。国防安全和海洋权益均可以通过发展海岛旅游来促进其维护。例如,以旅游和科普为主要目的的开发利用,可以有效地加强对领海基点及其所在岛屿的保护;又如,旅游及其他开发利用都可以加强对主权有争议海岛的海洋权益的维护,也可以加强政治利益、经济利益、安全利益等海洋利益的维护。我国民间的保卫钓鱼岛的行为以及南沙群岛周边各国抢占我国南沙诸岛进行经济开发的实例就是两个最好的例证。对于具有军事利用价值的海岛,要做到平战结合,以利于战时利用,旅游

---

① 王明舜:《中国海岛发展模式及其实现途径研究》,2009 年中国海洋大学博士学位论文。

开发可能是最好的开发项目。因为旅游的基础设施有利于战时的军事利用,同时,适合军事利用的海岛由于其面积较大、地理位置较好和自然条件优越,一般也是旅游开发良好的地点。

2. 具有经济资源价值海岛的发展模式

(1)具有经济资源价值的海岛

一般来说,海岛的资源价值包括未经人类参与的、天然产生的那部分价值以及由人类劳动投入产生的价值。因此,可以把具有经济资源价值的海岛分为三类:天然资源价值海岛、人类投入劳动所产生资源价值的海岛和人工增殖海洋资源产生价值的海岛。对海岛来说,人类投入的劳动所产生的价值较小,因此海岛的经济资源价值主要体现在其天然资源价值上。海岛的主要经济资源分为两种:一种是能直接利用的资源,如动植物资源、港口资源、农业和水产资源、矿产资源等;另一种是间接利用的资源,即可再生能源和淡水资源。

(2)具有经济资源价值的海岛经济发展模式

具有经济资源价值的海岛类型比较复杂。从资源可否利用的角度看,有些是资源可以加快利用的海岛,有些是资源可以适当利用的海岛,还有一些是资源禁止利用的海岛;从资源利用程度的角度来看,有些是资源尚未利用的海岛,有些是资源利用不足的海岛,还有一些是资源过度利用的海岛;从资源的空间分布来看,有些是离岸较近的海岛,资源易于开发,有些是离岸较远的海岛,资源开发难度较大。所以,具有经济资源价值的海岛受海岛大小、位置、规模、技术、成本等影响,在发展模式的选择上比较复杂。具体提出以下建议:①坚持可持续发展模式。开发保护并重是社会经发展的基础,坚持可持续发展模式不仅可以保障海岛经济资源的合理开发与利用,同时也有利于这些资源的保护。对于具有经济植物、经济动物、海岛捕捞、海水养殖、港口与机场、滩涂、土地、油气、固体矿产、化学资源、地表水及地下水的海岛,可以加快开发与利用,以促进海岛经济的快速发展;在开发这些经济资源的同时,辅以开发海岛可再生能源。可再生能源的开发主要是供海岛开发所用,以风能和太阳能为主,以柴油发电作为补充。条件好的海岛可考虑潮汐能、波浪能、潮流能的利用。②选择岛陆一体化发展模式。实现联动发展海岛资源开发是一项涉及社会、经济、科技发展的系统工程。绝大部分海岛资源的开发需要依靠大陆,海岛的经济发展与对大陆和群岛主岛的依托性及其自主性并存。因此,沿海地带经济的发展状况决定了海岛资源开发的潜力。例如,具备丰富资本的江、浙、沪、粤等地的海岛更容易吸引开发资金,地方政府也有投资基础设施的能力;福建省的海岛由于处于大陆与台湾经贸的前沿阵地,能够为海岛的开发创造有利的条件。因此,这些海岛在经济发展中应充分利用周边有利的经济环境,采取岛陆一体化的经济发展模式。利用周边的市场发展水产品养殖与加工,发展海岛旅游;利用周边的硬件环境,加快基础设施建设;利用周边的软件系统,完善服务体系;利用发展机会,参与周边的经济循环,实现产业协作。③发展生态经济,保护生态环境。目前,我国部分海岛的资源开发已经出现了透支的情况,对海岛的生态环境造成了巨大破坏。例如,在舟山的嵊泗以西和岱山以北海域的海岛以及洞头海域的部分无居民海岛均有不同程度的石料开采活动,利用海运优势运往大中城市搞建筑的活动非常普遍,尤以舟山西北海域的海岛为甚,石料主要供应上海市场,其海上采石活动呈愈来愈多之势,严重破坏了海洋生态环境。同时,炸岛、炸礁、采石填海造地的现象也普遍存在。

此外,由于开发管理混乱,我国的珊瑚礁生态系统遭到了严重的破坏,仅海南省周围海域 800 平方千米的珊瑚礁生态系统已遭到不同程度的破坏,导致了严重的海岸侵蚀。因此,对于此类海岛,资源保护比开发更为重要,应该禁止开发利用经济资源。通过发展生态经济,防止生态环境的进一步恶化,逐步促进海岛生态环境的恢复。

3. 具有生态环境价值海岛的发展模式

(1)具有生态环境价值的海岛

具有生态环境价值的海岛一般包括拥有典型的生态系统和生态关键区的海岛,拥有极大的物种多样性的海岛,拥有珍稀或濒危物种的海岛,以及对具有重要经济价值的海洋生物生存区域或地方性海洋生物有重要影响的海岛。

(2)具有生态环境价值的海岛经济发展模式

对于具有生态环境价值的海岛的发展模式,应该采用生态经济发展模式,对于可以开发利用的生态资源,以发展生态经济的方式实现经济的发展,对于限制利用生态资源的可以建立生态保护区。①可以利用生态资源发展生态经济的海岛:一是具有典型生态系统和关键区价值的海岛,包括具有红树林、珊瑚礁、泻湖等资源的海岛;二是具有重要经济价值的海洋生物或对地方性海洋生物有重要影响的海岛,包括具有增殖区、地方性物种、物种分类学意义、水产等资源的海岛。对这些海岛的开发,应以保护生态环境为目,发展生态经济,但要注意开发的程度不宜过大,以保证海岛保护的有效性。同时,生态经济项目的开发要有利于海岛的生态环境建设。对于具有红树林、珊瑚礁、潟湖等资源的海岛以及具有地方性物种、物种分类学意义、水产等资源价值的海岛可以进行旅游、教学、科研和科普等的开发利用。②建立海岛生态保护区。有选择地划定各种类型的珍稀与濒危动物自然保护区、原始自然生物多样性保护区等,进行规划保护,以求保留、保存天然的海洋自然风貌,改善海洋生态过程和生命维持系统,促进资源的恢复、繁衍和发展。例如舟山五峙山鸟岛自然保护区、三亚珊瑚礁自然保护区、浙江南麂列岛海洋自然保护区等。

4. 具有社会文化价值海岛的发展模式

(1) 具有社会文化价值的海岛

具有社会文化价值的海岛指具有历史遗迹和地质遗迹、典型的海岛景观等，可供人们旅游观光、运动休闲、考古及科学研究的海岛。主要包括：具有自然历史遗迹的海岛，如各种地貌景观；具有人类历史遗迹的海岛，如遗址、传说、宗教发源地；具有遗留的军事设施(可进行国防教育)；具有特殊航标等其他标志的海岛，如洛兹山灯塔；具有美丽的自然风光的海岛；具有丰富海洋科普素材的海岛，具有科学研究的价值。

(2) 具有社会价值的海岛经济发展模式

对于具有社会文化价值海岛的发展方向来说，一是要加快开发海岛的社会文化资源，二是要对海岛上的社会文化予以保护。所以，此类海岛的经济发展应采取以海岛旅游为主的可持续发展模式。鼓励社会文化资源的开发利用活动，在上述具有社会文化价值的海岛中，原则上都可以供旅游、科普和科研使用，但应当开发与保护并举，以保护为主，在不破坏其价值的基础上进行开发利用。应当分类进行开发利用和管理，对于重要的具有社会文化价值的海岛的开发应当进行统一规划和分类：①对科研有重要价值的自然历史遗迹；②对历史研究有重要价值的历史遗迹及特有文化；③一般旅游价值的海岛。不同种类的海岛的开发应给予不同的政策和管理，包括制定不同的免税或补贴等优惠政策，以鼓励在保护的大前提下进行开发利用，从而避免遭破坏后不可再生或复原的现象发生。分类建立各级保护区，为了有效地保护上述具有社会文化价值的海岛，国家应当尽快制定有关的法律法规，先进行规划，建立一批国家和地方各级的各类具有社会文化价值的海岛保护区，使具有社会文化价值的海岛的开发从一开始就走上法制化和规范化的轨道。

三、海岛的综合开发(以珠海海岛为例)

海岛资源是一个复合体，必须综合开发才能合理利用海洋资源。

1. 珠海海岛资源状况

珠海位于珠江三角洲南部，东与香港、深圳隔海相望，南与澳门陆地相连，西邻江门，北与中山接壤。珠海市陆海总面积 7653 平方千米，其中海域面积 5965 平方千米，海岸线曲折蜿蜒 690 千米，是珠江三角洲沿海城市中海洋面积最大的城市，海洋资源丰富。珠海处在珠江及其支流出海口的包围之中，岛屿众多，被誉为"百岛之市"，海上岛礁星罗棋布，岛岸线总长达 498.82 千米。近几年来，珠江口西岸通过"岛连陆"、"岛连岛"等方式使珠海的海岛数量有所变化。根据《珠海市海洋功能区划》统计,珠海总共有海岛 190 个,90% 以上的岛屿分布在珠海东部,面积 314.39 平方千米,岛岸线长共 498.82 千米。其中,面积大于 500 平方千米的 128 个,面积共 174.33 平方千米;1 平方千米以上的有 23 个;大于 10 平方千米以上的有 7 个。在这些岛屿中,无居民海岛 117 个,面积 261.7 平方千米,岛岸线 307.79 千米。无居民海岛主要分布在七个列岛群:以桂山岛为中心的岛群、万山列岛群、外伶仃西南海域岛群、担杆列岛群、佳蓬列岛群、三门列岛群、高栏岛群。这些无居民海岛自然植被茂密,岛屿之间水深一般在 20～30 米之间,年平均气温在 20～23 摄氏度左右,海产丰富,毗邻港澳,区位和自然条件得天独厚。

2. 珠海海岛开发的思路

从可持续发展角度看,海岛开发宜于选择那些无污染的项目,比如生态型农业项目,包括种植、畜禽、水产养殖等、科学试验、仓库、旅游观光、度假、康体疗养、体育旅游等,这些项目符合社会各界利益,包括代际利益。当然,珠海海岛众多,具体情况不同,对珠海各岛屿必须进行分类开发,甚至采取"一岛一策"。每一个海岛资源是一个复合体,具有较大的经济开发价值和发展潜力,必须坚持综合开发利用。所以,海岛开发利用的基本思路是分类开发和综合利用。具体而言,首先对海岛进行功能定位,然后确定产业及市场定位,最后进行开发规划和合理布局,其目标是充分开发利用海岛资源,把海岛经济打造为珠海海洋经济的重要支撑。

(1)海岛分类开发。第一类是常住居民海岛,包括桂山岛、外伶仃岛、担杆岛、大万山岛、东澳岛、庙湾岛、高栏岛、荷包岛、三灶岛、横琴岛、淇澳岛等 11 个海岛,常住居民约 3.6 万人。政府可以重新规划,投入资金对岛上居民进行移民,腾出海岛进行整体开发,盘活海岛资源。第二类是无人海岛,这类海岛允许私人开发,在保护海岛生态及总体规划的前提下进行开发,以进行整体转让、拍卖、租赁等形式,将整岛开发经营权拿出来进行公开招标开发利用。第三类是禁止开发的海岛,即不具备开发条件或者不宜开发的海岛,必须实行有效保护。

(2)对海岛进行多角度、高起点、高水平功能定位。一是从区位角度看,珠海海岛地处珠江口及位于香港、澳门之间的海域,拥有众多近海及远洋的深水航道、深水锚泊区,是珠江三角洲地和香港、澳门,乃至南中国海上交通出入的必经海域。二是从海域、海岛角度看,海岛是连接陆域国土和海洋国土的"岛桥",也是开发海洋的后勤服务基地,兼具陆海资源优势,主要有土地及环境资源、景观资源、港址资源、养殖资源等方面的优势。三是从大陆角度看,海岛是一个独立而完整的生态系统,岛陆、岛滩、岛基和环岛浅海四个小生境,都具有特殊的生物群落,从而构成其独立的生态系统。四是从区域角度看,海岛具有"县域经济"特点,对珠海经济发展具有"卫星"城镇的功能,经济体系完整,产业处于初级发展阶段。因此,必须深化珠海海岛资源开发利用。

(3)合理的产业及市场定位。这必须考虑珠海海岛区位和资源状况,可供选择的产业或产业群主要有:①海岛旅游业,突出开发海岛生态旅游,建设具有南国海岛风情和海洋文化特色的国际滨海旅游区,成为集观光、度假、休闲、会议、娱乐、美食、海上运动、海上垂钓和海底博览为一体的综合性旅游区。②海水养殖业。可以利用岛上港湾进积极推广养殖新技术,开发高附加值的产品,重点发展抗风浪升降式深水大网箱、近岸特色资源增养殖等。③港口及仓储业。珠江三角洲经济发展,陆地土地及港口资源紧缺。珠海地处珠江口,航运条件便捷,可以发展港口及仓储业,服务于整个珠江三角洲、港澳地区的超大型港口。④发展高新技术产业,对临近陆地的横琴、淇澳、三灶等岛可以发展高新技术产业。⑤发展风力发电和海水淡化产业。电力和供水是珠海海岛开发的瓶颈。风力发电和海水淡化在海岛经济中比较优势明显,是绿色环保的新兴产业。西班牙的海岛城市拉斯帕尔玛斯所需淡水全部由海水淡化提供,已成为世界海水淡化的范例城市。所以,珠海开发可以选择风力发电和海水淡化产业作为前导产业。

(4)对海岛开发进行科学规划和合理布局。在海岛定位确定后,就是对具体海岛进行科学规划,对海岛进行整体开发,盘活海岛资源,有步骤地综合开发利用。①万山群岛开发规划和综合利用,可以规划为海岛旅游业、渔业、仓储业经济带。珠海万山群岛位于珠江出海口,邻近港澳,属于珠江口国际锚地,多条著名国际水道纵横其间。海岛经济具有广阔的发展前景,1998年9月10日,广东省政府批准设立了万山海洋开发试验区,是我国第一个地方性海洋综合开发试验区。万山海洋开发试验区实施外向带动、科技兴海、可持续发展等三大战略,重点发展海洋渔业、海岛旅游和仓储业,把其建设成为富饶的生态海洋渔业示范区、国际性的滨海旅游区和先进的港口经济区。具体而言:一是突出海岛特色,优先发展旅游业。坚持高标准规划、分阶段开发、市场化运作的思路,以建设旅游精品为着眼点,建成几个海岛旅游品牌,重点进行东澳海洋生态游、外伶仃休闲度假游、桂山历史文化游、港澳游艇垂钓区等特色旅游项目的规划建设,塑造特色品牌,将东澳岛建设成为有更高知名度和影响力的海岛休闲度假区。二是落实港口建设规划,促进中转仓储业发展。充分利用区位优势和海岛独特的自然禀赋条件,大力发展港口经济和中转仓储产业,做好港口经济和仓储产业的分工定位,把万山区建设成为石油化工原料、危险品及大宗干散货的中转仓储和现代物流服务基地。筹划万山大型深水港区建设,近期以桂山岛、中心洲、牛头岛三岛为发展主体,建设成大宗散货转运港区,同时兼顾船舶维修、补给服务及大吨位船舶中转业务等功能。推动桂山保税仓及配套码头建设,把桂山列岛建成海上货物中转、仓储和集散基地。三是加快传统渔业改造步伐,提高海洋渔业经济效益。继续稳定传统海洋捕捞业,加大海水养殖新品种、新技术的试验和推广。提高渔业产业化水平,通过"公司＋基地＋渔户"的形式把渔民同大市场联系起来。推动特色水产品的精深加工,突出"万山"特色海味品牌。②东部海岛产业布局。以磨刀门出海口为界,把珠海分成东部和西部。东部海岛离大陆近便,主要有横琴岛、淇澳岛、内伶仃岛、九州岛等。开发的重点是横琴岛。横琴岛是珠海最大的一个海岛,总面积86平方千米,未开发土地约43平方千米,土地资源开发空间比较大,可以规划一幅美好的蓝图。横琴岛毗邻港澳,与澳门一桥相连、一河两岸,处于"一国两制"的交汇点和"内外辐射"的接合部,地理位置独特。政府有关部门已经作出规划,把横琴岛功能定位为科技研发、高新产业、会议会展和旅游休闲四大主导功能,以及物流贸易、培训交流、文化创意、商业服务、生态居住五大辅助功能。其发展目标将是珠海跨越发展的新城区,形成服务港澳、辐射泛珠、区域共享、示范全国、与国际接轨的复合型、生态化的创新之岛,促进港澳繁荣稳定。在产业选择方面,横琴重点应充分利用邻近澳门的独特区位,发展贸易展销、会议及展览、观光旅游及娱乐服务、酒店服务为主的现代服务业。其他的淇澳岛、内伶仃岛、九州岛等海岛也主要开发旅游业。九州岛(港)以陆岛交通运输、海岛补给和海岛旅游运输服务为主,重点建设快速客运和水上旅游中心,淇澳岛以生态观光和影视文化休闲为主。③西部海岛产业布局。珠海西部海岛主要有三灶岛、南水岛、高栏诸岛、荷包岛、大芒洲、横沥岛、三角山岛等。主要的三灶岛、南水岛、高栏诸岛已经通过"桥连陆"、"堤连岛连陆"等方式与大陆实现了一体化。海岛功能逐渐淡化,现在已经向港口运输业、物流业、临港工业等方向发展。以高栏港为核心的珠海港将建设成为珠江口西岸主枢纽港;逐渐成为一个以集装箱、原材料运输为主,支撑临海工业发展的区域性物流中心;依托港口条件的临港工业得到快速发展,逐渐形成集群效应强、生产规模大、产业链条长的重化工业基地。其他海岛可以建成西部滨海旅游带,充分利用温泉、湿地、山脉、田园等自然生态资源,丰富旅游项目,打造海洋温泉旅游度假胜地品牌。

3. 珠海海岛综合开发的对策

(1)理顺海岛管理职权,建立综合管理体制。由于海岛管理涉及多个部门,职责交叉,政府必须明确海洋行政部门为海岛管理部门,负责海岛的环境、生态、开发和管理工作,并建立统一有效的综合管理体制。

(2)高起点、战略规划。制订海岛开发利用规划,指导和约束海岛开发行为,保护海岛环境和资源。一是海岛功能的战略规划,要求分类定位,一岛一策。二是开发条件的规划,即基础设施的规划建设。首先是岛连陆、岛连岛的航线和交通设施,积极完善直通香港、澳门航运的口岸服务设施。其次是岛内基础设施建设,必须进一步完善交通设施,加大海岛蓄水供水工程和海水淡化工程、海岛供电建设、通讯设施的建设。三是保障条件的规划,制订海岛防灾、减灾规划,建立岛区灾害预警和应急救护体系,加强减灾防灾建设。

(3)加大政府投入,提供必要的公共物品。海岛毕竟远离大陆,对岛外经济交流不便,资源开发和经济发展受到影响。交通、邮电、通讯、水电供应等基础设施属于公共物品,必须由政府提供,要求加大港口及航道、陆上公路、大堤、供电、供水等设施建设的投入。珠海陆地基础设施比较发达,海岛基础设施相对落后,还要加大投入改善海岛港口及码头、道路、水电供应设施等,为海岛深度开发提供条件。这给政府带来非常大的挑战和压力,有的设施也可以寻求市场化方式,由开发者与政府共同承担。另外,加强防灾、减灾基础设施建设的投入。首先是加强避风塘、锚地、防波堤等基础设施的建设和维护;其次加强河口整治,建立符合国家规定标准的防洪、防潮工程体系;保护和建设海岛防护林,形成海岛合理的防护林体系。

(4)加快海岛基本信息的科学调查和发布。政府必须对海岛面积、岸线、平均海拔、经纬度、近岸水深、岛上自然资源等基本自然地理数据进行详尽的调查,以便重新确定海岛海域界线,处理有争议的海岛归属问题。建设海洋环境立体监测系统、海洋环境预测预报系统、地震及海啸地质灾害的预测预报系统等,共同防止海洋渔业灾害。

(5)积极寻求"国防用地"协调途径。海岛一般远离大陆,政府的作用主要是维护主权和管理。没有安全稳定的主权保障,开发海岛也就没有保障。所以,政府在海岛开发中的首要任务是维护主权,保障安全,建立国防和法制。其次是积极寻求国防退出土地的"军转民"途径和方式。

(6)加强海岛综合管理,保护海岛资源与环境。必须对海岛海域实行综合管理。在海洋资源保护方面,扩大人工鱼礁规模,加强深水港湾、滩涂等资源的保护,扩大红树林保护区面积;有效保护珍稀海洋生物,基本建立海洋灾害监控体系。在海岛环境保护方面,主要遏制岛外海域环境恶化,控制陆源及海上(船舶、平台)污染和岛内污染,合理控制污水、废物的排放以及海洋倾废。重视河口和海湾的生态环境保护,加强对珠江口的综合整治,着重对污染严重海域进行生态修复和生态系统重建。

(7)加快无人居住岛屿的开发。完善无人居住岛屿的法规和规章制度建设,为开展海岛管理提供依据。切实制订实施《无居民海岛保护与利用管理规定》的具体措施和办法。对无居民海岛开发保护管理的主体、权限、开发利用审批制度、海岛功能规划等进行具体明确的规定。[1]

---

① 张士海、陈万灵:《珠海海岛资源综合开发利用的对策与思路》,《现代乡镇》2007 年第 1 期。

第三节　无居民海岛开发

众多的无居民海岛是我国领土的重要组成部分,其具有的社会、经济、政治和军事价值是不可估量的。无居民海岛远离陆地,自然形成,岛屿及周围海域的资源和环境有很大的潜在价值,岛上有良好的植被,可供鸟类、蛇类及其他珍稀动物栖息生存;有些无居民岛蕴藏着丰富的矿物,尤其是处于油气资源盆地的岛屿更被人们视为海上明珠;有些无居民岛屿是天然军事屏障,一旦启用将成为海上不沉落的阵地;有些岛屿位于领海前沿,成为维护海洋权益的重要标志。从战略意义上看,众多的无居民海岛是我国海洋可持续发展的重要基地。按《联合国海洋法公约》有关规定,海岛对于沿岸国的重要性已不局限于海岛自身经济、军事价值,而是直接关系到沿岸国管辖海域范围的划分、海洋法律制度和海洋权益的确立。可以说,无居民海岛是国防的前沿和海洋资源和环境的核心点,有着很高的权益、安全、资源和环境价值。

一、无居民海岛的基本状态及其重要性

1. 基本状态

无居民海岛是指我国管辖海域内不作为常住户口居住地的岛屿、岩礁和低潮高地等。我国是一个海洋大国,海岛众多,面积大于 500 平方米的岛屿有6000 多个(不包括海南岛及台湾、香港、澳门诸岛),其中约 94％的岛屿为无人居住岛屿;面积在 500 平方米以下的岛屿和岩礁近万个。① 无居民海岛与陆地相比也存在不少不利条件,如海岛土地资源、森林资源有限,淡水资源短缺,生态系统脆弱,自然灾害频繁;还有绝大多数无居民海岛之间海水相隔,交通不便,每个岛屿面积狭小,资源单一,长期无人定居,生产和生活条件很差。这些不利条件都是无居民海岛经济发展的制约因素,增加了开发利用海岛的难度。因此,以前国家对无居民海岛的投资很少,更多的是将其作为一个军事基地来建设和使用。后来国家才逐渐重视海岛的经济建设,但在全国各地都在提倡开放和加大招商引资的时候,国家出于各个方面的考虑还是限制招商引资,海岛的开放尤其是对外开放是有约束的,到目前为止仍不能实现全面的对外开放。这些规定不仅限制了无居民海岛的开发,而且有居民海岛的经济发展也受到限制,与邻近的大陆

---

① 李巧稚:《无居民海岛管理的关键问题研究》,《海洋信息》2004 年第 4 期。

沿海地区相比差距很大,甚至被称为"东部的西部"。[①]

2. 无居民海岛的重要地位

自 21 世纪 90 年代以来,随着陆上资源的日益匮乏和环境的不断恶化,世界上越来越多的沿海国家为摆脱人口、资源、环境三大问题的困扰,逐渐把目光投向了深邃的海洋,在全球掀起了一股开发利用海洋的热潮。无居民海岛作为海洋资源的重要组成部分,在全球政治、经济、军事格局中的地位日益突出。21 世纪是海洋世纪,海洋和海岛开发将成为各国现今和未来经济发展的重要支柱,保护、开发海岛也就成为我国建设海洋强国、促进经济可持续发展的重要因素。[②]

(1)政治地位

在我国已经公布的 77 个领海基点中,有 85% 以上位于无居民海岛上。[③] 可见,无居民海岛在海洋划界和确定国家管辖海域范围中具有不可忽视的作用。海岛除可以作为测量领海宽度基线的基点外,在其他海洋区域的划界中也占有重要的地位,其中最为重要的是在大陆架问题上的作用。例如,1973 年加拿大和丹麦关于划分格陵兰和加拿大之间的大陆架的协定,就把岛屿作为划界的基点,赋予了岛屿与其他陆地领土完全相同的效力。在 1968 年伊朗和沙特阿拉伯划界协定中,也给予了伊朗的哈尔克岛"半个效果"。哈尔克岛距伊朗本土约 17 海里,而伊朗主张 12 海里的领海,所以该岛已经在领海以外,但该岛面积较大,两国协议给予该岛半个效果。即划出两条线,一条使哈尔克岛发挥完全的效力,而另一条则对该岛的存在弃之不顾,然后把这两条线之间的海床地区在两国之间平分。鉴于海岛的政治地位,一些沿海国家曾为此引发争议,甚至不惜付诸武力解决。例如,希腊位于巴尔干半岛南端,三面临海,面积约 13 万平方千米,其中岛屿面积就达 2 万平方千米。土耳其则地跨亚、欧两大洲,濒临地中海和黑海,面积 78 万平方千米。这两个毗邻而居,都有过痛苦历史的国家,本应友好相处,但却于 1995 年为一个在爱琴海上距土耳其海岸不到 4 海里、方圆不足 1 平方千米的荒岛——伊米亚岛(土耳其称卡尔达克岛)恶语相加,针锋相对,甚至刀枪相见。从地图上看,爱琴海位于希腊与土耳其之间,海中星罗棋布着 3000 余个岛屿,其中有的岛屿距土耳其沿岸只有几十海里甚至只有几海里。根据 1932 年意大利和土耳其签署的条约,伊米亚岛等绝大部分岛屿划归希腊所有。但由于这些岛屿距土耳其海岸近在咫尺,土方一直未予承认,为此争吵不断。1996

<hr>

① 郭院:《浅谈无居民海岛的保护与开发》,《中国海洋大学学报》(社会科学版)2004 年第 3 期。

② 胡增祥、徐文君、高月芬:《我国无居民海岛保护与利用对策》,《海洋开发与管理》2004 年第 6 期。

③ 何学武、李令华:《我国及周边海洋国家领海基点和基线的基本状况》,《中国海洋大学学报》(社会科学版)2008 年第 3 期。

年2月15日,欧洲议会就伊米亚岛争端召开会议,强调"希腊的边界是欧盟外界边界"的一部分,土耳其必须"遵守国际条约"。欧盟主席则呼吁两国通过"国际仲裁"或海牙国际法院来实现"和平解决"。希土两国伊米亚岛风波虽然暂时平息了,但并不是问题的根本解决。

(2)经济地位

无居民海岛及其周围海域拥有丰富的海洋资源,生活着大量的海洋经济动植物,蕴藏着丰富的石油、贵重金属,拥有众多的优良港湾和宝贵的旅游资源,具有巨大的经济价值。开发利用无居民海岛,不仅是发展海洋经济、建设海洋强国的需要,而且可以弥补陆上资源的不足。开发海岛、建设海岛,不仅是我国海洋经济体系的重要环节,而且是促进整个国民经济持续、健康、快速发展的重要基地。例如,青岛市的长门岩由岛群组成,岛上植被繁茂,覆盖率达60%,红山茶(耐冬)、红楠是长门岩岛群特种植被,为亚热带常绿阔叶林木,在北方很罕见。现有自然生长的珍贵红山茶数百棵,树龄大都在100年以上,最大的有600余年,具有重要的科研和观赏价值,青岛市把红山茶奉为市花。另外岛上鸟类繁多,主要有黄鹰、小斑鸠、黑腰叉尾海燕、白鹭、海鸥、海鸭等。每当海鸟飞落,遮天蔽日,数以万计,故渔民又称长门岩为万鸟岛。岛上有水井3眼,渔船码2个。岛周围水域海珍品和鱼类十分丰富,有盘鲍、海参、海螺及石花菜、黑鲷、鲳鱼等。

(3)军事地位

我国无居民海岛是天然的军事屏障,其中有不少海岛是我国国防的前沿阵地,在空防和海防预警体系中有着不可替代的作用,具有重要的军事战略意义。

二、无居民海岛的保护性开发

鉴于无居民海岛的独特情况和存在的生态破坏问题,对其开发利用一定要遵循自然规律,实施保护性开发,处理好开发利用和生态平衡的关系,处理好眼前利益、局部利益和可持续发展的关系。确切地说就是:坚持开发与保护并重,坚持在开发中保护,在保护中开发,实现无居民海岛资源开发和生态环境保护的统一。

(1)《无居民海岛保护与利用管理规定》(以下简称《管理规定》)中关于无居民海岛保护性开发的规定。海洋开发要坚持"开发保护并举,速度效益统一"的基本原则,无居民海岛开发属于海洋开发的重要组成部分,当然这一原则也适用于无居民海岛开发。《管理规定》的核心内容即是确定无居民海岛属国有资源,对无居民海岛要实现保护性开发。《管理规定》首先要求在明确权属的前提下,单位和个人利用无居民海岛要履行申请审批程序,从制度上遏制随意开发,甚至破坏性开发的情况。如果目前对有些无居民海岛周围的资源环境的掌握还不是很准确,这些海岛的开发就要等到对它们的资源环境评估完成以后才能进行,而在此前不能盲目开发。其次,《管理规定》确立的无居民海岛功能区划、保护与利用规划制度,目的在于为无居民海岛资源的可持续利用提供科学依据,从规划上科学地解决无居民海岛无序开发利用的问题。无居民海岛多是荒岛,开发这些荒岛需要做很多工作,比如开发前要对海岛及其周围的自然状况有一个全面的了解和专业、严密的科学论证。因此,在新一轮的海岛开发中制订和实施海岛开发规划、海洋经济发展战略不能操之过急,绝不能以牺牲资源、破坏生态环境为代价,要运用好海岛开发与保护的"辩证法",把生态环境保护作为招商引资的首要条件。此外,相当长一段时间以来,我国在岛屿管理方面相当薄弱,造成对无居民海岛的无序开发,对环境和资源造成了极大破坏,当务之急是杜绝破坏性开发。不能破坏性开发但不等于不要开发,而是要坚持保护性开发,即在发展海岛经济的同时要尽量减少对海岛的破坏和污染。《全国海洋经济发展规划纲要》指出,"发展海洋经济要因岛制宜,建设与保护并重",这里的"建设"当然有开发利用的含义。综上,《管理规定》出台的主要目的就是为了实现海岛的可持续开发,开发要以保护为基础,保护并不影响开发。

(2)《中华人民共和国海洋环境保护法》关于开发无居民海岛及其周围海域资源采取严格的生态保护措施的规定。该法律规定,对海岛及周围海域的开发必须根据保护和改善海洋环境、保护海洋资源、维护生态平衡、促进经济和社会可持续发展以及"谁开发,谁保护"的原则,采取严格的措施保护海岛的地形、岸滩、植被和海岛周围海域的生态系统。这些规定同样适用于无居民海岛的保护性开发。首先,国家海洋行政主管部门应当会同其他行业行政主管部门,协助无居民海岛所在地的地方政府,制定海岛及周围海域海洋功能区划、保护与利用规划制度。根据《管理规定》,无居民海岛功能区划的编制原则是:按照海岛的区位、自然资源和自然环境等自然属性,确定海岛利用功能;保护海岛及其周围海域生态环境;促进海岛经济和社会发展;维护国家主权权益,保障国防安全,保护军事设施。可见,我国现行海洋法律制度已将保护海岛及其周围海域生态环境作为无居民海岛功能区划的四个重要原则之一。其次,在无居民海岛及周围海域资源开发中必须制定严格有力的措施,注意生态环境保护,尤其对可能引起海洋环境污染、破坏海岛及周围海域生态环境的开发活动严格控制。再次,在无居民海岛开发中必须坚持生态学原则,遵循适度、合理开发的原则,海岛及周围海域的资源开发一般以综合开发为主,应注意海岛资源及环境的特殊性,不得造成海岛地形、岸滩、植被和海岛周围海域的生态环境的破坏。总之,在无居民海岛开发中,对每一个开发项目都应该充分论证,从可持续发展的角度出发,既保障海岛资源的永续利用,又促进海岛经济的可持续发展,使无居民海岛及周围海域的生态环境处于良好状态。

（3）加快海岛立法进程，制定无居民海岛保护与利用的专门立法，实行依法治岛。海岛是一个相对独立的地理单元，其生态环境较之大陆要脆弱的多，一旦造成破坏，其后果是十分严重的，要么是不能恢复，要么是经过几代人才能缓慢恢复。因此，对海岛资源的开发利用应当顾及海岛生态环境及资源的保护，全面考虑，统筹兼顾，制定海岛开发保护的综合性法规。在《管理规定》颁布以前，我国已有的各种与海岛有关的法规，大都未涉及无居民海岛的管理和保护问题，这是海岛立法方面的一个薄弱环节。尽管我国于 2013 年 7 月 1 日实施了《无居民海岛保护与利用管理规定》，但它只属于部门性规定，不是全国人大的立法。随着无居民海岛政治、经济、军事意义的日益突出，为了有序、有度地进行无居民海岛的开发与保护，实行依法治岛，加快海岛立法显得更加迫切和重要。为加强无居民海岛生态保护，保持无居民海岛资源的可持续利用，在海岛立法时，要特别强调保护海岛的地质、地貌、植被、土壤以及水域内的水生资源。很多无居民海岛的原始自然状态就是宝贵财富，一旦这些原始面貌遭到破坏，海岛的价值就会大为降低甚至不复存在。因此，海岛立法要以保护生态为核心，按可持续发展的需求，以开发利用服从生态保护的原则，制定海岛生态保护的有关法律。海岛是我国经济发展中的一个很特殊的区域，在国防、权益、资源等多个方面都有着极其重要的地位。我们相信，本着开发与保护并重的原则，面向全社会开放海岛，鼓励一切有志于保护无居民海岛开发的单位和个人，实施保护性开发，那么改善无居民海岛的生态环境将不再是遥远的梦想。

三、无居民海岛开发与管理——以深圳为例

目前深圳市海域无居民海岛的开发形式主要为养殖、中转仓储和船舶修造，未来内伶仃岛的开发设想为在不破坏岛上的林木和野生动物栖息环境的情况下发展海岛旅游业，辅以浅海贝类增养殖，建成一个生态岛。实地踏勘发现，整个孖洲岛已被开发为造船基地，海岛原生态环境已经完全改变，半个大铲岛也被前湾燃气电厂所占据。在岛上进行这些项目建设无疑会对海岛生态环境造成极大的破坏，也对海岛周边海域的生态环境和生物资源构成潜在威胁。因此，必须做好建设前的可行性论证、规划和营运期的保护工作，显而易见的是，不管是现在还是未来，对于无居民海岛的开发与管理都是非常重要的①。

---

① 胡增祥、徐文君、高月芬：《我国无居民海岛保护与利用对策》，《海洋开发与管理》2004 年第 6 期；黄发明、谢在团：《厦门市无居民海岛开发利用现状与管理保护对策》，《台湾海峡》2003 年第 4 期；刘苏红：《对厦门无居民海岛开发与保护的思考》，《集美大学学报》（哲学社会科学版）2006 年第 2 期。

1. 加大宣传力度,提高国民意识

21 世纪是海洋世纪,做好无居民海岛的开发与管理工作不仅是发展海洋经济的重要内容,而且是维护国家海洋权益和加强国防建设的需要。因此,要加大宣传力度,使各级领导干部和社会各界清楚地认识到,无居民海岛是今后海洋经济发展新的增长点和参与珠江三角洲经济合作的新平台,从战略高度不断提高对无居民海岛开发与管理的认识,并不断提高"无居民海岛的开发一定要以保护为前提"的意识。

2. 贯彻和落实相关政策法规,制定海岛开发利用与保护规划

《无居民海岛保护与管理规定》是我国第一部关于无居民海岛管理的国家制度,首次明确提出无居民海岛属于国家所有和由国家实行无居民海岛功能区划、保护与利用规划等制度。2008 年 12 月,国家海洋局为扩大内需促进经济平稳较快发展出台十项政策措施,其中一条规定"要加强对海岛地区经济社会发展的政策支持。对适宜开发的海岛,在科学论证的基础上,明确功能定位,选择合理的开发利用方式,发展海岛特色经济。推进无居民海岛的合理利用,单位和个人可以按照规划开发利用无居民海岛。鼓励外资和社会资金参与无居民海岛的开发利用活动。"这些政策和法规的出台给无居民海岛的开发与管理指明了方向,即不是限制开发,而是适度开发和合理利用。因此,必须尽快编制无居民海岛开发利用与保护规划,以便后续的无居民海岛开发工作顺利进行。

3. 加快海岛管理进程和海岛志编纂进度

2009 年 2 月,国家海洋局《2009 年海域和海岛管理工作要点》中提出,"加快海岛法制建设进出,积极协助全国人大环资委推进海岛立法工作,全力保障《海岛保护法》出台";另外,为给中国海岛"建户立档",2008 年 7 月,我国已正式启动《中国海岛志》的编纂工作。要进一步扩大宣传范围,得到广大群众和社会各界大力支持,加快海岛法制建设进程和《中国海岛志》编纂进度,全面推进海岛生态保护和使用管理;深圳市有关部门应该配合国家海岛工作的重点要求,制订深圳市无居民海岛重点工作计划,加快海岛保护和开发管理进程。

4. 重视海岛生态环境保护和资源利用技术的研究

为加强对无居民海岛开发利用的管理,编写《利用海岛的保护方案》是规范无居民海岛利用申请审批工作中极为重要的环节。由于无居民海岛的生态环境十分脆弱,在开发过程中如果不加防范,很可能造成无法逆转的影响,因此生态环境保护技术的研究在无居民海岛开发领域是尤为重要的。无居民海岛是海洋资源的重要组成部分,按照可持续发展的要求,无居民海岛最适宜开发的资源是旅游和港口。随着对外开放的不断深入和扩大,无居民海岛的旅游和港口区位优势也将逐步显现出来。

第四章

海岛文化建设

21世纪是海洋的世纪,而海洋世纪最重要的课题之一就是海岛文化建设。海岛文化作为海洋文化的重要组成部分,是源于海岛而生成的文化,是人类在开发利用海岛的社会实践过程中形成的精神文明和物质成果。因此,如何更好地进行海岛文化建设,促进海岛文化产业发展,传承和弘扬海岛优秀文化,便成为当下我国在建设海洋强国过程中的一项十分紧迫而重要的任务。

第一节　海岛文化研究

海岛文化是区别于大陆文化的一种文化形式和文化类型。翻看历史,不难发现人类对海洋的认识越来越深入,对海洋的控制、利用和保护也越来越重视。早在2500年前,古希腊海洋学者狄米斯托克利就曾预言:"谁控制了海洋,谁就控制了一切。"新世纪新阶段,面对瞬息万变的世界格局,研究海洋文化、增强海洋意识、维护海洋权益已经成为越来越多的国家寻求发展机遇和增强国家实力的突破口。

一、国外海岛文化研究的现状

国外海岛文化研究,是伴随着海岛旅游业的发展而兴起的。旅游,作为一种经济行为,必然会对社会文化生态造成不同程度的影响,尤其是对于一个地理环境独特、外源性特征突出、文化生态环境相对脆弱的海岛来说,这种影响必然会更加难以预测。因此,从20世纪70年代开始,这一问题就引起了很多学者的关注,其间也涌现了大量的论著。而进入20世纪90年代之后,对海岛旅游发展中所表现出来的文化现象的研究进一步增多。

从相关资料中可以发现,国外对海岛文化的研究,主要集中于旅游开发过程中所出现的旅游发展与海岛文化的互动关系方面。其内容主要涉及文化在旅游开发中的重要性、旅游对目的地文化的影响、传统文化的保护与创新等方面。

1. 文化在旅游开发中的重要性

文化旅游概念的出现与现代旅游业的蓬勃发展以及旅客需求的转型密切相关。文化旅游的定义很多,有人认为,文化旅游是以人文资源为主要内容的旅游活动,包括历史遗迹、寺庙建筑、传统技艺、宗教艺术等方面;也有人认为,文化旅游属于专项旅游的一种,是集政治、经济、教育、科技等于一体的大旅游活动;还有人认为,文化旅游是以旅游经营者创造的观赏对象和休闲娱乐方式为消费内容,使旅游者获得富有文化内涵和深度参与体验的旅游活动的集合。Yorghos Apostolopoulos 主编的《海岛旅游与可持续性发展》(*Island Tourism and Sustainable Development*)一书基于大量来自加勒比海、太平洋、地中海海岛旅游开发的案例经验,从社会经济、文化政治等多视角分析了海岛旅游所需要具备的诸多要素。罗恩·艾尔期(Ron Ayres)在《海岛的旅游状况——矛盾与模糊》(*Cultural Tourism in Small-Island States:Contradictions and Ambignities*)一文中指出:独特的本土民族文化所具有的较强优势使当地人在海岛旅游业中获益颇多,并强调为了增加旅游产品的多样性,应该调整旅游战略向文化旅游方向发展。在《主人与客人》一书中,斯温(Margaret Bswan)分析了巴拿马库拉人的旅游业,指出吸引旅游者的多元文化对巴拿马的经济至关重要,是其地方旅游的基础。正如豪泽尔(Houseal)所说的,越来越多的国家开始认识到:当地民族能够成功地管理自己的资源对维护其民族发展至关重要。还有 Chris Ryan 关于新西兰毛利文化对外地游客的强烈吸引力和因此开发文化旅游项目的案例研究,以及威廉(William Trousdate)对社区旅游规划中历史文化、法律政策、市场机制等因素的关注等,都无一例外地表明文化在旅游开发中的作用越来越重要,并逐渐成为现代旅游的主导方向。

2. 旅游对目的地文化的影响

旅游作为一种经济行为介入旅游目的地的社会文化系统中,必然会对当地的经济、政治、文化等各个方面产生一定影响,基于这些方面的考虑,国外学者在一段时期内就将旅游对社会的影响作为探讨的热点。早期的研究倾向于旅游对目的地的文化是益是害这一简单的价值评价,这主要是出于早期不发达地区的旅游开发项目大多由外来资本进行投资,开发者、游客与本地人的经济利益关系分配不均容易造成后殖民主义等方面的考量。比如沃克(Jennifer L. Walker)等指出,旅游资源开发使印度尼西亚莫拉斯村的传统文化、生活方式甚至价值观念发生了极大的变化,当地人对旅游发展计划所带来的文化易变性感到焦虑不安,甚至害怕惶恐。①克鲁斯发现，旅游发展在妇女地位、结婚年龄、性观念、家庭领导权等方面对希腊岛居民有着直接而明显的影响。而且，旅游开发对海岛传统文化的这种负面影响还会因为海岛自身条件的不同而有所差异。总之，旅游已成为近年来对海岛文化产生巨大影响的主要因素之一。

传统文化内涵的丧失是在海岛旅游发展中追求经济效益，通常需要付出的代价。厄尔巴诺维兹在《汤加旅游业再审视》中指出，随着汤加旅游人数的增加，不仅会带来食品短缺、通货膨胀等经济问题，而且会导致汤加舞蹈艺术的非本地化，即在舞蹈表演中有十多个汤加人表演的是斐济舞、夏威夷舞或新西兰舞，而只有一两个人表演的才是真正的汤加舞。②这就是福斯特所指出的太平洋岛上旅游发展中的"伪民间文化"现象，即当地人为游客提供的"真正的土著文化"。基于对"伪民间文化"现象的担忧，汤加人考虑要为旅游业立法，希望努力保护好汤加的固有生活方式和传统民族文化，把传统模式融入大众旅游，而不是让传统文化变成一种临时的"伪民间文化"。

3. 传统文化的保护与创新

传统文化作为各个国家的精神文明财富，在不同历史阶段皆发挥着重要的作用。随着文化旅游业的蓬勃发展，传统文化也愈加受到大众的关注。但也正是因为这个原因，许多传统文化所蕴含的文化价值和精神内核也正在逐渐发生质变，甚至不断消失。这种现象在海岛旅游开发过程中同样无法避免。海岛居民通过旅游开发，在与外来游客的互动交流过程中增强了对自身文化价值的认同感，从而积极思考如何在坚持保护传统文化的基础上，创新和发展原有海岛文化。以印度尼西亚苏拉威西岛托六甲的旅游业为例③，举行死亡仪式是当地宗教信仰文化的一大特色，但在现代化过程中，由于受到来自乡村习惯法与现代价值观的冲突而面临着消失的困境。值得庆幸的是，近二十年来，随着"旅游道德观"的兴起，地方精英对自己文化遗产的态度正在悄然发生转变，他们逐渐意识到土著的仪式体系是吸引外国观光客的重要因素。

波利尼西亚以建立文化中心（PPC）来展示并保护波利尼西亚的典型传统文化，如学习传统舞蹈、观看制作树皮衣服等。波利尼西亚建立该中心的主要目的

①　Jennifer L. Walker, Bruce Mitchell & S. Wismer. Impacts Duning Project. Anticipationin Molas, Indonesia: Implications for Social Impact Assessment, Environmental Impact Assessment Review. London: Prentice Hall Press, 2000, pp. 513-535.

②　Tracy Berno. When a Guest Is Guest, Cook Islanders View Tourism: Annals of Tourism Research. London: Elsevier Science Ltd. , 1999, pp. 656-675.

③　Maribeth Erb. Understanding Tourists Interpretation From Indonesia: Annals of Tourism Research. London: Elsevier Science Ltd. , 2000, pp. 709-736。

是想重现随着 20 世纪技术发明浪潮的影响正在消逝或者已经消逝了的波利尼西亚生活方式。因为文化中心选址偏僻,从而避免了游客对当地人生活的影响,当地人的价值观念不仅没有改变,民族身份意识反而得到了极大增强。

综上所述,国外学者对于海岛文化的研究侧重于旅游开发过程中旅游发展与海岛文化之间的互动关系方面,注重探讨旅游活动开展对海岛文化的影响以及海岛文化的保护与创新机制的建立。此外,国外学者的研究成果大多建立在实地考察的基础上,对海岛调查样本选择、案例分析、深度访谈与数据处理等技术方法的强调更是加强了研究的实证性,但其已有的成果主要集中于旅游发展中对小海岛原有文化的影响和保护方面,而缺乏从多个不同角度对海岛文化进行全面、系统的研究。

二、国内海岛文化研究的现状

我国关于海岛文化的研究始于 20 世纪 90 年代,区别于国外人类学学者和社会学学者侧重于旅游对海岛文化影响方面的研究,国内学者的学科背景更为多元,对海岛文化研究的视角也更为多样。目前,我国关于海岛文化的研究多为针对某一区域来进行,内容涉及海岛旅游、生活方式、语言文字以及宗教信仰等方面。虽然我国对海岛文化的研究起步较晚,但其多样的研究视角为进一步深入研究提供了丰富的资料和广阔的视野。现在,我国大多数相关研究主要集中在海岛文化基础理论、海岛文化要素专题、区域海岛文化研究三个方面。

1. 海岛文化基础理论研究

从已有的文献来看,有关海岛文化基础理论的研究并不多。20 世纪 90 年代初,陈伟在《岛国文化》一书中提出了以"岛国(或岛屿)文化"来区别于平原文化、高原文化、山区文化、盆地文化、内陆文化和沿海文化的文化区划分类型,并以世界上43 个岛国为例,对这一"跨地域文化"的鲜明特征——外源性、复合型及文化冲突与融合的表现过程都作了阐述。但由于岛国文化是一个复杂的混合体,在人种民族、历史传统、政治制度、经济方式、社会结构、宗教信仰、民族风情等方面都存在着巨大的差异和极为复杂的关系,因此海岛文化研究具有极强的综合性。

与此同时,我国大多数有关海岛文化的研究都是以某一海岛为研究对象,力图从中找到海岛文化的一般规律。例如我国已经和正在开展的海岛渔俗研究、青岛文化研究、长岛文化研究、舟山群岛新区研究等,随着研究的不断深入,我国海岛文化建设的内容也源源不断地被注入新的血液。

2. 海岛文化要素专题研究

对海岛文化要素的研究,其实就是对海岛文化多元特质融合过程的着力探讨。作为介于大陆和海洋之间的特殊区域,海岛文化的发展虽深受陆海影响,但同时又呈现出自身的特色。正是这种多元性,才不断激发着各专业的学者,从多种角度对海岛文化要素进行探索。

查阅相关资料,不难发现:我国海岛文化的发展过程无不与信仰文化(包括宗教信仰和民间信仰)息息相关。因此,信仰文化是海岛文化的要素之一。海岛宗教信仰作为一般宗教信仰的重要组成部分,是一种特殊的宗教文化表现形式,不仅影响到海岛区域人们的思想意识、生活习俗等方面,同时也是形成海岛特殊生产方式和经济发展形式的重要原因;海岛民间信仰作为一种独特的民俗事项,是我国海岛居民精神生活方式的一种重要体现,它在各民族风俗的形成过程中起着重要作用。这些不同类型的信仰文化在我国沿海地区相互影响,相互渗透,相互适应,或同时并存,或交替重叠,或兼收并蓄,构成了一个五彩斑斓、交相辉映、特色鲜明的信仰文化系统。例如舟山的观音信仰历史悠久、源远流长,经历了神话与传说、宗教与信仰、审美与旅游等文化嬗变过程,最终使观音文化成为舟山乃至浙江海洋文化的鲜明特色之一。[①] 此外,舟山寺观、祠庙等海岛宗教文化景观背后都蕴藏着海洋文化的深刻内涵。伊斯兰教在东南亚海岛地区传播与发展的特点则表明伊斯兰教具有较大的包容性并呈现出多样性,因此宗教习俗上也带有很多海岛地区的特征。[②]

另外,语言也是反映海岛文化特色的一个重要方面,比如舟山群岛的鱼谚就是很好的例证。[③] 东北洞头列岛和玉环岛方言的形成和分布说明,海岛地理环境的独特性是"方言岛"形成的重要因素。此外,还有学者对海岛居民的生活方式、心理特征、饮食结构及日常行为等诸多方面进行了研究,涉及人类学、社会学、心理学、食品卫生学等学科。陈礼贤通过详细个案考察,展示了北海斜阳岛疍民的生产方式、经济生活、社会活动和礼仪习俗,试图揭示在社会转型过程中处于海岛的海疍文化的变迁规律及其特征。[④] 除此之外,诸多学者还对20世纪海岛妇女生活方式的演变[⑤]、舟山海岛人群的个性倾向以及这些倾向性与地方经济发展的关系[⑥]、海岛地区高学历人群的心理特点、1984年与1989年海岛渔

① 程俊:《论舟山观音信仰的文化嬗变》,《浙江海洋学院学报》(人文科学版)2003年第4期。

② 李勤:《伊斯兰教东南亚海岛地区传播与发展的特点》,《云南师范大学学报》1998年第6期。

③ 徐波、张义浩:《舟山群岛渔谚的语言特色与文化内涵》,《宁波大学学报》(人文科学版)2001年第2期。

④ 陈礼贤、海疍:《斜阳岛疍民考察(上、下)》,《广西民族学院学报》(哲学社会科学版)2002年第2、3期。

⑤ 黄虚峰:《20世纪海岛妇女生活方式的演变》,《浙江海洋学院学报》(人文科学版)2000年第4期。

⑥ 张义浩:《舟山海岛人群的个性倾向性考查研究》,《浙江海洋学院学报》(人文科学版)2002年第1期。

村居民的膳食结构①等方面进行了大量研究。赵江南、姜庆华等在《海岛与陆地男性居民饮酒行为调查》一文中指出，海岛男性居民饮酒量均高于陆地男性，这与海岛居民长期出海作业、气候寒冷、体力强度大有着密切关系。②

3. 区域海岛文化研究

我国改革开放以来的成功实践，很好地印证了海洋文化对经济发展的巨大推动力。显而易见，改革开放30多年来，我国发展最快、经济实力最强的地区，非珠江三角洲、长江三角洲和环渤海地区莫属。可以说，这些地区的快速发展与它们独特的地理位置有着紧密的联系。一般而言，一个地区的发展除了与交通条件、经济基础有关外，更与当地居民的文化素养密不可分。海洋浩瀚壮观、变化多端、能量巨大、自由傲放、奥秘无穷的天性长期影响着海岛居民的生活方式，在潜移默化中造就了他们变革图强的思想、探索冒险的精神、全面开放的理念和吃苦耐劳的品格，驱使着人们不断去开拓创新、寻求发展，因而造就了沿海地区生气勃勃、万马奔腾的局面。

近些年来，我国许多地区的海岛文化研究成绩斐然，如台湾岛、海南岛、舟山群岛等岛屿的区域地理文化一直是国内地理学、历史学、人类学、民俗学界的研究热点。其中关于海岛文化传播扩散机制的研究，从考古学的角度对台湾文化起源的探讨就认为，闽台的史前文化交往以大陆传播为主，主要受制于自然条件变化并呈波浪式发展③，17世纪基督文化在台湾的传播与分布就存在这样的现象④，而开疆文化在海南岛的传播扩散也有别于大陆文化中占主流的沿江河、沿平原的传播扩散模式，呈现出以移民和传染方式为主，先西后东，先北后南按海拔从沿海向腹部五指山，从低到高渐次推延的文化传播特点。⑤

关于海岛文化景观的空间分布特点则是从文化地理学的角度出发进行研究的。如海南岛地域文化的空间分布与地形特点、气候条件等地理因素存在密切联系，各种文化景观的分布总体上表现为沿海拔依次成圈层分布的特点。沿海平原地带城镇密布、人口众多、工业发达、交通完善，整体文化水平处在最高层次。岛内丘陵、山地地区文化相对落后。另外，海南岛东部地区普遍先进于西部地区也是一个明显的特点。⑥ 关于海南岛文化特质的相关研究，均是从不同学

---

① 潘致和、冯建刚、於继英、何存弘：《1984年与1989年海岛渔村居民膳食结构比较分析》，《卫生研究》1995年第4期。

② 赵江南、姜庆华等：《海岛与陆地男性居民饮酒行为调查》，《中国心理卫生杂志》1998年第6期。

③ 陈存洗：《从考古学看台湾文化的起源》，《福建师范大学学报》（哲学社会科学版）1994年第4期。

④ 林仁川：《十七世纪初基督文化在台湾的传播》，《台湾研究集刊》1994年第1期。

⑤ 朱竑、司徒尚纪：《开疆文化在海南的地域扩散与整合》，《地理学报》2001年第1期。

⑥ 朱竑、司徒尚纪：《海南岛地域文化的空间分布研究》，《地理研究》2001年第4期。

科背景出发进行的区域海岛文化研究,与一般性研究相比,区域海岛文化研究的切入点更细致,研究更透彻,学科的综合性也更强。

从以上所述可以发现,国内关于旅游对海岛文化影响方面的研究还比较少,大部分学者都把关注的焦点放在海岛文化发生与发展方面,因此对于海岛文化的起源、传播、融合以及文化要素方面的研究也就比较多,涉及的学科方法理论也比较广,这有利于综合各学科力量摸清海岛文化诸要素之间的关系。

三、加强海岛文化研究的意义

我国是一个海洋大国,拥有 300 万平方千米的海域,海岛总面积约 8 万平方千米,大岛、群岛也较多,且沿近海分布。[①] 从 20 世纪 80 年代开始,随着我国改革开放的不断深入,沿海经济蓬勃发展,而海岛作为海洋经济建设的重要基地,也逐渐成为关注的焦点——2011 年 7 月,国务院正式批复建立浙江舟山群岛新区。这座岛屿在快速发展的同时,也表现出了对海岛文化建设的强烈需求,以期获得经济的持续快速发展。在当今"蓝色经济"已成为世界沿海各国共识之时,我们更加应该高度重视并加强海岛文化的深入研究,以服务于海洋经济的发展。尤其是在世界经济文化一体化的今天,如果缺失了对海岛文化的研究,就错失了发展海洋经济、建设海洋强国的历史机遇。海岛文化和海岛经济是相辅相成、相互促进的,海岛经济是发展海岛文化的物质基础,而海岛文化是促进海岛经济持续发展的动力,海岛经济的健康发展,需要海岛文化提供强有力的智力支持和思想保障。

1. 加强海岛文化研究,有利于海岛经济快速发展

浙江岱山县近几年重视海岛文化的研究,全力打造海岛文化名县,积极举办一系列文化节,着力建设海岛系列(台风、海岛渔业、岛礁、盐业、灯塔、海防等)主题博物馆,开展海岛学术研讨,繁荣海岛文化精品,这不仅丰富了海岛群众的精神文化生活,而且产生了很好的经济效益和社会效益,带动和促进了经济社会的新发展。2005 年,岱山县实现国内生产总值 44.35 亿元,城镇居民人均可支配收入 14700 元,渔农村居民人均纯收入 7259 元。岱山县的成功实践,说明了海岛文化对海岛经济的重要推动作用。

2. 加强海岛文化研究,有利于全民海洋意识增强

海洋意识包括海洋国土意识、资源意识、环境意识、权益意识和国家安全意识。发展海岛经济,建设海洋强国,首先要增强全体公民的海洋意识,从战略高

---

① 夏淇波、翁里:《试论海岛开发利用与法制保障——以浙江省依法开发舟山群岛为例》,《西南政法大学学报》2012 年第 1 期。

度上充分认识海洋的价值。深入研究海岛文化,展现我国海岛文化的博大精深,本身就是一个海洋知识的宣传和普及教育过程,能够让全体公民更多地了解我国海岛和海洋的地理历史,从而树立正确的海洋观念,改变重陆轻海的传统国土观,不断增强海洋意识,形成全社会关注海岛、开发海岛、保护海岛的良好氛围。

3. 加强海岛文化研究,有利于海岛经济科学发展

我国海岛总面积约 8 万平方千米,仅浙江沿海就有 3000 多个,而且分布比较集中。这种得天独厚的自然条件,对我国发展海岛经济非常有利。但是,当前我国海岛经济发展中存在着无序无度的掠夺性开发、重开发轻保护、产业布局不合理、陆地污染向海洋排放严重、盲目向海洋要地等问题,其产生的文化根源,与长期重陆轻海、陆海分离的发展观和粗放式经营不无关系。深入研究海岛文化,可以从中理清历史发展脉络,理清科学发展的新思路,克服目前海岛经济发展中存在的问题,转变增长模式和经营方式,促进我国海岛经济走上合理、有序、协调和可持续发展的道路。

4. 加强海岛文化研究,有利于实现海洋强国战略

世界沿海国家在走向海洋强国的进程中,经过几百年的探索,积累了许多宝贵的经验,这些经验无疑是我们加快建设海洋强国所必需的参考资料。深入研究各个国家的海岛文化,借鉴他们在发展海岛经济过程中的成功经验,吸取挫折教训,为我们发展海岛经济所用,使我们少走弯路,以更好更快地实现海洋强国战略。

5. 加强海岛文化研究,有利于丰富中华民族文化

海岛文化作为区别于大陆文化的一种文化形式和类型,是我们中华民族文化体系的重要组成部分。由于我们长期以来重陆轻海的思想观念,所以相应造成了大陆文化百花齐放而海岛文化屈指可数的不均衡现状。当前,在我国加快建设社会主义现代化事业、构建社会主义和谐社会的进程中,我们应后来居上,认真研究海岛文化的产生和发展,研究海岛文化的特点和内涵,研究海岛的历史文化和现实文化,研究海岛文化的表现和各种类型,研究海岛文化的继承和创新等,从而完善我国关于海岛方面的研究,一方面为发展海岛经济提供理论依据,另一方面也可以丰富我国的文化宝库,使海岛文化在新的历史时期绽放出更加绚丽的光彩。

第二节　海岛文化产业

海岛文化产业是发展海洋文化产业的重要突破口,也是发展海洋经济不可缺少的重要组成部分。作为新时期的朝阳产业,海岛文化产业无疑会成为各国

第四章

海岛文化建设

开发海洋、利用海洋、发展海洋的新契机。因此,主动打破封闭性,客观分析我国海岛文化产业的发展条件、产业困境,并总结发展经验和规律,由此提出相应的对策,已成为当下实施建设海洋强国战略刻不容缓的举措。

一、我国海岛文化产业发展的条件

我国海岛文化产业的发展条件主要有三个方面:自然条件、社会经济条件和信息网络条件。由于独特的地理位置,海岛拥有得天独厚的自然资源和人文资源,但这同时也导致了社会经济的发展缓慢和信息网络的发展滞后。通过对我国海岛文化产业发展条件的分析,能够帮助我们认清我国海岛文化产业发展的现状,从而有针对性地采取措施,最终加快我国海岛文化产业的发展进程。

1. 自然条件

海岛是与大陆相隔,四周被水围绕的特殊区域,地理位置决定了其与外界的联系不是很便捷,使海岛具有隔绝性和边缘性的特点,加之海岛陆地面积有限,淡水等资源缺乏,各种能源尚待开发,制约了海岛文化产业的发展。然而,正是由于这种隔绝性,才保留了海岛独特的文化资源和人文底蕴,并使海岛成为人与自然和谐相处的最佳结合点。庄重而久远的祭海仪式、淳朴的渔村风情、古老的渔家号子、抽象的渔家绘画等,都体现了海岛居民与海抗争、求生存、谋发展的海洋文化真谛,展示了海岛居民特有的文化素质和艺术创造力。海岛还是古代文人墨客、儒者僧侣游历、传道的地方,至今仍有很多海岛保留着他们的足迹。这些历史文化资源同海岛优美的自然风光一起成为今日海岛文化产业发展的自然基础。

2. 社会经济条件

独特的地理位置和自然条件决定了海岛社会经济发展较大陆缓慢。其原因在于,从祖辈那儿传下来的古老生产方式和传统观念还深深扎根于海岛人的思想当中,尽管这有利于海岛民俗文化的延续,但却有碍于海岛社会的进步,不利于岛外优秀文化的传播与借鉴,更不利于传统文化的产业化发展。另外,从国防战略考虑,作为能御敌于国门之外的海岛却因此而延缓了其社会和经济的发展。改革开放以来,尤其是"九五"计划实施以来,海岛经济有了较大的改善和发展。以浙江洞头县为例,2001 年的 GDP 是 10.22 亿元,比 1997 年增长了 43.69%,城镇居民人均可支配收入为 8603 元,比 1997 年增长了 68.16%。渔农民人均生活消费支出从 1997 年的 2270 元增加到 2001 年的 3076 元,增长了 35.51%。其中文化生活服务性支出从 283 元增长到 709 元,增长了 150.53%,文化消费增长明显快于经济增长。浙江省玉环县 2001 年 GDP 达到 87.32 亿元,农村居民人均纯收入 6207 元。同时,海岛的教育也是其文化产业发展的必要条件。岛民的文化素质越高,对文化产品的内容和档次需求也就越高,文化产业发展的市场空间也就越大。总之,海岛的经济发展和社会面貌改善以及岛民教育水平的提高,必然会推进海岛文化的产业化进程。

3. 信息网络条件

21世纪是信息网络的社会,未来的区域发展离不开网络技术。具有知识和信息传播功能的文化产业更离不开它的支持。中国社会科学院哲学研究所"国家创新体系"研究小组指出,文化产业的迅猛发展有赖于三个条件,其中之一就是尖端技术,尤其是数字化信息技术。对海岛而言,尽管近年来在文体广播事业上的财政支出有了较大的增加,但受地理位置等自然条件和社会经济发展的制约,信息网络技术的应用水平较低,有线电视的普及率不高,如2001年洞头县的有线电视入户率只有42.1%。对外来文化的传播和陆岛间的信息互动产生了滞后效应,阻碍了海岛文化产业的形成。因而,网络信息技术的建设是海岛文化传播、产业形成与发展的必要技术条件,也是发展海岛经济、繁荣海岛文化的必要技术手段。

二、我国海岛文化产业发展的困境

总体看来,我国海岛文化产业尚处于起步阶段,与其他文化产业相比,具有数量少、规模小、产业面窄、市场份额不大、产业特征不清晰且稳定性差等矛盾和困难,从而制约着海岛文化产业的发展。

1. 海岛文化产业特性与其经济效益之间所存在的矛盾

海岛文化产业特性与其经济效益之间所存在的矛盾是影响海岛文化产业发展的重要原因。由于海岛文化产业与海洋有着本质的联系,所以涉海性是海岛文化产业的标志性特征,海岛文化产业经营者都是充分利用海洋资源创造海岛文化产品,并形成规模而取得经济效益的。因此,海岛的特性、海岛文化的特性以及海洋资源的特性等等,都深层次地影响着海岛文化产业的经营策略和经营手段,自然也在一定程度上制约着企业规模的扩展和经济效益的提高。虽然广袤的海洋令人向往,丰富的自然资源诱人开发,但与悠久的陆域文明相比,人类利用海洋、开发海洋的历史较短,况且海洋的浩瀚无垠和变幻莫测也使人们长期停留在对海洋资源的简单加工利用上,创造性开发的广度和深度还不够,文化历史的积淀也相对较浅,加之海洋的液态流动物理性等所造成的海岛封闭性,在一定程度上束缚了海岛文化产业的经营范围和经营手段,也制约了海岛文化产品开发的能力,容易使其呈现出表层性和狭窄化态势。这种状况具体表现在:①海岛文化产品对旅游的依赖性。海岛旅游是海岛文化产业的支柱,其他海岛文化产品的发展与海岛旅游业密切相关,其经济效益对海岛旅游业的依赖程度较高。如海洋工艺品的销售就高度依赖于海岛旅游业;海岛的传统文艺表演队,也只有依靠旅游业才能获得长足发展。一旦旅游业发展受到影响,海岛文化产业的经济效益便难以得到持续发展。②海岛文化产品的粗浅性。绝大多数海岛文化新产品都只是利用海洋资源进行简单加工和仿造,产品的文化含量低。如海洋贝壳的搜集和加工出售,渔民织网工具等的复制,简单沙雕作品的创作和销售等,即使是那些具有一定艺术含量的贝雕和渔民画,也因为缺乏对海洋生活审美表现的艺术积累而显得较为粗糙,浓厚的生活气息压倒了美的艺术表现,产品发展的前景不明,这也在一定程度上影响了企业的经济效益。③海岛文化产业的高风险性。海洋自然条件变化无常,气候、海洋环境的变化直接影响着以海洋为构成要素的海岛文化产业,影响着它的经济效益和发展,而对旅游的高度依赖更使海岛的文化产业具有高风险性。比如一旦刮风下雨,精心策划布置的海滩沙雕比赛和展览会使企业血本无归,台风海啸甚至会使海岛文化设施遭到毁灭性损坏。

2. 海岛地方政府偏重社会影响效果与海岛文化产业经营能力薄弱所形成的矛盾

近几年,海岛地方政府普遍重视开发海洋文化资源,推动海岛的经济、社会、文化事业的发展。如舟山市提出了要建设海洋文化名城的口号,并制订了具体实施规划。但实施过程中常常存在着一些政府领导人着眼于在位时的政绩,重视政绩工程胜于经济效益。从现有的情况看,政府出面组织的许多海洋文化节庆活动,大都是由政府花巨资经办,规模大、档次高、追求社会影响,往往请一些大的文化企业来操办。这些海洋文化节庆活动的经济效益大多不甚理想,赔钱赚名声、树名气。由于海岛文化产业尚未形成规模,操作水平低,经营能力差,尚无能力来具体策划经办此类大型活动。即使想参与部分活动,也因为经济效益低而作罢。于是外地的文化企业乘虚而入。这样,海岛文化产业既得不到锻炼发展的机会,又受到同类企业的竞争压力,因而面临更为困难的境况。

3. 海岛的封闭性与海岛文化企业规模效益之间的矛盾

海岛的封闭性与海岛文化企业规模效益之间的矛盾,制约着企业的壮大,影响着海岛文化企业的经济效益。一方面,海岛四面环水,交通不便,人口相对较少,信息较闭塞,具有一定的封闭性。另一方面,由于海岛居民日日与海为伴,熟悉海洋,那些在陆地人群看来颇感新奇的海洋文化产品,对于海岛居民就有可能熟视无睹,无动于衷,以致缺乏一定的创新力和发掘力,这对以海洋旅游为支柱产品的海岛文化产业来说,无疑会使其失去在当地的影响力,损失本地的海岛文化产品消费群体,影响其规模效益。海岛的封闭性对海岛文化产业的经营观念及人才引进影响更大,它不仅会导致更多的海岛文化产业经营者的经营理念陈旧,缺乏创新意识,不愿到岛外去拓展市场,使企业难以发展,而且会使得大陆人才难以流入海岛,以致企业缺乏高水准的海岛文化产业人才。

4.资金不足与海岛文化产业急需投资之间的矛盾

海岛文化产业是近年来刚出现的朝阳产业,基础差、底子薄,需要投资的面广、点多,且投资额巨大,而海岛县、市的经济相对落后,民间资本也不够雄厚,一时难以迅速扩大海岛文化产业的经营范围和规模,从而也影响了海岛文化产业创造新产品的能力。

当然,海岛文化产业发展的困境绝不仅仅是以上所介绍的四个方面,但我们至少可以从中有所发现,海岛文化产业的发展急需一个宽松的发展环境,需要来自各方面的大力支持,更需要不断开拓创新的精神和能力。

三、加快我国海岛文化产业发展的对策与建议

针对海岛文化产业发展中所存在的困境,可以从不同角度出发,采用多种手段和方式克服薄弱环节,扩大经营规模,提高经济效益,从整体上考虑海岛文化的发展策略,根据我国的文化产业政策,兼顾今后文化产业发展的趋势和海岛实际,坚持社会效益和经济效益相统一,以发展民营经济为主,针对海岛资源特点以及综合利用开发等原则,制订促进海岛文化产业可持续发展的策略,逐渐使海岛文化产业成为海岛文化建设的重要力量,不断促进海岛文化的发展和繁荣。

1.发掘隐性的海岛文化资源,丰厚文化内蕴,增强发展潜力

增加海洋文化产品的种类和数量,提高海洋文化产品的品格,是扩大海岛海洋文化企业经营范围和经营规模的基础性条件。随着社会经济的发展,人们对海洋文化的需求在增加,对海洋文化资源的认识也在逐渐深化。因此,我们应把原先并不被看好的一些海洋文化资源逐步开发成文化产品,以满足人们日益增长的精神需求,并应着力丰富海洋文化产品内蕴,提高档次,增强文化张力。如岱山县在舟山市的县、区中地理区位优势并不显著,海洋文化资源特质亦不优越,海洋文化产业前景一直不被看好。但该县根据境域内风急、浪高、礁多、涂广等海洋自然条件,独辟蹊径地规划建设台风博物馆、盐业博物馆、徐福博物馆、灯塔博物馆、海鲜博物馆、海洋生命博物馆、海洋渔业博物馆等多个冠以中国"国"字号的博物馆,既实现了自然景观和人文景观的有机结合,又浓缩了中国千年海洋文化,使岱山成为中国海洋博物馆之乡,为海洋文化产业发展走出了一条新路。该县秀山岛把海涂辟为滑泥公园,让人们在滑泥运动与嬉闹中找到独特的乐趣,其隐性的海洋文化资源被他们创新地开发和利用起来了。而普陀东极岛是浙江舟山群岛最东侧的岛屿之一,虽有吸引人的远海孤岛风光,人文内涵却不够丰富。近来发掘第二次世界大战期间东极人民营救里斯本号上的英军战俘事件,并对其进行系统策划,随后成立了舟山市东极里斯本海洋文化发展有限公

司,筹拍电影和电视剧,承办海洋文化艺术交流,现在又开辟国际海钓基地,拓展海洋旅游空间,收到了较好的社会效益和经济效益。2011年舟山市把舟山海洋文化资源的现状和研究列入社会科学重大招标课题,希望通过摸清家底,进行前期开发研究,以增强海岛海洋文化产业的发展后劲。

2. 举办海洋文化节庆,逐步形成并发展有特色的海岛文化产业

举办海洋文化节庆,展示当地独特的海洋风情,是推动海洋旅游事业发展的重要载体,这基本上也是我国拥有海洋资源县、市首选的海洋文化发展策略。如浙江象山就是通过举办中国开渔节,使昔日偏僻的象山渔文化为国人所熟知。舟山近几年也陆续举办了与海洋文化有关的较多节庆,如"普陀山观音文化节"、"舟山国际沙雕节"、"海鲜美食节"、"舟山渔民画艺术节"、"中国海洋文化节"、"中国沈家门渔港民间文化大会"、"中国嵊泗贻贝节"、"徐福东渡国际文化节"等,这些节庆文化与舟山的地域文化、渔乡文化、民俗文化、民间文艺紧密结合,从而提升了舟山的知名度,也带动了相关产业的发展。这些节庆虽有广泛的群众参与性,但大都是在政府的行政策划和组织下实施的,有些还带有较浓的政治任务色彩,往往场面大、浪费多,经济效益不甚理想,甚至赔钱,也给日常的管理工作带来冲击,这在舟山刚开始举办海洋文化节庆时尤为明显。从文化产业发展的角度看,此类海洋文化节庆应逐步向由海洋文化企业策划运作为主的方向转变,这样既可以省钱,又可以锻炼队伍,提高海岛海洋文化产业的经营能力,还能保持海岛海洋文化事业的长久发展和节庆文化的长盛不衰。如舟山国际沙雕有限公司成立后,具体组织、策划、筹办每年一届的国际沙雕节活动,不仅节庆活动的水准不断提高,而且连续取得了较好的经济效益,改变了赔钱买名声的窘境。再从舟山海洋文化节庆发展趋势看,亦应尽力扶植发展本地的海洋文化产业,通过企业化运作的方式举办有关节日,能够达到产业发展、社会满意、经济效益好的多赢局面。

3. 主动打破海岛封闭性,增强海岛文化企业的竞争实力

企业竞争力是推动企业发展的核心力量,从海洋文化企业的角度看,其竞争力主要体现在以下几个方面:一是具有海洋文化策划的创新理念和实施能力;二是独具特色的海洋文化产品;三是符合海洋文化企业特点的科学管理机制;四是雄厚的经济实力;五是适度的企业规模。从目前我国已有的海岛海洋文化企业看,上述五个方面都明显不足,以致海洋文化产业链难以形成,企业的经济效益普遍不高,发展后劲不足。众所周知,市场经济不保护弱小,海岛海洋文化企业只有练好内功,主动走出去,熟悉岛外海洋文化大市场并参与竞争,才能拓展视野,扩大市场,提高经济效益;同时,海岛海洋文化企业经营者也应主动邀请外地同行、专家出谋划策,并吸收优秀的海洋文化产业人才来海岛工作,逐步提高海

岛海洋文化企业的创新能力和经营水平,壮大企业规模,以求获得更好的经济效益。以浙江舟山为例,必须清醒地认识到,闭关自守早已不可行,抑制排斥也不能解决问题,只有主动接轨长三角、融入长三角,并与上海等地共同探讨区域内的文化交流合作,开发和组织对路的海洋文化产品,才能实现舟山海洋文化资源市场化的最优化配置和产业链接,才能使舟山海洋文化产业有更广阔的发展前景。2008—2012 年,舟山有不少海洋文化企业正是这样走出海岛,主动参与大陆的海洋文化活动,并收到较好效益的。如舟山国际沙雕有限公司承担了南昌的沙雕制作业务,短短 10 余天获利 20 万元;同时,邀请外地艺术家创造舟山的沙雕,提高水准。又如舟山朱家尖风景旅游管委会通过开发"绿眉毛"仿古木帆船,与北京宝船航海文化中心合作,以文化产业的运作模式,策划了"扬帆中华项目",参与《郑和下西洋》大型电视纪录片的拍摄和纪念郑和下西洋 600 周年的航海考察交流等项目,宣传了舟山独特的海洋文化,提高了舟山海洋文化的知名度,也取得了较好的经济效益和社会效益。

4. 发扬海岛文化优势,在促进社会、经济发展的同时,提升海岛文化产业

长期以来,由于对海洋文化特性的认识粗浅,海洋文化的社会功能和经济功能未能得到充分发挥,海洋文化介入海岛社会生活、经济领域的面不广,致使大多数海洋文化企业停留在海洋旅游资源的开发、海洋生物标本的制作销售等方面,而缺乏通过海洋文化的媒介来融入社会生活,参与更广的经济建设,以致海洋文化的潜力和优势远没有得到重视和发挥。我们认为,从某些角度看,海洋文化具有陆域文化所不具备的优秀潜质,比如,从文化心理角度看,广阔无垠的海洋赋予海洋文化自由开放的特征,这就与现代社会经济大融合趋势下人们开放的心怀、自由个性的追求相吻合;从艺术创新角度看,变化莫测的海洋熔铸了海洋文化极强的拓新特征,容易培养人们的创新意识;从艺术本质角度看,人的生命来自海洋,生命本原性的海洋积淀着人的本质内涵,使海洋文化蕴含着原生性的美学精神;从某些外在特点看,岛屿、蓝天、金沙、碧海又与现代人的休闲理念相接近。这一切,使得人们有理由相信,海洋文化在今后的社会、经济发展中具有十分重要的作用。因此,海岛海洋文化企业应该发扬海洋文化优势,着意创新,大胆介入经济建设领域,使企业取得更大发展。如今,舟山一些海洋文化企业已做了初步的尝试,如海洋文化企业与纺织业、装饰业结盟,开发出具有浓郁的海洋文化气息的产品,颇受人们欢迎。又如随着舟山无人岛屿的开发、海上花园城市战略的实施,需要大量具有海洋背景的建筑以突出海岛的地域特点,凸显海洋文化气氛,实现与海洋文化的和谐统一等,都急需海洋文化企业的积极参与。同时,海岛人群精神生活方面的需要,也要求海洋文化企业提供更多海洋文化产品。

5. 精心打造海岛文化精品,通过名牌策略,发展海岛文化产业

受海洋自然资源和地域文化传统的双重影响,不同海岛的海洋文化都会形成各自的特点,因而有可能打造出富有特色的海洋文化精品,这是海岛海洋文化特点的生动展示,是产生广泛社会影响的重要载体,也是海岛海洋文化企业的生命线。事实证明,海洋文化企业也必须遵循商品市场的营销规律,通过名牌策略,扩大社会影响与经济规模,并通过开发名牌产品形成集团化的海洋文化企业。如舟山的沙雕为全国首创,且每年创新,至今沙雕已成为普陀海洋文化产业的重要名牌产品,蜚声国内外。每年 9 至 10 月间,大量沙雕爱好者和游客云集普陀朱家尖南沙海滩,促进了企业的良性发展,同时也带动了相关产业的发展。又如普陀山南海观音文化节,虽仅举办了三届,但由于内容丰富,组织有序,文化含量高,又借观音文化的巨大影响,很快成为舟山重要的海洋文化品牌,社会效益和经济效益颇佳,仅 2004 年的观音文化节期间,就吸引海内外游客 2 万余人次,直接经济收入达 1000 多万元。此外,舟山渔民画、舟山锣鼓屡次在国内外竞赛中获奖,也逐渐成为舟山海洋文化名牌,并以此形成海洋文化企业,促进了舟山群岛海洋文化企业的发展。

6. 多渠道投资,实行民营化企业管理机制,为海岛文化产业发展开辟广阔的道路

海洋文化企业要面向市场,依法经营,自我积累,自我发展,就需要投入大量资金。为了克服海岛经济基础薄弱的困难,应积极鼓励多渠道投资,尤其应欢迎岛外民间资本投资,组建民营化的海洋文化公司,通过市场机制运作,扩大海岛海洋文化资源的开发,为海洋文化的进一步发展打下坚实的基础。事实证明,由于民营化管理机制的管理成本低、决策灵活而又贴近市场,大部分都能获利,实现海岛政府与民营企业双赢的局面。舟山桃花岛的开发就是很好的例证,其桃花寨景区、安期峰景区和射雕英雄城景区,分别由宁波市三家民营企业开发和经营,迅速改变了桃花岛长期得不到开发的情况,促进了桃花岛海洋经济的发展,又弘扬了桃花岛独特的海洋文化,并为今后的发展奠定了基础。当然,有的民营海洋文化企业有短视行为,不重视海洋文化资源的保护,这就需要政府的指导和监督。

第三节 海岛文化保护——以海南岛为例

一、独具特色的海南岛文化

海南岛文化是在土著黎族文化本底基础上,经过汉文化及苗、回等民族文化

以及近现代以来的华侨文化和农垦文化、西方文化等多种文化先后以不同的传播类型、传播方式长期开拓影响，并经相互碰撞融合、推陈出新，在海南这一地域环境下整合生成的一种独具个性的文化。

厚重的历史积淀形成了海南文化的基石和内在秉性。海南文化作为中华文化的一个组成部分，凝聚着历代海南先民不同民族、不同民系文化的结晶。新中国成立以来海南人民的苦心经营，改革开放后海南迎来的新机遇和大发展，建省办特区创造的海南历史最好的发展环境，以及近年来旅游经济的着力发展和随之而来的城乡巨变，不断赋予海南文化以崭新的内涵，并使之具有强烈的时代气息。经过近二十年来的文化震荡及文化整合，海南文化的特质日趋显著，内容也日益丰富，海南文化更是摆脱了往昔长期滞后落伍的局面，展现出焕然一新的面貌。

1. 海南岛文化的开疆性

开疆文化是一种开拓边疆、开发边疆的文化。广义而言，凡是在开发边疆的过程中，一切能够使边疆地区从落后的、不发达的境况向较发达的、先进的阶段转变的事物和人类活动都可纳入其范畴。它包括物质的、精神的和制度的三个文化层次中的各种要素。

海南作为一个多民族聚居的地区，岛上生活着黎、苗、回等多个少数民族。据 2008 年统计，少数民族人口约为 147.61 万，占全岛总人口的 17.86%。其中黎族人口就达到约 132 万，约占全岛总人口的 16%，是海南岛最主要、最具特色的民族，也是中国唯一分布在海南岛的少数民族。早在 3000 多年前的商周时期，黎族先民就已定居海南岛，他们是海南岛最为原始的居民。直到明代，黎族仍分布于全岛各地。但宋元明清各代，随着内地汉族人口大量迁入海南，岛内民族迁徙和民族同化现象日渐加剧，岛北黎族少量南迁，大部同化于汉族之中。现在黎族主要聚居在海南岛的中南部地区。黎族就是在海南岛这片热土上，经历了长久的历史积淀，逐步形成了自己璀璨的文化。黎、苗、回、壮等少数民族人民在悠久的历史进程中，发挥自己的聪明智慧，形成了各自灿烂的文化，共同构成了独具特色的海南岛文化。

由于海南岛地处祖国边陲，历来被人们视为畏途，而海南的开发同时也浸润着各族人民的汗水。所以，从本质上讲，海南文化是一种开疆文化。[①] 换言之，它是一种开疆文化在海南长期传播影响的结果，其中既有汉、黎、苗、回等各族人民共同创造的文化成果，也有名家人物对发展海南文化所做的贡献。同时，它还

---

① 朱竑、司徒尚纪：《开疆文化在海南的地域扩散与整合》，《地理学报》2001 年第 1 期。

包括近现代农垦、矿业、盐业等事业发展的成就。① 如今像海口五公祠、儋州东坡书院、乐东莺歌海盐场、黎族村寨、三亚回族清真寺、遍布全岛的橡胶园、咖啡园，以及已经获得长足发展的岛上众多旅游景点、四通八达的公路网、高速信息公路、日新月异的城市建设和本岛标志性文化特质的椰文化（椰树遍岛、椰汁畅销等）和槟榔文化等，均可认为是海南历史及现代文化景观的一部分。各种迥异的文化景观既相互矛盾、冲突，又彼此和谐地共存于这一片海岛之上。长期的相互借鉴、整合以及团结合作，多种文化已融合成为一个有机的整体。因此，海南文化是一种融合万千气象的混合性开疆文化。正如中华文化凝聚着全国各民族的文化一样，海南文化也是多民族（主要是汉族和黎族）文化在历史时期长期"荣辱与共"，并在海南岛地域上有机渗透融合，与环境相协调适应的一种文化形式。改革开放后，尤其是海南建省办特区以来，经济社会快速发展所带来的冲击和丰富的多样化的内涵，大大强化、扩充、提升了海南的文化品质，改变了海南文化长期落后的面貌，使其富有了时代性和现代性。这是海南文化的一个质变过程，也是它不断接受先进文化，积极开拓、前进的表现，显示着新时期开疆文化在海南地域传播影响的成就。

2. 海南岛文化的质朴性与诚信性

"民风朴茂，入重廉耻，……及习礼义之教"②等风尚可以视为海南文化最鲜明、最核心的特质。这种文化性格不仅源自黎族人民长期固有的文化本质，也是由于名人的长期宣扬教义的结果。当然还与海南岛独有的文化环境不无关系，独特的文化土壤孕育、发展了海南文化。黎族人的诚信、淳朴可以在众多的史料中找到印证，"生黎质直犷悍"是最常见的说法。然而在"质直犷悍"的同时，黎人还"慎许可，重契约，犹有太古淳朴之遗风"③，充分体现了黎族人民讲信誉、重约定的美德。这种与人诚信的民风还表现在日常的贸易活动中。"与贸易，不欺，亦不受人欺，与人信则如至亲，借贷不吝"④就是一例。其重信守约已经成为黎族社会的一种行为规范，且有着一套相应的做法。《崖县现状》中说到："尚黎极重信用，与人交易，直截了当。凡欠人钱，言定何时归还，至时卖妻鬻子，亦不足惜"。可见其已成为黎民社会约定倍成的共同遵守信约。甚至对有背信失约者，必须加以晟严厉之处分。故而清朝的宝州牧有诗赞曰："士风犹是传邹鲁，民俗依然似越瓯。"

---

① 司徒尚纪：《广东文化地理》，广东人民出版社 1993 年版，第 410—416 页。
② 张岃：《崖州志》，广东人民出版社 1983 年版，第 32—35 页。
③ 郭棐：《广东通志》卷 28，"外志"，广东人民出版社 2011 年版，第 154 页。
④ 明谊修：《琼州府志》卷 3，"风俗"，海南出版社 2001 年版，第 783 页。

黎族人民这种重诚信的文化特质也深深影响到迁居海南的汉族人民。宋时李光"刺竹芭蕉乱结村,人家犹有古气存"[①]的诗句,及其在《迁建儋州学记》中的记载"而此郡独不兴兵,里巷之间,晏如承平,时人知教子家习儒风,青矜之士,日以增盛"[②],就初步描写了海南当时的淳朴之民风。当然,这种风气的形成也得益于中原汉文化的贡献。"准知绝岛穷荒地,犹有幽人学士家"[③]就揭示了文化传扬之真谛。而"熟黎风俗颇依汉人,亦能延师较读,渐归礼让之风"[④]则更刻画了汉文化对黎文化的推动作用。海南社会的淳朴民风反映在其"路不拾遗,夜不闭户"的美好境界。如明朝张天复所记:"富而尚俭,民无饥寒,凶年龙丐者。黎疆杂居,不喜为盗,牛羊被野,无冒认者。"[⑤]《崖州志》中不仅认为海南"俗俭民贫风近占,山灵水秀士多贤",还指出"土多业儒,人重廉耻,不喜华靡"的品质。总之,纯朴的民风、安宁平和的社会秩序、人与环境能够和谐相处均成为塑造其文化核心的重要因素。

　　可以说,任何一个民族的文化都可细分为物态文化、制度文化、符号文化和观念文化四个层面。

　　黎族的物态文化主要包括其住宅、服饰、饮食及生产、生活交通用具等。如黎族的代表性住宅——船形屋,是黎族最古老的住宅建筑,也是古代在热带气候环境下最合理的建筑;黎族文身历经数千年,这些刻在血肉之躯上的不同图案,包含着对生命的祈求、对幸福的期盼、对灾难的回避和对青春美丽的展示,是黎族一笔极其宝贵的文化遗产;此外,制陶、纺织、黎药、农耕、交通等都有其精彩之处,尤其是驰名中外的黎族织锦。2009年10月,联合国教科文组织选出了全球首批12个"急需保护的非物质文化遗产",黎族传统纺染织绣技艺(也称黎锦)便是其中之一。

　　黎族的符号文化包括故事歌谣、音乐舞蹈、礼仪风俗、图腾崇拜等,如黎族对青蛙图腾的崇拜,黎族最盛大的节日"三月三"、黎族史诗《吞德剖》以及黎族激越优美的舞蹈,如传统歌舞"跳竹竿"、"钱铃双刀舞"等。此外,黎族因独特的节日、出生、结婚、死亡、生病等而举行的仪式,都通过象征意义反映出黎族淳朴乐观和坚强刚毅的民族精神。观念文化是通过伦理道德、哲学思想、宗教信仰等表现出来的,它渗透到黎族文化的各个方面,反映黎族文化中最深层次的东西。黎族人

---

① 海南省儋州市地方志编纂委员会:《儋县志》卷11,"宝州牧诗《儋耳》",新华出版社1996年版,第432页。

② 明谊修:《琼州府志》卷41,"艺文志",海南出版社2001年版,第1024页。

③ 张岿:《崖州志》,广东人民出版社1983年版,第52页。

④ 吴应廉、蔡凌霄:《定安县志》,1878年刻本,第245页。

⑤ 张天复:《皇舆考》卷九,齐鲁书社1997年版,第526页。

民诚实守信、勤劳俭朴、敬老爱幼、团结互助、热情好客的传统,对内是一种振奋民族精神的动力,对外是一种保持良好形象、与其他民族友好相处的品质,是黎族具有永久生命力的宝贵的精神文化财富。[①]

事实上,除了黎族,海南其他各少数民族也有自己独特的民俗文化。例如,海南苗族人在过年时家家户户都要做粽子祭祖,用特殊原料制作的五色饭更是别有一番风味,苗族人嫁出去的女儿都要带着女婿回娘家过春节,唱山歌、跳龙舞等。

3. 海南岛文化的包容性与多元性

海南文化被认为属于琼雷汉黎苗文化区,属福佬文化区的一部分,但远离其文化核心区——潮汕地区。笔者认为,尽管今日海南文化的各个层面和因素与粤东福佬文化有着根深蒂固的文化渊源,但无论是文化表层特征,还是文化内在实质,两者均有较大差距,海南文化作为一种移植的文化,在其新居地又吸纳了多种文化元素,并与海南岛地域环境完美地结合,本质上讲,它已是一种全新的文化。可以说,海南文化以其包容性和多元性彪炳于世。

多元性是因为海南文化是在黎族文化的基础上,不断接受汉文化持续多方面的传播影响,并广泛吸纳苗族、回族等民族文化中积极有益的成分,经过文化整合而形成的一种全新文化。除此之外,近现代以来,华侨文化、域外文化(日本文化)以及改革开放后的西方文化均将其影响铭刻于海南文化之肌体上,从而使海南文化呈现出一种多元异彩的文化特征。就其内容讲,它既有不同民族,如汉、黎、苗、回等民族的文化印迹,也有来自汉族不同民系的文化血脉,广府文化、福佬文化、客家文化及临高文化等随着带有其文化特质的群体的迁入,也将其自身影响扩散到海南全岛。近年来,随着海南岛全方位的开放,来自全国各地的文化精英们又汇聚琼岛,形成了一些新的区域文化社区,并以其独有的文化景观融合于海南固有的文化版图之中,如承包荒山荒坡、大搞规模热作农业的江西人、四川人。不仅以其巨大的成功冲击了原有的较落后的农业观念,也以其个人魅力演绎了蜀、赣等地的地域文化,并与海南当地进行了有机的融合。许多经济开发区的建成以及为数甚众的旅游景区、度假区的开发,也使海南在原有的以农业文化为主的文化格局中增添了现代特区商业、大工业及旅游文化的成分。而海口、三亚等城市的崛起,更是将现代城市文化融入原有海南文化之中。

包容性则是海南文化多元性的前提和条件,正是由于早期如白纸一般的海南岛,有待文明波及和近海南原始文化所具有的吸纳百川的气度和心态,才使长期游离于中华文化圈外围的海南岛不断地充实、更新和完善,才逐步成就了今日

---

① 杨斌:《海南热土孕育了黎族文化》,海南省人民政府网,http://www.hainan.gov.cn/data/news/2007/01/24677,2007 年 1 月 12 日。

海南独特卓越的文化,使早期的黎族先民在此站稳了脚跟,并得到了持续的发展,而后他们又以其宽大胸襟接纳了中原文化、闽南文化、广东大陆各民系文化以及广西苗文化等。各种宗教和学派都能够在海南岛得到较宽松的发展。据载仅民国时期,美、法等国家派到本岛的传教人士就多达 50 多人,教堂、堂会近 30 间,教徒队伍一度高达 13000 多人。[①] 这种文化的包容性正是缘自其本身的多元复杂性。新中国成立后,百万农垦大军的移入,使原有的海南文化以农垦文化的大发展为时代特征,并使农垦文化成为既自成一体又能深刻影响地方发展的一种较优势文化。[②] 而近年国门大开之后,西方以高科技为支撑的现代先进的生产方式、经营管理方法和追求个性解放、崇尚生活享受的生活方式等,从多个层面、方位冲击、渗透着海南文化,有些内容在历经冲撞、磨合之后已经演化成海南文化的新分子,而改革文化、强省兴岛的特区文化,以及强烈的使命感和以经济建设为重心、大搞社会主义市场经济的时代文化,伴随着"小政府、大社会"等海南特色的范式的出现,更促使海南文化孕育出诸多富有时代性的文化因子,从而日新月异地改变着海南文化特质和风貌。

需要强调指出的是,海南文化的多元和兼容并蓄发展,与海南孤悬海外,远离历代中国政治纷争中心,从而使海南人文群体总是处于较为宽松的政治文化环境有关。[③] 相对而言,历史包袱轻,故其兼容性和可塑性较之国内其他地域文化大,这也是海南文化易于容旧纳新、不断获取进步的原因之一。

4. 海南岛文化的强海岛性

海岛因其迥异于大陆的自然环境而对其居民的心理状态、行为范式等深层文化要素产生深刻影响,使其文化具有显著的海岛性征。海南岛作为一个四面环海、地处热带、资源相对丰富的海岛,更是以其有别于大陆的整体文化背景,形成不同于大陆的海岛文化特色。

曾有论者对海岛自然、人文环境因素对行为特征形成进行过研究,并认为海岛特定的行为因素会进而影响到海岛产业的发展和布局。[④] 但就其实质来讲,海岛环境对其文化发生发展所产生的影响才是最根本的。分析海南岛的环境情况,其文化的海岛性征主要表现在以下各方面:

(1)保守传统、务实的文化本质。在漫长的历史时期,海峡隔断了海南岛与大陆的联系,正如高山、大河等地形似其屏障和阻碍因素成为文化传播中的分界

① 韦经照:《基督教在海南岛的传播》,《海南大学学报》(社会科学版)1987 年第 4 期。

② 彭隆荣:《浅谈农垦企业文化建设与思想政治工作的关系》,《海南师范学院学报》(社会科学版)1991 年第 4 期。

③ 符和积:《海南文化的历史渊源与融汇发展》,《海南师范学院学报》(社会科学版)1989 年第 4 期。

④ 王焕令:《行为地理因素对海岛产业发展的影响——以獐子岛为例》,《人文地理》1988 年 2 期。

一样①,大海的阻碍作用更甚,因而海南文化在更多的时间内就是在这样一种偏向封闭的环境中生长和发展的,自然受海南自身环境因素的影响也更大。在交通还处于原始的年代,整个海南地域完全处于一种封闭隔绝状态,从大陆所接受到的文化信息大多也是片段、零星的,难与外界形成频繁的经常性交流。所以,文化的发展必然导致保守。而这种保守的传统也成为如今海南人最本底的特征之一。而黎族先民本就有崇拜自然、崇拜祖先的信仰,在人少地广、林木茂密的状况下,刀耕火种式的原始经济一直在海南的历史上扮演着重要角色。而丰富的动植物资源又提供了宽松的存活空间,这使得海南人更趋传统,没有战争的侵扰,也绝少天灾人祸,又使闲适、从容融进海南文化之中。"樵牧渔猎,家自耕植,田无佣佃。安土重迁,不事远贩"②等成为这种文化的表征。然而,海南又多有"飓风之虞",岛东多雨,岛西又"春常苦旱,涉夏方雨"③,冬天还偶有强冷空气、甚至寒潮侵入,加之在古代低下的生产力水平,老百姓又多有生活不易之感,这又使务实成为海南文化特征之一。

(2)海南岛的后文化性征。海南文化与其他岛屿文化一样,总是始终不断地从岛屿之外的大陆吸收各种因素和成分,最终才整合而成独具海岛特色的文化形态。所以海南文化是大陆中华文化的派生系统,其形成和发展也总是晚于大陆文化。此外,大陆文化传入时不可能是全盘复制,总有一个自觉不自觉的选择、改造的过程。而且文化传播过程还受到具体传播时机、传播条件的限制,所以这种传播一般也不总是连续的,而是表现出显著的片段性。与此同时,由于海南岛的隔绝状态,大陆文化一旦传入本岛并找到适合的环境长期存在时,即使其在大陆的原始形态已经消失,但这些文化因素仍然能够在海南岛较好地存在下去。如"(琼州)数尚六"④等秦代度量制度的存在,及刀耕火种、钻木取火、鸡卜等古老习俗在海南黎族社会的长期存在,乃至诸多饮食习俗、生活习惯等的保持,均充分说明海南岛这种环境在较长的历史期内有利于截留文化,使其本身具有文化博物馆的功能。其实,即使是在现今,许多彼此矛盾的文化现象都会相安无事地共存于海南。如果从沿海到五指山区做一个文化剖面,会发现沿海地区的现代文明与山区偏远村寨的落后现象仍然既冲突又和谐地共存着。这本身是文化传播、发展中的不平衡现象,也是海南文化中强海岛文化的特征之一。

---

① 王康弘、耿侃:《文化信息的空同扩散分析》,《人文地理》1998年第3期。
② 张巂:《崖州志》卷1,广东人民出版社1983年版,第64页。
③ 赵汝适:《诸蕃志》卷下,中华书局2000年版,第150页。
④ 屈大均:《广东新语》卷Ⅱ,中华书局1995年版,第42页。

二、海南岛文化保护利用的现状

1. 民族文化保护利用的现状

黎苗文化等海南本土文化中的非物质文化遗产,是历史馈赠给我们的一笔丰厚、珍贵的财富。近几年来,一批优秀的文化资源项目经抢救挖掘,分别被列入世界级、国家级、省级、市县级非物质文化遗产名录,并在一定程度上得到了合理利用和传承发展,这为海南文化的大发展大繁荣奠定了坚实的基础。然而,由于种种原因,黎、苗文化等海南本土文化的发展,仍然面临着种种困难,存在着诸多问题,有的问题甚至较为严重。据了解,分布在全省各市县的民族民间文化、非物质文化遗产约有 13 大类 70 小类,各类的具体资源项目十分丰富。对于这些文化遗产,虽然在保护抢救、开发利用、传承发展等方面做了许多富有成效的工作,但与总体要求还有较大的差距。一是抢救挖掘力度不大。一些市县目前抢救挖掘出来的资源项目似乎不到总量的一半,有的类别如生产商贸习俗、消费习俗等资源项目抢救挖掘的数量较少,大量的神话、传说、故事、歌谣、谚语等民间文学仍在群众中封存,凝结着劳动人民智慧的具有科学价值的医药卫生、物候天象等民间知识仍得不到抢救挖掘。二是文化遗产消亡现象严重。如黎族龙被(崖州被)和汉族磨米的磨、簸箕、米筛、造牛车、箍桶等手工技艺已不复存在。三是保护手段简单,如黎族传统建筑"船形屋"、"金字型屋",目前得到完整保存的仅有白沙县俄查村,大多数黎族地区的传统建筑已荡然无存,个别地区虽还有零星存在,但如果稍加注意,就会在将来的改造中消失;而业经改造的黎族民房,其传统的造型特征、建筑风格、文化元素却被全部遗弃,现代黎族苗族民房建设出现模式全面汉化的倾向。四是文化遗产的传承发展没有实行点面结合的方式,如被列入第一批国家级非物质文化遗产名录的黎族打柴舞,目前仅局限于它的发源地三亚市崖城镇郎典村传承,没有在更大范围内的黎族地区传承发展,这种一点式的传承十分脆弱,很可能会在将来某种特殊情况下失传。五是对文化遗产的研究整理严重滞后,许多资源项目还得不到应有的开发利用。如被誉为我国三大爱情传说故事经典之一的《鹿回头传说》,人们期待它能够转换成影视作品的愿望还未实现。六是黎苗文化等海南本土文化得不到充分的展示和宣传,甚至出现外来文化、现代时尚文化挤压本土文化的现象。有的市县经费上给一般性的外来文化和现代时尚文化大开绿灯,一场活动上百万,一台节目几百数千万,如外来文艺团体在三亚专场演出的火凤凰,号称是黎苗文化,但整台戏毫无海南黎苗文化元素。而对黎苗文化等海南本土文化的投入却十分吝啬,故造成了对外来文化偏爱投入多、对本地文化保护投入少的现象。2010 年 12 月 31 日在澄迈举行的海南欢乐节开幕式盛典演出,竟然看不到黎苗文化等海南本土文化的影子。

2. 历史文化保护利用的现状

海口自宋代起便是海南岛政治、经济、文化的中心。2007 年,国务院正式批复将海口列为国家历史文化名城,是全国 109 座历史文化名城之一。从海南岛整体的文化内涵来说,海口府城体现的是整个海南厚重的移民文化和历史文化。城内城外的景观有全国罕见的用石条垒筑的琼州府城墙和城墙、城门、护城河三位一体的城市防御设施。海口市现存的历史文化街区主要有琼山府城传统民居型历史文化街区和海口旧城骑楼型历史文化街区两大部分。上述两个街区是海口市区旧城两个重要的街区,也是文物古迹集中分布的区域,居住着大量的城市居民。海口旧城至今仍保留着独具南洋风格特色的老街区,街道两侧皆为骑楼式建筑,保持得较为完好且独具特色。各建筑立面、柱体、墙面图案、女儿墙具有很高的建筑艺术和旅游价值。目前海口市有各级文物保护单位 60 处,其中全国重点文物保护单位 5 处,即丘浚故居、丘浚墓、海瑞墓、五公祠、中共琼崖第一次代表大会旧址。全国重点烈士纪念建筑物保护单位 1 处,即李硕勋烈士纪念亭。以上重点文物保护单位均已综合利用开发并且得到了海南省相关文物保护单位的重视。其中五公祠、丘浚墓作为国家重点文物保护单位,是重要的爱国主义教育基地和精神文明建设窗口。党和国家领导人周恩来、朱德、陈毅、华国锋、李鹏、朱镕基、李岚清等到海南视察时都到过五公祠进行视察指导,强调要利用景点和展品加强对青少年、未成年人进行思想政治教育,使他们树立起正确的世界观、人生观和价值观。同时海南省文物保护单位唐胄墓、儒符石塔、府城鼓楼、琼台书院魁星楼、宋徽宗神霄玉清万寿宫诏碑、秀英炮台、琼崖红军云龙改编旧址、冯白驹故居,市县文物保护单位珠崖郡治遗址、东寨港琼北地震遗址等均已开发利用。作为海南文化古迹旅游点的代表,琼南地区是以三亚市的崖州古城和天涯海角为代表,体现了厚重的南海文化特色。但三亚的古代历史文化尚有待开发利用。崖城是国务院公布的海南岛上仅有的国家级历史文化名镇,崖城附近的保平村是海南十大文化名村之一。崖城内外保留着许多基本完整的明清时期的民居建筑群。但是崖州古城的资源开发利用极为滞后,甚至曾经开放一段时间后,因经济效益不好而以每年租金 1 万元承租给商家,转而变为"古城茶庄"。天涯海角风景区是海南旅游的标志性景区,到海南的游客中有 80% 都会到此景区欣赏象征着"天涯""海角"的两块巨石。不仅如此,天涯海角风景区自身也拥有着深厚的文化底蕴,如清康熙清康熙五十三年(1714 年),苗、曹、汤三位京官大人题写的"海判南天";雍正五年(1727 年),崖州知州程哲题刻的"天涯";宣统年间,崖州知州范云梯题刻的"南天一柱";民国时期,琼崖守备司令王毅刻写的"海角"以及近现代文学家、历史学家、考古学家郭沫若的题字,还有历代文人雅士赋予的神话般的传说、娓娓动听的人文故事等。但是,天涯海角风景区却对于这丰厚的人文资源运用不足,而是更多地依靠了沙滩、白云、碧水、树林等。此外,作为海南岛重要的爱国主义教育基地和精神文明建设窗口,东坡书院、红色娘子军纪念园接待的游客大部分为省内组织来此接受爱国主义教育的中小学生。此88类景点曾经免费开放,对于海南岛红色旅游起到了积极的宣传作用,但就景点经济效益来看却不容乐观。2004年"十一黄金周",海南岛旅游市场势头甚好,但是7天长假,东坡书院接待旅客人数不到1000人次,旅游收入不到4000元,售出门票不足10万张。

随着现代化进程的加快,历史文化遗产正面临着严重的威胁。不少历史文化名城、古建筑、古遗址及风景名胜区整体风貌遭到破坏。由于过度开发和不合理利用,导致许多重要文化遗产失传甚至消亡。

海南文化丰富多彩,千姿百态,是我国文化中独树一帜的奇葩。在现代化建设进程不断加快的今天,我们不仅要重视经济的发展,也要保护好、利用好珍贵的文化遗产。因为它们是祖先智慧与汗水的结晶,是光辉灿烂的中华文化的载体,更是维系国家统一的精神纽带。

三、海南岛文化保护利用的问题

海南作为中国的一个起步较晚的经济特区,地区经济发展也较不平衡。20世纪50年代,海南岛部分少数民族地区直接从奴隶社会后期的合亩制直接进入社会主义社会,基础设施落后,文化教育欠发达,发展速度相对滞后。但与此同时,民族文化生态保存最完好的,恰恰是这些交通欠发达、高科技和现代生活方式很少进入或尚未进入的地区。因此,在建设海南国际旅游岛的进程中,两种截然不同的倾向开始威胁着民族文化生态:一方面因民族文化的"自闭性"制约文化旅游档次的提升,把旅游者带入一种落后与单调之中;另一方面因民族文化的"速溶性",使民族文化逐渐被现代文化所取代,失去了民族文化应有的研究价值[1],导致不可估量的损失。这主要体现在三个方面:

从旅游开发方面而言,首先,在急功近利思想的影响下过分注重经济目的,在资源开发上迎合游客的消费趣味,或者未能真正认识本地民族文化精髓,便脱离当地社会生活而进行过多的文化场景模仿,使民族文化舞台化、商品化、庸俗化。此外,一些民族文化旅游资源的规模性开发导致资源的文化价值逐渐消失,如能体现当地旅游特色和文化的旅游纪念品,特别是当地特有的艺术品和手工艺品,因进行大规模的开发和制作而丧失了其中所蕴含的文化价值。如海南椰雕制作工艺精细,在古代常常被官吏作为珍品来进贡朝廷而得"天南贡品"之誉,

---

① 赵范奇:《贵州文化旅游与民族文化生态保护》,《贵州政报》2000年第20期。

但如今由于商业利益的驱使,椰雕工艺被大规模开发,市面上的多数椰雕制品都粗制滥造,失去了文化本身的价值与艺术地位。其次,旅游开发形式单一,相对于海南丰富的本土文化,目前对海南本土文化资源的开发形式和展示内容过于单一。比如对黎族文化的旅游开发,无非是主题公园、自然村、旅游手工艺和纪念品以及民族节日等形式。海南本土文化在旅游业中含量也较低。海南的旅游业,无论是酒店、旅游城市、旅游设施和旅游景区,都遵循西方的标准建设,建造了大量千篇一律的、风格雷同的旅游城市、旅游酒店和度假区。对本土文化的忽视使得海南旅游越来越缺乏本土特色。最后,开发主体市场化程度不高。海南对本土文化旅游资源的开发主体包括政府、社区居民、投资商等。目前,各地方政府在本土文化开发方面发挥着宣传、组织等主导作用。

作为旅游活动主体的旅游者对民族传统文化的造成的消极影响主要表现为,在旅游者所带入的外来文化对民族地区传统文化的冲击下,当地居民的思想意识、价值观念发生转变,进而影响其行为习惯,最后导致某些文化特征被同化或消失。如服饰、语言、建筑以及生活习俗等的变化,传统文化被同化或扭曲。原来的文化封闭圈被旅游打破,外来文化影响了原生的文化环境而导致文化发生变迁。

在空间分布上,文化开发利用分布不均,文化品位也不高、质量低劣。如黎族文化景点、景区主要集中在交通干线两旁,早期主要集中在中线,海南的东线高速通行之后,中线两旁的黎苗风情园大多破产,少部分迁移到东线的万宁、陵水和三亚,空间分布不合理。由于开发内容雷同,一些"黎苗风情园"间存在着不正当竞争的现象。而海南对本土文化资源的开发仍处于初级层次。由于投资少、见效快,各地同质化的"民族风情园"蜂拥而上,高峰时有十几家同时经营。园内设施简陋,旅游项目庸俗,质量低劣。部分黎族风情旅游点打着黎族文化的牌子,歪曲、编造黎族生活习俗,如在早期演示黎族婚俗时,拉游客当新郎,收取红包,造成游客投诉现象较多。

除旅游的介入会给民族地区的文化带来影响外,现代化进程的推进也是一个重要影响因素。如在现代化进程中,经济一体化必然带来文化上的密切联系,各民族文化之间的差异必然在某种程度上缩小,带来文化的趋同。经济全球化的一个重要特征即信息网络技术快速发展,即便是在偏远的少数民族地区,肩负传承民族文化责任的青少年一代在现代大众传媒的影响下,也开始对传统文化日益冷漠。①

---

① 高红艳:《民族地区文化生态旅游与民族文化保护》,《贵州师范大学学报》(自然科学版)2003年第1期。

被称为中国纺织史上的"活化石"的黎族织锦技艺,正面临后继无人的尴尬局面。黎族是一个只有语言没有文字的民族,因此黎锦的纺织图案便成了黎族历史、文化传奇、宗教仪式、禁忌、信仰、传统和民俗的记录者,是黎族文化的载体。然而,随着工业化进程的加快,一方面,机器织造正全面取代手工纺织技术;另一方面,黎族年轻人却再也不愿意学习这门"没有经济收益"的手艺,而纷纷走出黎寨,外出谋生。因此,现在黎族掌握传统纺织技艺的人数已不足 1000 人,且多为年过七旬的老人,一些特色技艺甚至已无人能够完整掌握。此外,黎族的传统民居船形茅草屋这种与海洋文化密切相关的传统民居也正濒临消失。海南本地媒体日前报道称,在船形茅草屋保存得比较完好的东方市江边乡向查村,船形茅草屋正面临被改造——年轻人深感茅草房的不便,盼望住上条件更好的砖瓦房。[①]

由此来看,海南岛的民族文化正在面临着一个艰难的博弈,如何对这些宝贵的文化进行充分的开发利用,同时又能保证这些文化的原生态,这也是我国在开发利用其他文化资源时应该思考的问题。

四、推进海南岛文化保护利用的对策与建议

诚然,民族文化生态的某些变迁,是不应阻挡也无法阻挡的历史发展潮流,因此我们既要保护民族文化,防止其"溶"进大众文化之中而失去它的独特个性;又不能采取"封闭式"的保护办法,对现代文化一味地采取"围追堵截",使民族文化与世隔绝。通观世界各国对民族文化保护的经验和教训,我们认为,必须采用"开放性"的保护办法。所谓开放性的保护,就是顺应新的历史潮流,逐步调整民族文化与现代文化的适应能力,使两者达到平衡的状态,在使民族文化注入新的文化因子的同时,又不失去本民族的文化要素,并不断地获得新的发展。

因此,在海南国际旅游岛建设中,对少数民族原生态文化的开发,必须坚持"保护性开发"的原则,将开发与保护融为一体,实现民族文化旅游开发经济效益与民族文化源远流长的双赢。

首先,通过政府部门的实地调研与评估,将自然保护区中的功能分区概念引入到民族文化旅游区,在少数民族地区科学地建立"特色文化区"进行保护性开发,营造良好的旅游氛围。到民族地区的旅游者主要的旅游目的是寻求人与自然的和谐统一,满足对民族地区原生异质文化的好奇,因此,通过以当地家庭和社区作为载体,与当地居民零距离接触并进行参观访问,甚至深度参与体验生

---

① 尹海明:《保护璀璨的原生态黎族文刻不容缓》,《中国新闻网》,见 http://www.Chinanews.com.cn/other/news/2006/10-15/804546.shtml,2006-10-15,2011 年 3 月 24 日访问。

活,让旅游者观察和了解当地居民生活方式、居住环境、文化信仰,既能满足其了解民族文化的需求以及享受高质量旅游经历的欲望,又能使当地人从中得到直接的经济收入,促使当地居民对自己的民族文化进行再认识,从而增强对本民族文化自信心和自豪感,提高保护和传承民族优秀传统文化的自觉性,实现民族文化旅游开发与民族文化保护的双赢。

其次,在旅游区范围内将传统文化保存最为完好的部分村落定为"核心保护区",这类村落严格限制旅游者的进入,一切活动都必须在旅游容量的阀值范围内进行。由政府部门对这些村民发放一定补贴,并提供相关政策优惠,鼓励、扶持这些村落发展旅游特色工艺品加工。

再次,政府部门应当有所作为,做到民族文化的保护与建设"五纳入":纳入各级政府的经济社会发展计划、纳入城乡建设发展规划、纳入体制改革、纳入当地的财政预算、纳入各级政府的任期目标责任制。具体应当做到以下几个方面:

1. 做好全岛民族村落普查,确定保护村落和保护范围。既不能不闻不问,任其自生自灭,又不能过度保护,浪费人力财力。

2. 制定正确的保护方针和保护原则,统一规划管理。

3. 制定实施民族文化生态保护的法律法规。目前海南省对民族村寨、民族文化生态以及民族民间艺术的保护尚无法可依,无章可循。因此,制定相关法律依据和保障是保护民族文化生态的当务之急。

最后,要对少数民族地区的居民进行宣传教育和培训,让人们了解本民族化的精华与价值所在,树立正确对待本民族与旅游者之间的文化差异,形成正确的文化观念,引导居民客观看待外来文化而不是盲目迎合与模仿。让当地居民享受到民族文化的开发与保护带来的好处与利益,激发更高的积极性和动力。

文化如水,滋润万物。在中国,56个民族在中华大家庭中共同生活,形成了中华民族源远流长的文化,也筑造了中华民族共有的精神家园。民族文化是人民生活的重要组成部分,是民族智慧的结晶,民族精神的象征,是推动社会发展的不竭动力。在建设海南国际旅游岛的进程中,海南应当紧紧抓住机遇,在着力打造世界一流的海岛休闲度假旅游胜地的同时,更要重视对文化的保护和创新,使我国海岛文化能够持续、健康地发展,使海岛文化建设取得新的实质性进展。

第五章

海岛管理控制

海岛的管理和控制是海岛问题研究的重要部分。海岛管理控制是一个广泛、全面、深入的研究对象,包括海岛管理体制及其运行两大方面的理论,又涉及海岛开发、海岛控制和海岛综合管理等多方面的实施管控对象,同时还需考虑到无居民海岛的管理模式等创新问题。深入研究海岛管理控制内容,构建海岛管控理论架构,对于我国海岛管理行为的发展有较大价值。从实证层面分析,海岛管理控制的建设对于建立管辖海岛制度、维护海洋权益以及利用海岛资源发展我国海洋经济等均有重大意义。

第一节 海岛管理体制机制

海岛管理体制及其运行的目的是为了维护和保障海岛资源的管理,把握对海岛的实际掌控,实现海岛资源的可持续发展。因此,把握海岛管理体制的基本内涵,了解其运行模式,构建科学的海岛管理体制,是海岛管理制度建设的重要基础,是影响海岛事业发展的重要一环。

一、海岛管理体制机制概述

海岛管理体制机制是一个系统庞大的整体,首先从其具体的基本概念出发,了解海岛管理体制机制的内涵和构成。

管理体制指的是管理系统的结构和组成方式,即采取怎样的组织形式以及如何将这些组织形式结合成为一个合理的有机系统,并以怎样的手段、方法来实现管理的任务和目的;机制是一个工作系统的组织或部分之间相互作用的过程和方式,管理机制本质上就是管理系统的内在联系、功能及运行原理,是决定管理功效的核心问题。就海岛管理而言,其管理主体是政府部门,海岛管理体制就是指建立在国家政府行政体制基础上的海岛行政管理的组织制度,它决定国家海岛行政管理的机构设置、职权划分和活动方式与方法。在完善海岛管理体制之后就是对海岛管理体制的实施机制的健全,只有海岛管理机制能真正运行起来,海岛管理体制才具有实质性的存在意义。

从海岛管理体制的构成要素上来说,首先可以将其划分成几块内容:其一是包括作为海岛管理主体的人和作为海岛管理客体意义上的海岛管理相对人,包括维持海岛管理组织存在和运作所需的经费、海岛管理活动的资金开支以及海岛管理组织赖以存在的物质载体,如场地、房屋、办公用品、通讯器材等人、财、物三大基础要素;其二是承载海岛管理权力的一系列特定的机构设置和在海洋管理机构设定后,该机构的组织及其更新的设定,还包括一定机构内职位、职级、职数、职责的设定以及海洋管理组织中各个部门、层次、成员之间的权责关系的确认;加以规范的还包括控制海洋管理组织构建、运行过程的各种法律规范、规章、各项工作制度。在以上因素完备之后,需要创新、优化组织结构,使其适应社会整体步伐的发展情况。①

从海岛管理体制模式的基本类型来说,虽然海岛管理体制的构成要素基本相似,但是在不同的国家,因其国情不同,在不同的实施环境下,所形成的海岛管理体制也具有其特殊性。有一个成功的海岛管理开发模式,被称为海岛开发的"马尔代夫模式"。马尔代夫以海岛旅游闻名,海岛开发均由一个经济主体(投资公司)向政府租赁一个海岛及周边海域,以一座海岛建设一个酒店,建成一个完整、独立、封闭式度假村的模式经营发展。正是这种一岛一店的"小、清、静"的开发模式,使马尔代夫海岛开发取得了极大的成功,滨海旅游独领风骚。同时,政府对海岛实施严格的管理,海岛上所有建筑都必须经旅游部门批准才能建设,并明确规定海岛建筑面积不能超过海岛总面积的20%,以确保海滨旅游资源生态不会因过度开发而受到损害。所以,选择合适合理的管理体制模式对于整个海岛的建设和发展都具有不可低估的作用。

我们借鉴海洋管理整体的体制模式,再结合海岛的特殊性,将海岛管理体制模式具体归纳为三种:

第一种是集中性管理。实行集中性管理的基础必须是具备了相当健全完善的海岛管理体系,配套系统、全面的海岛法律法规和政策支持,以及设置了高效合理的海岛管理机构和执法队伍,在组织建设上具备了现代海岛管理的基本要求。美国政府对海岛采取的就是集中管理的模式,在内政部之下单独设立一系列专门行政管理机构,主要包括海岛事务办公室和跨部门海岛事务综合管理局负责海岛的综合管理和治理。此外,还包括国家海洋和大气管理局与内政部鱼

---

① 王琪:《海洋管理从理念到制度》,海洋出版社 2007 年版,第 208—209 页。

类和野生动物服务机构等一些专业海洋资源保护机构来负责海岛的资源保护和维护工作。海岛事务办公室是美国内政部的一个单位,接替前美国海岛管理局和前美国地方事务办公室的工作,负责美国海岛地区的民政事务管理。依照美国法律,该办公室主要起中间人的作用,是"通过有见地的政策、资金和技术援助,进行有利和高效的管治,加强海外领地与联邦政府的关系"。其主管范围包括联邦调查局的情报搜集、州内税收、联邦经济情报报告等工作。美国于1999年建立了跨部门的海岛事务管理机构。该部门的工作任务包括以下三个方面:一是与美国内务部来确认与美国海岛事务相关的问题,并给总统在制定海岛政策和措施方面提供建议;二是该部门与政府官员、来自海岛的议会议员、其他官员在有关海岛事务的问题上进行协商;三是在涉及海岛问题时与其他任何政府执行部门和机构进行合作。

第二种是半集中性管理。所谓的半集中性管理就是在具备基本健全的海岛管理法规体系、执法队伍以及全国性的高层次海岛管理协调机构的条件下,尚未设立具体的专职海岛管理职能部门。也就是说在这一种模式下,海岛管理还只是浮在表面上的,对其的实际贯彻管理力度还略显薄弱,海岛管理职能分散在各个部门。澳大利亚是世界上最大的岛国,除独占整个澳洲大陆外,还管辖着位于海外的诺福克群岛等岛屿。为了更好地保护海岛,澳大利亚采取了海岛专门立法的方式,先后颁布了《劳德哈伍岛法》、《诺福克岛保护计划方案》及《大堡礁海洋公园法》等法律,有针对性地为各海岛的保护与管理提供制度支持。此外,澳大利亚政府还对一些具有珍稀物种且生态比较脆弱的岛屿制订了专门的岛屿管理计划,例如《罗切内斯特岛管理计划》等。以《大堡礁海洋公园法》为例,《大堡礁海洋公园法》于1975年制定,经过1990年、2004年两次修改,逐渐趋于完备。该法共分为12部分,其中比较有特色的章节主要有大堡礁海洋公园管理机构的建立、职权、违法行为及处罚和强制引航等。大堡礁海洋公园管理机构人员由1名全职主席、2~4名其他非全职成员组成。成员全部由总督任命,其中1名非全职成员可以由昆士兰州政府任命。在所有成员中,需有1名熟悉大堡礁事务的本地人、1名熟悉管理机构运行的人员以及1名具有大堡礁海洋公园旅游业相关经验的人员。海洋公园管理机构的职能主要是制订海洋公园分区规划和管理计划,向部长提出针对海洋公园维护和发展的建议,自己进行或者协助科研机构进行针对大堡礁的调查研究等。联邦政府和昆士兰州政府为海洋公园的正常运作提供财政支持。

第三种是松散型的管理。由于海岛管理工作分散,又缺乏高层次的协调机构,执法队伍尚未统一,导致松散的管理,其效率和效果都会受到影响。其中大多数的发展中国家的海岛管理模式都还停留在这一阶段。曾经号称"日不落帝国"的英国至今拥有众多的海上领地,它们由大不列颠岛上的英格兰、苏格兰、威尔士以及爱尔兰岛东北部的北爱尔兰和一些海外领地共同组成,这些领地被划分为皇家属地、属地、海外领土三类。虽然英国统治下的众多海上领地分布在世界各地,但其管理体制和政治法律制度却有着高度的统一性,所属海岛处于一种稳定的平衡状态。在海岛管理上,英国已形成各种创新且具体的管理手段、议会民主制度以及分工细致的司法体系。正因如此,英国海岛管理的效率较高,办事效率较好。在社会管理方面,英国政府通过立法的方式,颁布针对每个海岛地理、文化、历史特色的法案,对海岛上的产业结构、人口素质、经济政策等均予以调整,使其拥有强有力的国家法律作保障。同样,德兰群岛建立水产管理组织进行统一渔业管理,任何人在未取得许可证的情况下不允许使用捕捞网或船舶捕鱼,捕鱼者只允许在规定的种类内进行捕捞,且需征收每年 150 英镑的通行税,但是以科学研究为目的采集鱼类为样本的捕捞行为可以免除收费。英国政府关于第一产业层次分明的规章制度对于整个国家经济的稳步前进有着巨大的贡献。又通过改革税制以减轻人民的赋税负担。英国在所属海岛主要征收的税种有资本收益税、企业增值税、个人所得税、遗产税、附加值税。近几年,英国逐步改革原来施行的重复征税制度,例如《维尔京群岛废除双税制实行国际税制法令》、《开曼群岛废除双税制实行国际税制法令》、《特克斯和凯科斯群岛国际税制法令》都明文规定,在其海岛废除双重课税制度,实行国际税收制度,以减轻人民的纳税负担。此外,英国通过《福克兰岛关于海运商船规定》、《海峡群岛电信服务法令》、《关于海峡群岛关于恐怖分子的措施》等法律文件调整着商船贸易、电信服务、恐怖活动等社会的各个方面,形成了独具特色的管理模式。

再者,我们从海岛管理体制的建设目的出发,海岛管理体制在海岛问题研究中具有先导作用。海岛管理体制决定组织机构系统,有什么样的机构和职责就只能发挥什么样的作用;海岛管理体制影响管理运行机制。国家海岛管理体制的形式一定程度上就制约着国家对海洋的综合管理职能,影响着国家的海洋管理实践。

1. 为完善海岛科学管理提供有效的理论依据

海岛科学管理是希望通过宏观调控和行政、规划、经济、法律以及宣传教育等手段协调海岛资源、空间的开发利用,建立结构、布局合理的海岛产业,提高海岛经济的产值,提高海洋在整个经济和社会发展中的地位和影响;严格控制开发利用对海岛自然资源和环境的破坏,维护海岛的自然平衡与生态平衡,保持海洋的健康状况;同时维护好各海岛领域的合理海洋权益。总的来说,海岛的科学管理就是要实现海洋价值与海洋开发之间的平衡和统一。通过对海岛管理体制的建设,建立相关实施机构,掌控海岛管理的内容和目标,规范海岛管理的手段和方式,把握海岛开发的标准和力度,从而使得整个海岛管理行为按照体制规范的轨道运行。海岛管理体制就像是给海岛的科学管理行为提供了一本理论依据和行为准则,在其行为中给予参考,使其不断调整行为,最终保证海岛科学管理的有序进行。

2. 为加强海岛管理行为提供有力的理论保障

海岛连接了内陆和海洋,具有国防、权益、资源和环境等多方面价值。对于中国来说,300多万平方公里的"蓝色国土"都是基于我国的海岛来计算的。但是,海岛资源的巨大价值也使得利益相关者之间的冲突加剧。这里的利益相关者是一个复杂的群体,包括政府行政机关、企业、个人以及其他的社会组织,更有甚者是两个国家对于海岛权益的争端。因此,加强国家对海岛的管理,增强国家对海岛的实际掌控,维护我国海岛的安全与权益,成为国家关注的重点。通过海岛管理体制的建设,将海岛资源的利益相关者放入同一个系统当中,使其彼此制约、相互影响。在海岛管理机制中运行一个强有力的综合协调机构,通过体制的规范,进行综合管理,对涉及海岛利益冲突的相关者行为进行引导、协调和控制,最终保证海岛管理的平稳进行。

3. 为创新海岛管理模式提供有理的体制支撑

海岛管理模式的创新,首先要做到的就是海岛管理制度的创新。所谓的制度创新,实质上就是一个体制建立、发展和完善的整个过程。也就是说海岛管理体制的建立是实现制度创新的首要步骤,也是实现海岛管理模式创新的基础环节。在这里我们可以看到两个例子。一个是日本神户人工岛的开发。日本神户人工岛位于兵库县神户市南约三千米的海面上,呈长方形,东西宽3千米,南北长2.1千米,总面积为4.4平方千米。人工岛是神户市为了适应神户港经济贸易不断发展和港口货物吞吐量日益增长的需要而建造的。1966年开工,1981年3月竣工,历时15年,削平了六甲山脉的高仓和横尾两座山头,共填土石方8000万立方米,投资5300亿日元(约合26亿4千多万美元)。人工岛的外围除南部筑有防波堤外,其他三面共建有十二个集装箱码头和十六个班轮停泊站,可同时停靠二十七艘巨型海轮。第二个是阿联酋迪拜人工岛。棕榈岛工程由朱迈拉棕榈岛、阿里山棕榈岛、代拉棕榈岛和世界岛等4个岛屿群以及后期的滨水滩项目组成。迪拜棕榈岛工程始建于2001年,在10至15年后整个工程将完工。朱迈拉棕榈岛是第一个被开发的,由一个像棕榈树形状的人工岛和月牙形的堤坝组成。面积为5.6×5.6平方千米。其主干长5千米,每片"树叶"宽75米、长2千米,外围防浪堤长11.5千米。阿里山棕榈岛,面积6.4×7.3平方千米。前两项工程总土石方量将达1.72亿立方米,于2008年完工。代拉棕榈岛,面积14.5×8.9平方千米,连同一个21千米长的月牙形堤坝,于2009年完工,土石方量将达 10 亿立方米,并增加了 240 千米长的人工海岸线。全球最大人工群岛,叫做大世界,由 300 多个小岛屿按照世界地图的形状建成世界岛,建成后将可以看到由 300 个岛屿勾勒出的一幅世界地图。建造这个 63 平方千米大世界的土方工程现已经完成了 50%,81 个小岛已露出水面。新近开工的滨水岛(waterfront)人工岛面积 8100 万平方千米,有 10 个区,和阿里山棕榈岛组合在一起,毗邻 250 个总体规划中的岛上和岸上的社区。以上两个岛的开发都是创新之举,在对其的具体开发和管理模式中,两个国家的步骤都是首先在制度上确定海岛管理的目标和方向,再从实践上去落实。

二、我国海岛管理体制的运行

管理的体制是规定中央、地方、部门、企业在各自方面的管理范围、权限职责、利益及其相互关系的准则,它的核心是管理机构的设置。我国目前已基本形成了以统一管理与分级管理相结合的海岛管理体制,各管理机构职权的分配以及各机构间的相互协调直接影响到管理的效率和效能,在中央、地方、部门、企业整个管理中起着决定性作用。

2011 年 12 月 12 日,中央机构编制委员会办公室批准调整国家海洋局机构编制。如图 5-1 所示,中央编办同意国家海洋局机关设立海域、海岛管理司,并相应增加行政编制和领导职数。其主要职责是:承担综合协调海洋开发利用和规范管辖海域使用秩序的工作;拟订海域使用和海岛管理政策与技术规范;编制并监督实施海洋功能区划、海岛保护与开发规划;承担海域使用项目的审核、海域使用权登记工作;承担海域使用金具体征收和减免的有关工作;承担无居民海岛权属管理工作;承担海域、海岛使用的论证、评估和海域界线的勘定、管理工作;承担海域使用动态监视监测和海域使用信息系统管理工作;审批和管理海底电缆管道铺设;承担领海基点海岛保护、海岛名称及标志设置的有关工作;发布海岛开放和保护名录;承担无居民海岛的开发、建设、保护与管理工作;承办局领导交办的其他事项。中央编办还批准设立国家海洋局海洋减灾中心,其主要职责是:承办海洋灾害风险区划研究和风险评估的具体工作;承担海洋灾情调查评估的技术工作和海洋应急指挥平台管理、运行等工作,开展海洋防灾减灾领域科学研究、装备研发等工作;承担相关教育培训工作等。

但是,我国海岛的开发和管理过程并不能仅靠这样一个机构的设置得以彻底完善。管理机构统一分级、分部门管理,这就直接带来了海岛管理体制中管理机构的层次性和交叉性。比如说,我国颁布的领海基点绝大部分都是在海岛上,因为法律制度的缺失和管理制度的失效,使得我国对领海基地岛屿的管理陷入了混乱。一种情况是导致无人管理,对于这些岛屿的管理权找不到认定的依据

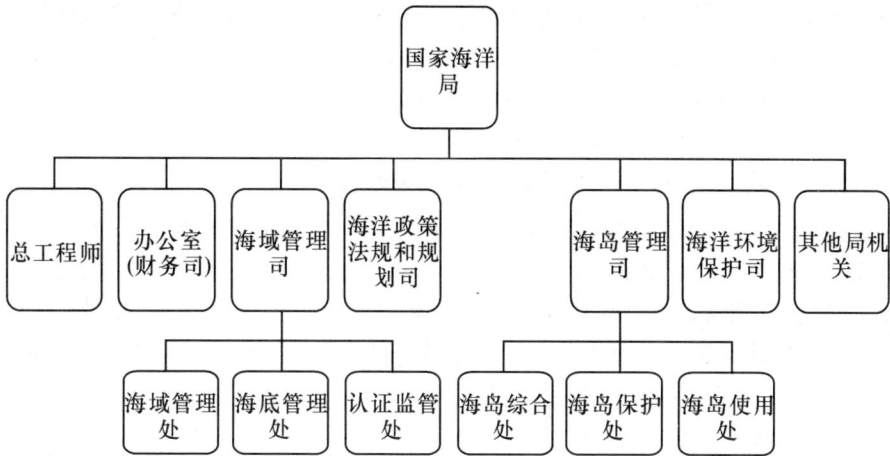

图 5-1　国家海洋局机构设置

和标准,使得该岛缺乏实质性的管理活动;另一种情况就是争相管理,各地方政府不断深入开发海岛为其经济提升作贡献。因此,针对社会对科学用岛的呼声,必须强化政府对海岛的管理,优化管理体制,完善管理机制,确保海岛经济的可持续发展。

三、我国海岛管理体制机制的构建

在对我国海岛管理体制的构建与完善中,我们借鉴海岛管理的模式类型,采取集中型和专业型相结合的方式,建立高规格、高层次的管理协调机制,理顺对海岛管理的管理体制,使得海岛的管理与开发能在科学、合理的道路上持续发展和前进。

1. 明确管理目标

这一点是从集中管理出发,即由国家统一实行集中管理。一方面是由国家集中管理来实现对海岛生态利益的维护,这借鉴了我国在对江河采取的整治过程中的全流域集中管理模式;另一方面是由国务院海洋行政主管部门主持编制全国海岛规划,各省、自治区和直辖市的规划必须严格以此为依据编制,对各地方的规划进行全国统一的审批,使管理目标明确,管理方式合法,管理行为统一。

2. 清晰职责分工

这一点是从专门管理出发,即由一个部门负责和管理海岛相关的各种事务的管理。在我国可以采取的管理体制就是由国家海洋行政主管部门对海岛实行专门的管理。一方面是加强海岛综合管理部门的力量,提高其管理力度,从而提高海岛综合协调能力;另一方面是通过国家海洋行政主管部门主持、领导实施海岛的调查、统计和评估,由此制定出相应的制度来确定该岛上需要的管理权种类,对各涉海部门的职能分工进一步明确,对存在冲突的地方进行调整,避免管理上的冲突和重复,以及推诿扯皮现象的出现。

3. 监督管理行为

这一点涵盖了海岛管理部门之间的相互监督以及社会公众参与的监督形式。首先,国务院海洋行政主管部门组织沿海的有关政府部门对规定岛屿开展定期的巡航执法,通过这种方式来实现国家对地方管理的监督以及各级地方政府部门在海岛管理工作上的相互监督和指导,一方面建立起了一支相对稳定和完善的执法队伍,另一方面也规范了执法队伍的工作职责和范围,保证协调海岛矛盾的行为活动顺利进行,增强了协调功效。

4. 配套协同机制

在人类进入全面开发利用海洋和海岛的新时代,"中国政府海洋公共产品供给的角色定位体现在可持续上。政府为社会提供海洋公共产品,核心在于促成海洋公共产品供给的公众参与机制,充分发挥海洋治理及提高公众自主参与海洋公共产品发展与治理的能力,实现供给主体的共生联动,构建一个完善的海洋公共服务体系"①。从这一观点出发,在我国海岛管理体制机制构建的过程中,要培养与海岛管理体制相配套的海岛管理协同机制,兼顾各方利益,保证海岛管理健康持久地运作。协同机制的主体包括政府海岛管理部门、企业、学术部门、非政府组织、当地民众等利益相关者;该机制主要以建立某种形式的协商机构得以实现,即联合主要的涉及海岛管理的不同部门和相关组织来建立一个跨部门的组织机构,为各方利益相关者提供一个可以信息共享、相互之间沟通交流的平台,通过对话、谈判等方式来化解矛盾和冲突,逐步达成共识,最终实现"双赢"的目的。

5. 建立咨询机制

这一点更多地是从公众的角度出发,通过建立一种开放的机制,使公众更多地参与到海岛管理的活动中去,是公众参与新趋势的体现。"在海洋经济时代,'政府独自掌舵'的角色必须变革。在这里,公民不应是海洋管理的看客,而是公共管理的积极参与者。政府不仅要将经济发展与海洋环境保护、资源的合理开发有机结合起来,还要建立广泛参与、高效、灵活的海洋经济管理体制"②。对于有居民海岛来说,国家对该海岛的开发和管理必须争取到最多数民众的支持,这

---

① 崔旺来、李百齐:《政府在海洋公共产品供给中的角色定位》,《经济社会体制比较》2009 年第6 期。

② 崔旺来、李百齐:《海洋经济时代政府管理角色定位》,《中国行政管理》2009 年第 12 期。

就需要发挥咨询机制的作用。首先,由管理专家、海岛研究员、企业家等组成的一个专家咨询团队对海岛的开发管理做一个事先评估,对计划实施的项目进行科学评价等,然后提供一个让民众了解的机会,使得政府的管理工作可以得到民众的支持,这对于降低政府成本和提高政府效力都有很大帮助。

6. 持续完善制度

海岛管理的体制建设是一个不断完善、动态发展的过程。全世界范围内海洋局势动荡,各种不确定的影响因素存在,使得海岛管理体制的变革不可能一步到位、设定在一个预期的框架里。所以,我们需要设立不断调整和完善的机制,把握海岛管理体制的大方向,掌握其变化的轨迹和规律,与我国整体的海洋事业发展相协调,并且在此基础上不断创新,最终实现我国海岛管理领域的新发展和新突破。

第二节 海岛管控能力

目前,放眼国际海洋大环境,关于海岛权益的争端愈演愈烈。中国与菲律宾的黄岩岛之争,中国与日本在钓鱼岛上的权益争端等问题的爆发,迫使我们必须加强对海岛的实际掌控能力,把握在海岛权益争端的有利条件,实现国家海岛权益的有效实现,维护我国海岛的平稳和安定发展。

一、海岛管控的基本任务

1. 实现对海岛权益与边远海岛的实际掌控

岛屿在划定海域时与大陆具有同样的法律地位,可以拥有内水、领海、专属经济区与大陆架,一个小岛如以 12 海里领海计算,可得 450 平方海里的领海;以 200 海里计算,可得到 12.6 万平方海里的专属经济区。群岛分为大陆沿岸群岛和大洋群岛两大类,而大洋群岛又分为两种:一种是构成大陆国家领土一部分的群岛,如我国的西沙、南沙群岛,美国的夏威夷群岛;另一种是构成一个独立国家整体的群岛,如印尼、菲律宾这类国家就被国际法称为“群岛国”。《联合国海洋法公约》确立了群岛国制度,群岛国可以用连接群岛最外缘各岛的最外缘各点的直线作为群岛基线,从该基线起划定领海、专属经济区和大陆架。群岛基线内的水域称为群岛水域,群岛国的主权及于群岛水域及其上空、海底、底土及其资源。群岛水域实行无害自由通过制度,即所有船舶飞机都享有在指定海道和空中航道内的群岛海域通过权,实行专为“继续不停、迅速和无障碍地过境为目的”行使航行和飞越的权利。需要说明的是,构成大陆国家的一部分的大洋群岛的水域仍悬而未决,上述关于群岛国的规定不适合于这些群岛。①

西沙群岛位于中国海南岛东南约 180 多海里的海域,与东沙、南沙、中沙群岛共同称为南海四大群岛,自古以来就是中国领土。永兴岛是西沙群岛中最大的岛屿,面积约 2 平方千米。20 世纪 50 年代中期,南越政府对中国提出领土要求,并派兵占领了西沙永乐群岛的一些岛屿。至 1973 年 8 月底,南越军队已侵占了中国南沙、西沙群岛的 6 个岛屿;9 月,南越当局又非法宣布将南沙群岛的南威、太平等 10 多个岛屿划入其版图。1974 年 1 月 11 日,中国外交部发表声明,再次重申南沙、西沙、中沙、东沙群岛是中国领土的一部分,决不容许任何侵犯中国领土主权的行为。但南越当局不顾中国政府的严正警告,于 1 月 15—18 日先后派驱逐舰"陈庆瑜"号、"陈平重"号、"李常杰"号和护航舰"怒涛"号,侵入西沙永乐群岛海域,对在甘泉岛附近生产的中国两艘渔轮挑衅,无理要求中国渔轮离开甘泉岛海域,并炮击飘扬着中国国旗的甘泉岛,强占金银、甘泉两岛。为保卫国家领土主权,反击侵略,我人民海军南海舰队于 17、18 日进至西沙永乐群岛附近巡逻,海南军区派出 4 个民兵排,随海军舰艇进驻西沙永乐群岛的晋卿、琛航、广金三岛。于 1 月 19 日南海舰队所属部队与陆军、民兵协同,对于入侵我西沙群岛的南越军队进行了自卫反击作战。这场海战的规模虽然不大,但对中国在南中国海的战略势态却影响深远,堪称是新中国成立以来最重要的战争之一。然而,随着国际海洋形势越来越复杂,目前西沙问题仍然尚未最终解决。②

面对西沙群岛这样的边远岛屿现在已经出现的问题,我们必须在了解海岛现实情况的基础上,积极发展岛上的教育文化事业,加快开发扶持,促进海岛特色事业的发展。在管理工作中,国家海岛管理部门首先要努力加大边远海岛整治修复和生态保护力度,建立健全边远海岛管理体制,提高对边远海岛开展动态监管的能力,为边远海岛的全面发展贡献力量,以此保证我国的海岛权益和对边缘海岛的实际掌控能力。

2. 加强对海岛开发利用和保护的宏观调控

在这里我们需要提到一个"海洋综合管理"的概念。在《中国海洋 21 世纪议程》中讲到"海洋综合管理应从国家的海洋权益、海洋资源、海洋环境的整体利益出发,通过方针、政策、法规、区划、规划的制定和实施,以及组织协调、综合平衡有关产业部门和沿海地区在开发利用海洋中的关系,以此达到维护海洋权益,合理开发海洋资源,保护海洋环境,促进海洋经济持续、稳定、协调发展的目的"。

---

① 全永波:《海洋管理学》,光明出版社 2009 年版,第 60 页。
② 《西沙群岛保卫战爆发》,中国网:http://www.china.com.cn/aboutchina/zhuanti/zg365/2009-01/19/content_17/02133.htm,2010 年 12 月 25 日访问。

虽然文件并没有直接给出海洋综合管理的概念阐释,但是我们应该可以掌握到今后的海洋管理整个大方向将侧重到全局、整体性问题处理,是要实现政府的一种宏观管理。现在我们在海岛管理的角度上来看,实现这样一种宏观管理,政府是站在指导层的位置上,通过制定、实施海洋工作发展战略和相应的海岛管理政策,利用海岛规划规范海岛开发行为,运用法律法规和业务技术标准制度以及行政、经济和宣传教育等手段来实现对海岛的管理。

政府要加强对海岛的宏观管理,随之而来的一个问题就是管理的科学性,即对政府实施宏观管理的前提条件。一个综合性和宏观性的管理,重点就在于高瞻远瞩、统筹全局,这就需要政府在进行管理之前,首先要制定整个海岛事业的长期发展战略。其次在此基础上编制海岛发展的宏观计划。它所关注的应当是长远性的利益,关注的是可持续发展问题。最后通过组织的建设,辅之以各种调控手段和监督机制,不断提高管理活动的适应性和灵活性,对海岛管理活动进行调控,最终保证海岛管理规划目标的实现。

3. 推进对海岛管理的监督职能

在对海岛进行综合管理时,最重要的辅助手段就是监督机制,也就是监督系统职能的体现。政府不是要直接控制海岛管理中微观的指标和任务,而需要把握海岛总体的发展状况,这里就对海岛管控能力有了新的要求:首先需要建立一个逐级监督的系统,使得向上级行政机关报告工作负责且实事求是;然后在工作的实施过程中,必须对现场和执行过程加以监督,主管部门或上级机关深入基层、深入现场、检查、监督任务的实施安排和具体的执行,避免宏观管理中漏洞的发生;当然最常规的就是通过各种信息系统进行监督,比如工作总结、统计资料、审计资料、公报、通报、季报与年报等;综合管理是一种自愿式的协作,更是一种全民式的共同参与管理,所以可以组织群众监督,保证将海岛管理行为纳入社会整体发展的轨道中;最后借助于执法管理监督、标准计量管理机构的技术监督、组织专门力量视察性监督等来不断推进海岛管理监督职能的提升。

4. 完善对海岛管理的监测职能

海岛管理控制重点在于控制能力,这就必须借助于监测系统的力量,同时监测能力的提高又能保证管控能力的提升,所以这两者构成了相辅相成的关系。其中监测职能的发挥主要有三个条件:第一是监测站点、监测剖面线、监测项目内容、监测方式与周期等应有较好的空间布局的控制性、代表性和典型性;第二是监测工作应标准化、规范化,技术与方法能够反映当代国内外的水平,与国外同类工作应该具有可比性;第三是资料信息量尽可能丰富,监测手段多样化,信息在空间和时间的密度较高等。这是监测系统需要追求的目标,同时也是加强海岛管控能力所要实现的首要任务之一。

二、我国海岛管控能力现状

2011 年 4 月国家海洋局发布了《2010 年海岛管理公报》(以下简称《公报》),这是我国第一次发布有关海岛的专题公报,是对《中华人民共和国海岛保护法》实施一年来我国海岛工作的全面梳理与总结。《公报》指出,2010 年全国各级海洋行政主管部门积极落实、践行《海岛保护法》,配套制度体系框架基本建立,海岛保护规划编制工作进展顺利,海岛生态保护工作日益深入,海岛监督检查工作稳步展开,海岛管理能力显著提升。其中海岛执法监察年度工作逐步展开。中国海监各级机构开展了多种形式的海岛保护专项执法行动,初次对我国大部分海岛进行了大范围的执法检查。2010 年,国家海洋局正式成立海岛管理办公室,全面负责我国海岛的开发、建设、保护和管理工作。国家海洋局北海、东海、南海分局和沿海各级海洋主管部门按照《中华人民共和国海岛保护法》要求,增加了海岛管理和监督检查职能;中国海监总队设立了海岛执法保护处,统筹、协调海岛执法工作,加强海岛的监督检查。

但是,我国要真正实现对海岛的掌控还有很长一段路要走。我们从黄岩岛事件和钓鱼岛事件入手,通过对这两起争端事件的了解,具体看看我国在海岛管控能力建设中存在的问题。

在 2012 年 4 月 10 日,12 艘中国渔船在中国黄岩岛潟湖内正常作业时,被一艘菲律宾军舰干扰,菲军舰一度企图抓扣被其堵在潟湖内的中国渔民,所幸被赶来的中国两艘海监船阻止。随后,中国渔政 310 船赶往事发地黄岩岛海域维权,菲亦派多艘舰船增援,双方持续对峙至今。中方为表达善意,将两艘渔政船于 22 日下午撤离黄岩岛附近海域,并表示愿通过友好外交磋商解决黄岩岛事件。黄岩岛距离海南岛 550 海里,世代在自家的岛礁上捕鱼的渔民,自 20 世纪 90 年代开始,频频遭到菲律宾军方的袭扰。据农业部南海区渔政局介绍,1998 年 1 至 3 月,我国四艘渔船相继在黄岩岛海域被菲海军拦截,51 位渔民被菲拘押近半年;1999 年 5 月,一艘中国渔船在黄岩岛遭菲军舰撞沉;2000 年至 2011 年,菲律宾军舰在黄岩岛海域追赶、抢劫、抓扣等袭扰事件 10 宗,涉及我渔船 32 艘,渔民 439 人。在菲律宾对以完全站不住脚的主张觊觎黄岩岛归属权的时候,中国始终保持自我克制,不推崇武力介入。短期内,除了在外交上的努力,中国的主要策略是派出海监船和渔政船。这样的僵持状态使得黄岩岛的归属问题走向复杂性和长期性。

在 2012 年 9 月 7 日 10 时 15 分许,一艘有 15 名船员的中国拖网渔船在钓鱼岛附近海域进行捕捞作业时,日本海上保安厅一艘巡逻船赶到现场并冲撞渔船。随后,日方又派出两艘巡逻船跟踪渔船。13 时左右,日本巡逻船上的 22 名海上保安官登上航行中的中国渔船,命令渔船停止航行,并宣称违反日本《渔业法》,对渔船进行检查。随后,中国渔民渔船被扣押至日本冲绳县石垣岛。在日方非法扣押中国作业渔船船员之后,中国政府向日方提出严正交涉,中国外交部发言人姜瑜表示,钓鱼岛及其附属岛屿自古就是中国的固有领土,中国对其享有绝对的主权,这是不容争议的事实,9 月 9 日、10 日、12 日外交部相关人士依次召见日方外交人员,提出严正交涉并重申中国的坚决立场,之后数日内,在中国强烈的交涉下,日方迫于压力释放了我渔船船员和船长,特别强调的一点是,随着日方宣布决定放还中方船长后,中日印钓鱼岛装船事件引发的双边关系危机进入另一层面,这一危机过程剑拔弩张,中国官方和民众表现出的不可妥协的态度和日方处理事件的策略都为日后处理中日关系提供了样本。此次撞船事件可以分为以下三个阶段:在撞船事件发生后,日方人员第一时间登上中国渔船,检查之后并非法扣押了包括船长在内的 15 名中国船员;中方此后多次与日方交涉,反复抗议,不同层级多次约见日方大使,但日方不为所动;在放还我 14 名船员后坚持扣押我船长,致使中日关系出现危机,日本与中国在钓鱼岛上的争端愈演愈烈。

岛屿争端问题由来已久,我国的管理和控制能力也在不断加强,但是其效果却未得到凸显,这就跟我国海岛管控机制存在的内在缺陷有关。构成我国海岛管理机制的子机制,包括运行机制、动力机制以及约束机制三大块都存在不同程度的缺陷,这些缺陷的存在制约了海岛管控能力的发挥,直接影响了海岛管控的效果和效力。

1. 运行机制缺少协调性

在讲到海岛管理体制的时候,我们就有讲到海岛管理机构的设置问题,具体落实到海岛管理体制的运行上去,同样存在着执行海岛管理任务的主体机构设置普遍冗杂、权限较为模糊、管理组织架构略失妥当的问题。如下图 5-2 所示,在我国海域和海岛的管理体制当中,涉及的管理主体较多,但是在管理权限上又不明确、职责不清。首先,中央、省、市、县各级都设有海岛管理的主体机构,但是对其管理范围没有明确的划分,直接导致了管理上的混乱。其次,海岛管理本身就是一个利益争点颇多的任务,在对管理任务的具体实施过程中,常常会因为立足点的不同而造成差异,直接影响管理行为的效果。这样一个上下分级、分部门的任务执行主体,相互之间缺乏利益联动点,使之协调性差,直接削弱了海岛主管机构的管理效力。

首先是涉海的中央与地方政府间的关系协调。中央政府和地方政府都是海洋管理的主体,在根本利益上是一致的。但由于各自管辖的区域范围、利益归属、公众需求以及所处的地位等存在差异,决定了其关注的着眼点不同,也就决定了他们之间处理问题的方式也不同。还有一点就是地方政府不同程度地存在

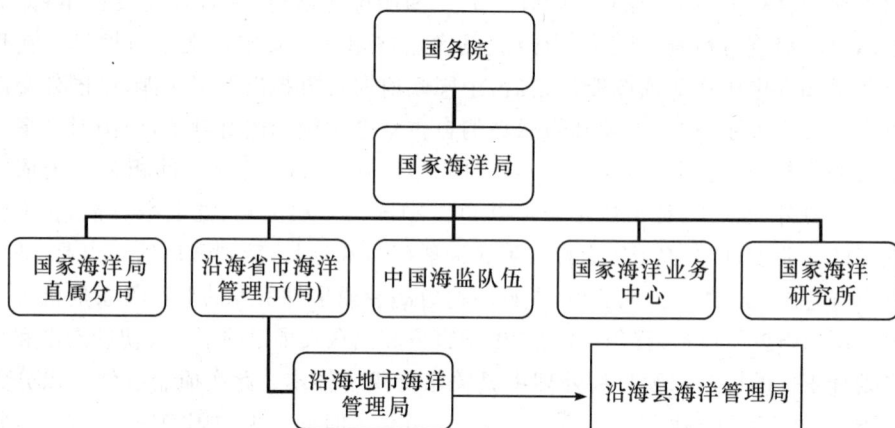

图 5-2　国家海域和海岛管理机构

地方保护主义。也就是说,地方的某些涉海企业以牺牲海岛环境为代价、以损害公共利益为前提而带来经济利益时,因为能给当地政府带来足够多的财政收入,是地方政府提升政绩的重要途径,所以政府对其的管理也就缺乏效力。依靠地方政府来对海岛实施综合性的协调管理,就存在着诸多制约因素。

其次是海岛管理部门与企业、公众关系的协调。特别是在接下来我们会讲到的无居民海岛的管理上,海岛管理中政府、企业和公众三大主体之间的有效协调和合作显得尤为重要。但是在海岛的开发利用过程中,三者作为不同的利益主体,有着各自不同的利益诉求,这就不可避免地产生了诸多问题:政府的海岛管理政策可能引起企业的抵触和公众的不理解,企业可能为追求经济效益而置政府的政策、公众的利益于不顾,尤其是容易给海岛生态带来不可挽回的影响;公众由于处在信息的劣势地位,参与渠道不畅通,而对海岛管理缺乏参与热情和参与意识,不能有效地监督政府和企业的行为,不能有效地维护自身的利益。

"政府、企业、社会组织作为社会系统三大部门中的主要组织实体,在依存、互补、协调、合作的过程中共同维系着社会系统的平衡,对社会公共问题共同分担责任"①。因此,必须在这三者之间建立一个有效的协调机制,权衡各个主体的利益,实现政府管控能力的提升。

2. 动力机制缺乏驱动性

对海岛管理的具体实施过程就好像是一个企业的生产过程,管理体制确定的是一个企业的价值理念和商品的价值模型,然后需要对参与到整个生产过程

---

① 周学锋、高猛:《社会组织促进就业的功能与制度路径》,《中国行政管理》2012 年第 11 期。

中的人进行不断的利益或名誉驱动,使之能更好地为企业效力,在保证企业整体利益实现的同时,还能满足自身的需求。同样地,参与到各个海岛管控当中的地方机构也需要在海岛管理的总政策下,找到驱动力,在实施海岛管控活动中成为骨干力量的同时能保证地方利益的实现。在我国的海岛管控中,动力机制就缺乏这样一种驱动力的存在。

首先是政策的引导力不足。这主要表现为两点:第一点是我国政策的一个通病,就是所有的政策都只是停留在理论阶段,都是在某个理念的价值观上,给予指导性的、意识上的贯彻和落实,而非落实到海岛管理的具体实践当中。这样的规范和政策都还只是一种思想上的引导,对于我国地方上刚刚起步的海岛主管部门来说,其缺乏引导性,实质的有效利用率极低。第二点就是对海岛管理政策的执行力弱。各有关海岛管理部门,在组织海岛开发和保护活动中,往往只考虑本行业的海岛政策的执行,而不去关注对国家海岛整体规划的理解和贯彻,执行部门执行力差,使得制定出来的政策实施起来缺乏连续性和衔接性,于是便会产生海岛政策在执行中的自留现象,影响整个海岛管理机制的运行。

其次是激励机制的不合理。先从奖励措施上来看,在环境行政奖励方面,我国中央和地方政府都取得了显著成果。例如,山东省滨州市政府出台了《滨州市节能奖励办法》,设立了节能奖,对在节能方面作出突出贡献、取得重大成果的单位、企业进行重奖,每个单位、企业的奖金最高可达 10 万元,对重大节能成果也可给予每项 10 万元的奖金。同样地,在税收上政府也给予了激励措施,但是重点都放在环境保护、节能节水以及安全生产等项目之上,也就是说政府目前出台的所有激励机制都还停留在企业的生产操作上,对于海岛管理和利用过程中的行为并没有设置激励机制。如果企业获得了海岛使用权,它也完全不会去想到对海岛资源以及环境的保护,企业是作为一个"经济人"团体从事的活动,在没有利益机制的驱动下,企业不可能多投入成本去实现公共的利益,这也就直接导致了海岛管理中资源浪费、生态破坏等问题的产生和扩大。

3. 约束机制欠缺保障性

政府的行为及管理绩效的监督通常来自于上级、公众以及企业等。但是公众对政府行为信息难以统计,政府成本无从知晓,这种监督机制对政府行为的约束能力就变得十分有限。同样地,政府对企业或个人的约束行为因为缺少强有力的法律保证也显得有点力不从心。

(1)监督机构没有承担应付责任

在整个海岛管控的约束或管理体制中,国家海洋局、海岛管理办公室、海岛监督监察局等机构都有一定的监督职能,但他们在履行监督职能的同时,并没有更好地承担相应的责任。如海岛开发过程中发生野生物种的消失或绝迹等生态问题时,各部门应该承担怎样的责任,都没有明确规定。在目前的政府海岛管理约束机制中,尽管拥有海岛使用权的企业或个人有必要承担造成损害的主要责任,但是监督部门应承担的责任也是不能忽视的。

(2)监管主体没有形成统一整体

这也是缺乏协调机制的一种,只是这是从监管主体构成来看,各个环境监督、质量监督等不同部门分别从不同的角度对海岛管控行为进行监管,出现的是一个多重监管的现象,没有形成一个统一的监管主体。例如我国现在海岛综合管理办公室设立下的监督机构,对海岛管控起到了一定的保证作用,但是在现实中,这些机构由于是隶属一个部门,其执法监察的权威性必然受到削弱,这种仅从部门角度出发而没有统一考虑的监督体系,除了资源的浪费,还可能导致部门矛盾,进而影响实际监督效果。再如一些地方监察机构同时兼顾着渔业生产又进行海岛的监管,这样的管理机制实质上在无形当中弱化了海岛管控的公正性和权威性。

(3)监管行为没有落到实处

由于我国海岛管理的建设还处于初期阶段,一些规范的缺失和不到位难免造成监管行为存在形式化、过程化的现象,上层领导部门干预监管的现象也时有发生。对政府海岛管理的监管,当涉及某些部门或当事人的利益时,为了不"得罪"人,目前有些监督人员只进行监督形式,丢掉了监督的实质,对一些涉及关系复杂的问题采取回避的态度。监督的形式化、过程化严重影响监督效率的发挥,在一定程度上也损害了监督机构的整体形象。另一些监督人员虽仍然坚持原则,可监督难度却随着领导的干预程度而加大,监督效率与效果也随之大打折扣。减少领导干预是强化我国海岛管理约束机制的重要内容之一。

三、提升我国海岛管控能力

海岛管控能力不能原地踏步,必须适应海洋事业的发展不断前进和发展。从海岛开发开始掌控海岛管理的主导权,然后再在实施过程中增强自身的监察和执法力度,加强权威性,最后在不断的实践当中找寻手段方法实现海岛管控能力的全面提升。

1. 切实保障海岛开发的规范进行

克服现存的海岛管控的条块性缺陷,必须做到制度先置。针对前期的海岛开发,特别要注意体制先行。这里的体制就包括对海岛保护和利用的统一规划、综合性的规划机制、综合性管理机构的设置,并且逐步完善海岛开发的法规法制建设,形成系统的、合理的、有效的制度体系,切实保证海岛开发工作的规范有序进行。

（1）制订海岛保护和开发规划

第一是海岛开发所涉及的问题。一个是海岛使用权的获得问题，特别是无居民海岛使用权的申请、获得以及对海岛使用的规范。一个是对海岛资源开发的价值评估问题。为避免开发经营者因为海岛的经营开发问题而产生的矛盾纠纷，国家海岛管理部门应事先就该海岛的资源经济价值进行一个科学合理的评估，针对海岛的特点建立海岛开发的规划。

第二就是海岛保护中所要关注的问题。针对无居民海岛应事先制定一个"海岛用后复原制度"①。其目的就是要求使用海岛的人在使用期届满后负责恢复海岛的原本状态，尤其是海岛的生态状况。当然，不能仅仅依靠这样一个制度来保证对海岛生态的保护，这在接下来无居民海岛的管理模式中会具体讲到。

（2）完善相应的管理机构设施

面对不同阶段、不同层次的海岛管理体制，可以配套相应的运行机制，设立不同的管理机构，在保证这些管理机构职责明确、无重复职能的同时，使之在一个大的、整体的系统内工作。首先可以在国务院下设机构，成立专门的海岛管控委员会，主要负责海岛开发规划的拟定、政策和法规的实施以及重大海岛活动的开展等，该机构为非常务机构，成员由各个涉及海岛管控部门的领导担任。其次就是对具体工作的实施，在省、市、县各个海洋行政管理部门内部设立专门的海岛综合管理办公室，专门负责日常的海岛管理的各项事务。最后加以辅助海岛管控能力提升的就是海岛管控交流会的定期举行。由海岛综合管理办公室组织，邀请海岛工作的领导、相关科研工作者、社会团体以及公众代表就海岛管控的进展与出现的重大问题进行交流和协调，使得政府的管控行为尽可能具备科学性和可实施性。

（3）公众参与海岛开发和保护

这是向美国学习借鉴的经验。从海岛开发规划的制度拟定到对海岛使用权的许可授予，从海岛使用期届满后生态复原效果的评定到对政府海岛管控行为的监督过程，都离不开公众的参与。从参与对象上来说，需要尽可能广泛地包括海岛居民代表、高校以及研究所的科研单位、海岛经济相关企业、民间非政府组织等，保证参与对象的全面性；从参与形式上来说，主要包括定期的交流会、信息平台的共享、磋商协议、意见反馈通道等全程的参与。公众的参与使得海岛的管理控制是按照大家所协调的结果前进的，使之前进的道路阻力变小，海岛管控的难度系数降低。

---

① 徐祥民、梅宏、时军等：《中国海域有偿使用制度研究》，中国环境科学出版社 2009 年版，第146 页。

2. 严格落实海岛控制的逐步实施

落实到具体的海岛管理行为上,主要包括海岛的监察监视,维持海岛的稳定发展,特别是更大程度地掌控边远海岛的局势,保证对海岛的实际掌控;以及对海上执法力量的提升,使得我国海岛执法队伍更具权威性,执法效果更明显和有效。

(1)海岛监视监测体系建设

海岛监视监测体系的建设,一方面要健全和完善海岛监察法制建设。这需要我国海岛行政部门连同立法机关构建一部综合性的海岛管理法律,奠定海岛综合监督机制的法律基础,在对海岛的监控管理过程中,做到管理内容有法可依,管理程序有法可循,管理方式有法可究。另一方面要构建海岛监视监测机构。我国目前已成立了国家海岛监测中心,对海岛的基本情况有一个大致的掌握。但是,我国海岛管理的特点就是海岛众多、分布尤为广泛,仅仅依靠一个海岛监测中心的工作是完全不能掌控全部情况的。所以,这首先就需要首先借助科技的力量,建设合理的"海岛监测"示范工程,研究出一个行之有效的监控平台,重点抓好各海岛的生态、权益等,做好重点海岛的综合保护工作。同时还需要借助人才的力量,对海岛的监测和管理是一项繁杂且技术性较强的任务,需要海岛监控类人才的加入,将先进科技和人才投入到海岛的开发和保护之中去。

(2)切实提升海岛执法力量

对海岛及其周围海域实施有效的管理和控制,必须要壮大海上执法队伍的力量,给予执法监督力量的支撑。海岛行政执法的任务主要有三项:一是维护国家主权;二是维护国家海岛权益,监督管理海岛环境、资源、使用和海上交通安全等各项工作;三是依法制裁涉海违法犯罪行为。因此,从具体实践上来看,统一海上执法体制成为一种世界潮流。我们可以借鉴美、日、韩、俄、欧盟各国政府有关海洋执法体制方面的做法,努力解决职能和职责分散、交叉以及空白等主要问题,各级海岛管控机构应积极组织海岛执法监察力量,定期对规定相应海域进行日常的巡航和监视。同时,应注意将无居民海岛也纳入到监视计划的范围之内,加强无居民海岛附近的执法检查。在当前法律制度尚不健全、管理体制尚不清晰的情况下,有关海岛管理部门应当有日常执法监察的理念。依靠现有的海岛管理力量,对领海基地岛屿实施监视监测和执法监察,首先将这一事项纳入日常的海岛管理工作任务范围,保证我国海岛主权不受侵害,为不断加强海岛执法监察力量奠定基础。同时,对执法队伍组成人员的要求也需要上升一个层次。海岛执法是一项重大且重要的工作,执法队伍所需要的成员必须具备"业务执行能力强、执法技术手段娴熟、个人总体素质高"等高品质,再加上足量的巡航监视船舶、飞机以及各种必备器材等,构成一个完整的、协调的、高层次的海岛执法队伍,保证对违法行为的监督和打击力度。

(3)对边远海岛的实际掌控

加强对边远海岛的实际掌控,最基本的措施就是切实增加对边远海岛的资金投入,解决其目前存在的主要困难。首先在政策上给予边远海岛倾斜,在制订海岛发展规划和政策时,安排专项资金用于边远海岛的建设,逐步加大对海岛交通、淡水、能源和通信等基础设施建设资金的投入,支持边远海岛的基础设施改善,支持其对海岛生态环境的保护和整治。在解决了边远海岛的困境之后,再从制度建设、政策实施以及管理机制上将边远海岛的发展同其他海岛一起纳入综合管理的范围之内。

3. 推进海岛综合管控的整合提升

对海岛进行开发中的矛盾调节、关系协调、过程监督,最终目的就在于使各个分散的力量形成一股合力,由冲突问题转为合作共赢,寻求海岛管控与经济利益的共同发展。所以,这里的最后一个环节就是推进海岛综合性的管控,从生态保护、制度建设、监督机制以及法律保障四个角度来实现海岛管控能力的提升,保障海岛管理任务圆满完成。

(1)海岛资源整治,实现可持续利用

首先从生态环境上入手,尽快确定严禁开发利用的生态资源范围,对具有生物多样性价值的海岛进行重点保护,严禁开发。对于已经遭受破坏的海岛生态,应当先予以修复。再通过对海岛资源的治理和整合,对海岛进行分类管理和控制。对一些资源条件优越、开发潜力大而且便于管理的岛屿,要确定开发的方向和项目,加大政府投入,改善基础设施,前期先行开发;而对于另一些岛屿则需要在遵循自然规律和保护生态环境的基础上,坚持开发和保护并重的原则,统一规划,有重点、分步骤地促进该海岛的合理开发,最终目的都是为实现海岛资源的可持续利用。

(2)海岛制度创新,加强使用权管理

政府在海岛的制度创新中可以发挥巨大作用。首先通过制定政策、法律来促进制度创新。如《中国海洋 21 世纪议程》,通过规定制度创新的方向和内容,为实现海岛的管理制度创新提供行动依据。其次是通过引进或集中开发新技术来推动制度创新。政府可以将国内有限的人力、物力和资源整合集中起来使得某些新技术能够更快地被引进或被开发,以此来激发制度创新。然后还可以通过加快知识存量的积累,提高制度的供给能力。社会科学知识的进步将直接促进制度创新的供给,而政府可以通过法令、政策等形式,给社会科学研究创造宽松的环境,加大对社会科学研究的投入,扩大对外交流,促进理论眼界的深入开展和存量的积累。最后,政府还可以利用其强制性和组织的规模经济优势,直接进行制度创新,使制度创新的收益最大化。[①]

(3)海岛信息整合,发挥动态监控作用

深入进行海岛调查,利用卫星遥感技术和海岛资源、环境信息系统,在全面了解海岛基本情况的基础上,编制海岛功能区划,指导海岛的保护和利用活动,加强对海岛的统一监管。同时,因为海岛本身因素的不稳定性和海岛环境的多边性,对海岛的监控还需要根据实际情况的不断发展来作调整,也就是实现一个动态监控的过程。

(4)管理能力建设,提升依法行政水平

国家应当重视有关规范海岛管控的法律制度建设,强化各部门机关相应的法律责任,建立并完善海岛法律体系。我国在法制建设的道路上一直不断前进,在对待海岛问题时,应当坚持"有法可依、有法必依、执法必严、违法必究"的原则,首先以现有的法律为依据,根据国家政策和国民经济发展的需要,加快海岛规划的制订工作,建立和完善海岛管控工作规范和法律法规体系。政府部门机构的管理行为有了法律依据之后,再从内部开始进行管理能力的建设和加强,始终贯彻落实国家政策和法律法规的原则和方针,着眼于未来,从国家的根本利益出发,以海岛生态的保护为前提,以海岛资源的利用为目的,使得政府有效地控制海岛生态不受破坏,保证海岛资源的可持续利用。

第三节　无居民海岛管理

一、无居民海岛管理的具体内容

1. 名称管理

《无居民海岛保护与利用管理规定》第三十四条说明:无居民海岛,是指在我国管辖海域内不作为常住户口居住地的岛屿、岩礁和低潮高地等。我国自 1988 年开始进行"全国海岛资源综合调查",历时 8 年,对我国海岛的基本情况进行了较为全面、系统的调查,编制了《全国海岛资源综合调查报告(海岛名录)》。在《中国海岛名录》中公布我国沿海 11 个省市面积在 500 平方米以上的海岛共有 6000 多个,其中无居民岛约占 94%。全国无居民海岛数量最多的是浙江省,其次是福建、广东、广西、山东、辽宁等地。但是,在无居民海岛的名称管理上,仍然存在较多问题,尤其以浙江省最为突出(见表 5-1)。

---

① 王琪等:《海洋管理从理念到制度》,海洋出版社 2007 年版,第 174 页。

表 5-1　沿海省市无正式名称岛礁统计表①

地区	无名岛(个)	名称不规范岛屿(个)
辽宁	40	0
河北	59	43
天津	0	0
山东	38	39
江苏	0	3
上海	0	0
浙江	586	529
福建	327	31
广东	19	10
广西	268	1
海南	82	0

2. 使用权管理

《中华人民共和国海岛保护法》于 2010 年 3 月 1 日起正式实施,该法规定无居民海岛属于国家所有,国务院代表国家行使无居民海岛所有权。但是,我国无居民海岛分布众多,由国家一一行使其所有权并不现实,因此有必要在保证国家所有的前提下派生出一种形式上可以流转的权利,以更利于其综合价值的实现,这种权利就是依法通过权利登记制度取得无居民海岛使用权。同时,通过构建无居民海岛使用权性质还能有效遏制其开发利用中"无序、无度、无偿"的局面,促进其科学合理地开发利用。

3. 开发管理

就我国现有的海岛开发政策来说,广东省于 1992 年 12 月 25 日发布《关于加快海岛开发有关政策的通知》,扩大海岛在利用外资、引进先进技术方面的审批权限;规定海岛可享受国家和省有关扩大开放的各项优惠政策,尤其是减免企业的所得税;并在设备引进、土地出让、旅游开发、水产养殖和资源开采等方面给予优惠。1998 年 9 月设立万山海洋综合开发试验区,购置了外商所需进口的生产物资,免办进口许可证;产品免征出口关税;利润汇出境外,免征汇出税;允许在岛上指定港口或海区设立海产品交易市场。

----

① 李巧稚:《无居民海岛管理的关键问题研究》,《海洋信息》2004 年第 4 期。

福建省是对无居民海岛开发利用较早的省份,2003 年 1 月 1 日起,厦门市率先在我国实施第一部有关海岛的法规《厦门市无居民海岛保护与利用管理办法》,同意个人承包开发无居民海岛,以发展海岛旅游业为主,由承包人负责被开发岛屿的建设和日常维护,实现以岛养岛。平潭岛作为福建省对台开发与合作的前沿领地,将享有下放审批权限、简化办税手续、免税、退税和保税的特殊政策,以及省财政 10 年内对平潭实行地方级财政收入全留的财政政策,在基础设施建设和融资方面也给予大力支持。

浙江省是我国海岛最多的省份,2003 年 7 月 1 日开始实施《无居民海岛保护与利用管理规定》,2007 年 7 月发布《浙江省人民政府关于进一步加强无居民海岛管理工作的通知》,明确提出要对海岛项目进行"规划管理",同时,政府欢迎资金实力雄厚的开发商进入无居民海岛的开发领域。

海南是我国最大的经济特区,国务院公布的《国务院关于推进海南国际旅游岛建设发展的若干意见》,确定了海南国际旅游岛的战略定位,到 2020 年,海南将初步建成世界一流的海岛休闲度假旅游胜地。已经出台的《海南投资优惠政策》以及部分县市出台的投资优惠政策,对包括海岛在内的投资给予优惠,特别在税收方面给予减免。2011 年 4 月 20 日起,海南离岛免税政策开始试点实施,海南岛正式成为继冲绳岛、济州岛和澎湖岛之后全球第 4 个离岛免税区。

4. 规划管理

2012 年 4 月 19 日,国家海洋局网站消息,经国务院批准,《全国海岛保护规划》由国家海洋局正式公布实施。规划提出,无居民海岛应当优先保护、适度利用。按照无居民海岛的主导用途,分别提出海岛保护的总体要求。

(1)旅游娱乐用岛。倡导生态旅游模式,突出资源的不同特色,注重自然景观与人文景观相协调,各景区景观与整体景观相协调,旅游设施的设计、色彩、建设与周边环境相协调;合理确定海岛旅游容量,落实生态和环境保护要求;严格保护海岛地形、地貌,加强水资源保护和水土保持,提高植被覆盖率;鼓励采用节能环保的新技术。

(2)交通运输用岛。科学分析各种交通运输方式的合理用岛规模,确定不同的控制指标,集约、节约用岛,最大程度降低对海岛生态环境造成的不良影响;工程建设与生态保护措施同步进行,制订防灾减灾应急预案;严格限制炸岛、炸礁、开山取石、填海连岛等开发利用活动。

(3)工业用岛。工业用岛的规划与建设应当与自然景观和谐一致;实施清洁生产,建设污水处理场或设施,实现中水循环利用;工业废物要进行无害化处理、处置,危险废弃物应当集中外运;工业废气应当按规定净化后达标排放;在工业建设和生产过程中对海岛生态造成破坏的,应当进行修复。

（4）仓储用岛。根据建设规模、建筑形式和仓储内容合理确定仓储区的建设用岛面积；合理利用周边海域空间资源，尽量减少对海岛地形、地貌和原生植被等自然风貌的破坏，减少对海岛岸线的占用；建设造成岛体裸露及生态破坏的，应当予以修复；仓库以多层为主，限制敞开式仓储模式。

（5）渔业用岛。根据环境与资源的承载量，科学合理地安排渔业设施建设规模，适当控制围海用岛养殖方式；倡导生态增养殖技术，减小水产养殖对海岛周边海域水体的污染；鼓励发展休闲渔业；集中处理和外运海岛上的废弃渔业生产设施；加强对海岛周边海域水质的监视监测。

（6）农林牧业用岛。调控管理农牧业规模总量和发展方向；农林牧业生产应当节约用水，保护海岛植被，促进水源涵养；引入外来物种应当经过科学论证，防止引进有害物种造成生态灾害；严格保护珍稀野生动植物资源，维护生态平衡；严格限制建筑物和设施建设。

（7）可再生能源用岛。统筹安排和综合利用风能、太阳能、海洋能等可再生能源；可再生能源工程设施的建设应当科学论证、合理选址，保持与海岛景观相协调，减少对生态环境的不利影响。

（8）城乡建设用岛。严格限制填海连岛活动，确需实施的，应当经过科学论证；科学发展、统筹规划，综合平衡和控制区域开发强度；保护海岛植被、淡水、沙滩、自然岸线、自然景观和历史遗迹及周边海域的红树林、珊瑚礁和海草床等。

（9）公共服务用岛。支持利用海岛开展科研、教育、监测等具有公共服务性质的活动；任何单位和个人不得妨碍公共服务活动的正常开展，禁止损毁或者擅自移动公益设施；开展公共服务活动应当控制建筑规模，不得对海岛及其周边海域生态系统造成破坏。

（10）保留类海岛。保留类海岛应当保持其自然生态原始状态，防止海岛资源遭到破坏；任何单位和个人未经批准不得在保留类海岛采集生物和非生物样本，或者进行采石、挖海砂、采伐林木以及进行生产、建设、旅游等活动。

二、我国无居民岛管理现状

随着海洋经济的深入发展和对海洋管理的日益重视，近年来我国对海岛的管理工作不断发展进步，无居民海岛的开发和管理也取得了相当明显的成效，但是也存在着不少的缺憾。现就从无居民海岛管理的成效和尚且存在的问题来看看我国无居民岛管理的发展现状。

1. 海岛政策法规建设成果丰硕

为确保《中华人民共和国海岛保护法》的贯彻实施，国家先后出台了《无居民海岛使用金征收使用管理办法》等17项涉及海岛开发与保护、海岛有偿使用、海岛规划、海岛使用权登记管理和海岛名称管理等的配套政策、制度和标准，同时，沿海省、自治区、直辖市的海洋主管部门也积极推动省级海岛保护政策法规的制定工作，初步构建起了比较完善的海岛政策法规体系。

2. 海岛保护规划体系建设进展顺利

截至 2011 年 12 月，我国已编写完成了 20 多部海岛保护规划有关问题的论证和研究报告，研究编制的《全国海岛保护规划》已报国务院审批。省级海岛保护规划编制工作稳步推进，目前，浙江、福建、广东和广西 4 个试点省级海岛保护规划已经基本编制完成，其他沿海省(市)海岛保护规划已启动。

3. 海岛开发利用工作全面启动

建立了无居民海岛有偿使用制度，启动了第一批开发利用无居民海岛名录的组织、上报、审批等工作，并根据《无居民海岛使用金征收使用管理办法》编制了无居民海岛使用金评估规程和无居民海岛使用测量规范，保障无居民海岛使用金评估和测算的科学性、合理性，保护无居民海岛使用人的权益。

4. 海域海岛地名管理工作取得阶段性成果

印发了《海岛名称管理办法》，加强海岛地名的管理；编制了《海岛界定与数量统计方法》和《全国海岛地名普查工作手册》等标准规范，确保全国海域海岛地名普查工作顺利开展。积极推动全国海域海岛地名普查工作，完成全国海域地理实体普查和沿海 8 个省市港口、码头、航道、锚地等其他地理实体普查和现场调查；全部完成天津、上海等 15 个海岛地名普查试点地区外业调查工作以及 5301 个海岛地理实体现场调查。

5. 无居民海岛管理存在的主要问题

由于我国长期存在着重陆轻海的观念，使得很多人认为中国是一个大陆国家，因而忽视了对海洋在发展中的思考，特别是对海岛问题的考虑尤其显得缺乏战略思维和宏观统筹，导致我国海岛管理、开发、保护立法滞后，海岛监管和实施工作薄弱。虽然目前我国海岛管理工作正在迎头赶上，但是仍然不可避免地存在着以下问题：首先是海岛生态破坏严重。目前海岛管理中对于无人岛的开发普遍缺少长远的规划，开发的随意性比较大，在海岛采石、滥捕海岛上的动植物，造成了资源的严重流失与浪费。其次是海岛所有权的管理混乱。相关单位或个人对于无居民的岛屿视为无主地，随意占用、买卖和出让，不仅造成海岛生态严重破坏，也造成国有资源性资产的流失。最后是特殊用途海岛亟待保护，一些特殊用途的海岛事关国家权益和社会利益，而目前却普遍缺乏有力的保护和管理，存在安全隐患。

三、创新无居民海岛管理模式

针对无居民海岛的特点，对其的管理需要针对不同的情况，确立合理的管理体制，配套科学的运行机制，在无居民海岛的开发和加强海岛保护之间实现最大的平衡。不断规范无居民海岛的各项管理工作，积极保护无居民海岛的生态资源，使得海岛的开发能够合理、有序、持续和高效地发展下去。

1. 设立无居民海岛管理系统性制度

政府要实现对无居民海岛的管理，首先需要通过加强利用海岛的政府制度建设，保证海岛的利用和开发做到有法可依，保证管理活动的规范化和秩序化。这其中的制度建设就包括海岛的命名制度、保护名录制度、使用权登记制度、有偿使用制度等。在管理模式中需要重点关注的就是海岛使用权制度。

海岛使用权制度主要包括了对无居民海岛的使用申请许可、海岛的使用权登记以及海岛有偿使用权三种制度。首先应当明确的是，无居民海岛所有权益属于国家所有，因此任何单位或个人在利用无居民海岛之前都需要先申请获得使用批准。这就要求设立完整的、连续的一整套申请审批制度，规范审批过程。海岛行政主管部门在受理申请之后，应当按照规定进行审查并签署意见，逐级上报到拥有审批权的上级行政主管部门审核。其次是对海岛使用权的登记，即申请者在对海岛的使用申请获得批准之后，应在相关登记机关予以登记。这就要求在登记时，管理部门对登记的各项事宜进行实质性的审查，并且出台相关的约束制度，使无居民海岛的使用权人不得擅自改变批准的海岛用途，不得以分割转让或者出租抵押等不正当形式使用无居民海岛。最后是海岛的有偿使用制度，申请人在申请对无居民海岛的使用时需要一次性缴纳海岛使用金，海岛主管部门以这部分的资金建立一个公共基金，用于海岛的保护、整治以及日常的管理活动。通过有偿地出让海岛使用权，实现国家对海岛的所有权掌控以及保证对海岛的合理利用。

2. 编制无居民海岛开发综合性规划

无居民海岛的开发属于海岛管理的前置阶段，也是最为关键的阶段。我们要改善这几年来无居民海岛的粗放式开发方式，转变其结构布局，提高其经济效益。

首先需要掌握海岛的状况，包括海岛具体的自然属性、对海岛的功能价值定位、明确海岛开发方向。然后进入对海岛开发与利用规划的编制阶段，主要包括海岛土地利用的规划、配套基础设施的规划、海岛岸线的使用方案以及海岛资源与环境保护和整治方案等。制订无居民海岛的开发规划目的就是为了给无居民海岛的开发和保护提供客观的标准和依据。最后是对综合性的要求，所谓"综合性"强调的就是用综合的观点、综合的方法对整个海岛的资源、环境、生态的开发与保护进行统一性的管理,它强调的是一种"整合"。所以在对开发规划的编制过程中,需要把握整体的概念,以海岛发展的全局为规划对象,追求海岛发展的总体效果,在对整个海岛功能进行系统分析的基础之上,确定海岛开发的程度和范围,最终实现对海岛资源合理、有序和有效的利用。这里强调的也就是一种战略思想的意义。

3. 健全无居民海岛资源管理机制

海岛的开发利用应当坚持"保护为主、合理开发"的首要原则,针对我国目前对无居民海岛开发和利用中存在的问题,亟须建立一个适应开发趋势的海岛资源管理机制,杜绝开发和利用活动中的随意性,提高海岛管理的意识和水平,使其走上规范化、合理化、持续化的发展之路。

海岛资源管理机制应当建立在《联合国海洋法公约》的基础之上,建立海岛主权、海岛及其周围海域持续开发利用制度以及海岛自然生态保护制度。将海岛作为一个特殊的区域,建立统一、集中、高效的海岛管理机制,对海岛及其周边的生态、资源、环境保护和海岛经济发展进行统筹考虑,在保证国家权益不受损害、海岛生态系统的完整性不受破坏的前提下,使得海岛资源和环境能够合理且持续性地被利用,实现战略高度上的管理,促进海岛管理的可持续发展,实现海岛经济的大发展。

4. 完善无居民海岛管理保障性体系

这里所说到的保障性体系主要是海岛管理的法律体系建设。我国这几年在海岛立法上不断发展,但是基本都只是大陆法律制度向海洋和海岛的延伸,有些并不符合海岛管理的实际情况,甚至导致实践中矛盾的激化。因此,国家应当在创新海岛管理模式的进程当中,加快法律制度完善的步伐。通过建立科学的立法规范和制度,强化相关者之间相应的法律责任,建立并完善海岛的法律体系,保证无居民海岛从开发到利用到整治每一个动作都有法可依。

第六章

海岛法制建设

相对于一些发达的沿海国家来说，我国的海岛法制建设起步较晚，在过去相当长的历史时期内，由于一些传统"重陆轻海"观念的禁锢，对海岛的管理未能引起足够的重视。因此，在一段时期里，海岛的法制建设进程也相当缓慢。十一届三中全会后，随着加强民主与法制建设思想的提出，我国的法制建设进入一个新的历史阶段，也使得我国的海洋法制建设得到空前的发展。但是针对特殊的海岛立法，我国仍然基本沿袭陆地法律的模式，在实践中无法完全适应海岛管理工作的需要。

第一节　海岛法律制度综述

一、海岛法律制度的界定

法律制度通常指调整某项工作或活动所产生的社会关系的法律规范的有机结合，是某项工作或活动的法律制度化。所谓法律制度化，就是要实现法律制定及实施的法定化、正规化、程序化、系统化。能称为法律制度的，必须是一整套有机联系的法律规范，通常由有关法律条义和专门的法规、行政规章构成，包括有关规则、办法、程序、保障措施和管理机构及其职责等规定。[①] 所谓海岛法律制度，主要指的就是针对海岛综合管理、海岛使用权以及生态环境保护等相关的法律制度。因此，海岛法律制度是指调整海岛事务或活动的法定化、正规化、程序化、系统化的一系列法律规范的统称。

从我国国内法的角度来看，海岛法律制度是在保障国家对岛屿和领海行使主权及其专属经济区和大陆架行使主权权利，维护国家安全和海洋权益的条件

---

① 蔡守秋、何卫东：《当代海洋环境资源法》，煤炭工业出版社 2001 年版，第 50 页。

下,强调保持海岛生态平衡和长期持续发展前提下,开发利用、保护海岛及邻近海域的资源为主要目的,对海岛的控制、管理、使用的规则和规定。[①] 海岛管理所负责的项目之多,也就决定了海岛法律制度必须由多项制度组成一个完整的制度体系,主要包括海岛开发中的相关制度,关于海岛管理体制的规定,海岛生态环境保护制度,及特殊用途海岛的保护等,通过法律手段来调整各方面的关系,保证海岛法律体系不断运行。

二、国外海岛法律制度

海岛是国家资源的重要组成部分,各沿海国都对海岛愈发重视。但是由于海岛相异的地理位置和自然属性等特征,对海岛的管理,特别是对海岛的法律制度的规定都具有一些自身的特点。从立法模式以及各个法律制度的具体体现两方面来考察分析国外的海岛法律制度,无疑能为我国海岛法制建设的发展提供借鉴。

第二节 我国海岛立法体系建设

海岛立法不仅为沿海国维护国家的主权和海岛权益提供法律保障,而且还为管理海岛的行政、经济及其他措施提供法律依据。因此,海岛立法在海洋法制化行政管理活动中的作用是不可忽视的。我国现行海岛法律制度的特点是:海域海岛使用权等单项法规较完善;海岛环境保护立法进程快而内容健全;海岛综合管理法规几乎空白。在实践上,海岛单项法规使得执法行为协调性差,法规法律的执行效果不理想。所以解决我国海岛立法中存在的问题,尽快建立一个完善的海岛立法体系,是当务之急。

一、海岛立法目标

用法律制度去约束海岛利用行为,规范海岛管理活动以及实现海岛生态保护,这些就是海岛法制建设要进一步发展和提高的基本原因。通过观察一个国家或地区对海岛立法的新动向,可以得知该地在海岛管理上所要做的调整和改善。

1. 维护国家权益

根据《联合国海洋法公约》,海岛是划分内水、领海和 200 海里专属经济区等

---

① 郭院:《海岛法律制度比较研究》,中国海洋大学出版社 2006 年版,第 4 页。

管辖海域的重要标志。也就是说海岛对于国家海域领土的划分具有相当重大的作用,这也成为各国针对海岛问题渐起纷争的原因。就我国目前面临的海岛纠纷来看,我国海洋主权权益和海防安全形势不容乐观。近年来,这些国家对侵占的我国岛屿纷纷采取立法、执法和管理等手段,不断强化实质性的占领。如日本政府采取向"岛民"租借钓鱼岛中3个无人岛屿的方式,强化管理权,最近更是出现了日本人"购岛"的疯狂举动;越南在侵占的我国岛屿上大张旗鼓地开展旅游活动。特别是由于我国南海地处连接印度洋和太平洋的海上交通要道,是中东石油进入东亚及环太平洋地区的黄金水道,世界海洋列强也纷纷插手该地区事务。

针对这些情况,根据我国目前"管控就是主权"、"开发显示存在"的工作策略,我国应当加快对海岛的立法、保护和管理,强化对争议海岛主权的主张。为达成上述目标,我国先后发布了《领海及毗连区法》、《专属经济区和大陆架法》、《关于领海基线的声明》、《关于领海的声明》和海洋环境保护、海域使用、海上交通安全等一系列法律,这在宣示我国主权和规范海上开发秩序等方面已经发挥了重大作用。然而,由于这些法律没有针对海岛作出明确规定,在我国海岛立法上存在一些法律空白,已经引发了一系列问题,给我国国家权益和国防安全的维护留下了严重隐患。因此,通过立法建立和完善我国海岛保护及管理体制,规范海岛开发秩序,消除海岛存在的不安定因素,防止各种入侵和渗透,保障国防和军事用岛的安全,是当前我国海岛法律制度建设的重要任务。

2. 保护海岛生态

20世纪90年代以来,我国海岛生态环境日益恶化,海岛生态安全所面临的形势十分严峻。例如,我国陆源工业污染不断加剧,给近岛海水养殖区造成严重危害;随着海上油气开采量的增加,对海岛及其附近海域造成的污染也不断加重;海上航道上的撞船、沉船事故逐年增多,所溢油污不易降解,往往给海岛的生态环境和养殖生产造成灾难性的后果;再加上人为的填海、筑坝、炸岛和炸礁等恶劣行为,给海岛的生态环境造成了不可逆转的损害。随着海洋污染的加重,以及人们长期采取竭泽而渔的捕捞方式,使得海洋生物资源过量消耗,生物物种大量消失等。

海岛生态系统作为海洋生态系统的重要组成部分,具有独立性、完整性和脆弱性等特点。这些特点,既说明了海岛生态的重大价值,也说明了加强海岛生态保护的重要性。我国现行有关法律,例如《海洋环境保护法》、《海域使用管理法》、《矿产资源法》、《渔业法》、《土地管理法》等,在海岛生态保护工作中起到过一些作用,特别是《海洋环境保护法》明确规定"开发海岛及周围海域的资源,应当采取严格的生态保护措施,不得造成海岛地形、岸滩、植被以及海岛周围海域生态环境的破坏",是当前我国海岛保护的主要法律依据。但是,随着我国海岛开发利用活动的逐步增多,现有的非针对性的法律规定在海岛生态保护工作中越来越难以发挥有效作用,迫切需要国家立法机构针对海岛特殊的自然和社会特征,制定海岛生态保护方面的专门性法律。

3. 合理开发海岛资源

海岛是人类生产和生活等活动最方便、最频繁、最活跃的地方,也是生态环境最脆弱之处,在开发利用的同时必须采取保护性措施,所以制定保护性的法律十分必要。

无居民海岛属于国家所有的一种特殊的自然资源,应当在法律上确立集中统一的使用权管理制度,实行有偿使用,并建立权属登记制度,明确无居民海岛使用人的权利和义务,保护使用权人的合法权益,理顺和规范无居民海岛的使用秩序,促进无居民海岛资源的合理利用和保值增值。我国海岛具有丰富的生物资源、空间资源、旅游资源和可再生能源等,是保持我国海洋经济社会又好又快发展的重要依托。必须在严格保护海岛生态的前提下,加强海岛综合协调管理,统筹海岛开发、建设活动,科学论证,促进海岛资源的可持续利用,构建海岛生态与经济社会和谐发展的格局,从而加快海岛地区的经济发展,提高海岛居民生活水平,让海岛居民共享改革发展的成果,全面建设海岛地区小康社会。

二、海岛立法现状

1. 海岛立法的发展

我国最早有关海岛的立法大多是有关海洋权益的规定,主要有 1958 年《中华人民共和国政府关于领海的声明》、《领海及毗连区法》、《专属经济区和大陆架法》等。有关海岛环境保护及资源利用的法律未做出台专项立法,只是在《中华人民共和国海洋环境保护法》、《海洋自然保护区管理办法》、《自然保护区条例》等法律法规中对海岛保护做了相关规定。由于海岛的特殊性,单项法不能充分发挥海岛的各项价值。2003 年 11 月《海岛保护法》列入经中央批准的《十届全国人大常委会立法规划》,全国人大正式启动海岛立法工作。随着《海岛保护法》立法的推进,国家海洋局、民政部、总参谋部联合印发了《无居民海岛保护与利用管理规定》。为更好地落实该规定,国家海洋局于 2003 年编制了《无居民海岛功能区划》、《无居民海岛保护与利用规划》、《关于印发〈无居民海岛利用申请审批暂行办法〉等有关制度的通知》。2006 年,国家海洋局完成了"领海基点调研及保护政策、措施"等 6 项立法专题研究,海岛数据库及管理系统也全部完成,并开始在海岛立法和管理工作中使用。2008 年,为加快推进海岛立法工作,全国人大环资委针对《中华人民共和国海岛保护法》起草和修改过程中面临的问题,开展研究和论证,特别是对海岛规划制度、生态保护制度、特殊用途海岛管理制度、无居民海岛使用权及有偿使用制度进行反复论证,使该法律从立法完备性、准确性和可操作性等多方面得到进一步提高和完善。2009年6月22日,中国正式启动海岛立法程序,十一届全国人大常委会第九次会议审议了海岛保护法草案。2009年7月,《中华人民共和国海岛保护法(草案)》及草案一说明在中国人大网公布,向社会公开征集意见。2009年10月,十一届全国人大常委会第十一次会议分组审议《中华人民共和国海岛保护法(草案)》,该草案进行二读程序。2009年12月26日,备受国内外关注与期待的《中华人民共和国海岛保护法》经全国人大表决通过,并于2010年3月1日施行,这部以保护海岛生态为目的的海洋法律,顺应时代发展要求,丰富了我国海洋法律体系,开启了我国海岛保护工作的新篇章。

同时,地方性海岛立法工作也稳步推进。厦门市经福建省第十届人民代表大会常务委员会第十次会议批准了《厦门市无居民海岛保护与利用管理办法》,自2004年11月1日起施行。宁波市经浙江省第十届人民代表大会常务委员会第十四次会议通过《宁波市无居民海岛管理条例》,自2005年1月1日起施行。2008年《青岛市无居民海岛管理条例》经山东省第十一届人民代表大会常务委员会第七次会议批准,由青岛市人民代表大会常务委员会公布施行。

2.《中华人民共和国海岛保护法》的意义

(1)完善海洋法律体系

《中华人民共和国海岛保护法》的颁布,完善了海洋法律体系。20世纪末,我国签署并加入了《联合国海洋法公约》,并以此为基础相继颁布了《领海及毗连区法》、《专属经济区和大陆架法》、《中华人民共和国海洋环境保护法》、《海域使用管理法》等法律,初步构建了具有中国特色的海洋法律体系。然而,我国在海岛立法方面与我周边国家及一些欧美发达国家相比还存在很大差距。《中华人民共和国海岛保护法》的颁布,填补了我国海洋法律方面的空白,使我国第一次从法律上完整地覆盖了我国海洋空间领域的各个组成部分,并将海岛工作纳入了法制化建设的轨道,这对健全我国海洋法律体系以及完善我国海洋综合管理体系意义重大。

(2)实现海岛管理法制化

《中华人民共和国海岛保护法》明确了无居民海岛的所有权归国家所有;创新了海岛管理体制,建立了有居民海岛生态保护协调管理体制和无居民海岛集中统一管理体制。该法确立了五种管理制度,分别为:海岛规划制度、海岛生态保护制度、无居民海岛国家所有权及有偿使用制度、特殊用途海岛设定的特别保护制度、海岛保护监督检查制度。规范了海岛的开发、利用秩序,保护了海岛的生态环境,维护了国家的海洋权。

（3）强化海岛生态保护

《中华人民共和国海岛保护法》以保护海岛及其周边海域生态系统为立法宗旨,明确国家对海岛实行科学规划、保护优先、合理开发、永续利用的原则;同时,并且要求国务院和各级政府应当采取措施,保护海岛的自然资源、自然景观以及历史、人文遗迹。规定了无居民海岛开发利用审批制度,有居民海岛环境影响评估制度。加强对海岛资源生态的保护,开展海岛调查和生态修复工作,强化对海岛开发利用活动的监管,对违反海岛生态系统保护开发利用海岛的组织及单位予以查处。

（4）实行特殊用途海岛特别保护

《中华人民共和国海岛保护法》涉及维护我国海洋权益的重要内容,主要是加强对领海基点海岛、国防用途海岛等特殊用途海岛的保护和管理。领海基点岛屿是我国的国防屏障,其在国防建设、保卫国家安全、开发利用海洋中具有特殊的功能区位,对中国政治和国防安全具有极为重要的战略意义。《海岛保护法》推进了我国维护国家海洋权益的法律制度不断健全完善。

3.《中华人民共和国海岛保护法》在实践中存在的问题

（1）规划制度的局限性

从海岛规划的类型上看,我国《中华人民共和国海岛保护法》把海岛规划统一规定在第二章,未区分有居民与无居民海岛。海岛规划的类型与海岛规划的效力问题密切相关,不同类型的海岛规划产生不同的实施效力,我国海岛规划的类型在立法上表现单一、在理论上缺乏对海岛规划类型及其效力的探讨,由此导致海岛规划的效力在实践上较为模糊。该法指出海岛规划的分类保护原则,但对分类标准未做明确表述。从海岛规划的编制和确定程序上看,需要完善我国的海岛规划体系。海岛规划体系主要包括海岛规划的编制和审批两方面内容,海岛规划的编制主要涉及规划的编制主体;海岛规划的审批一般是指海岛规划的审批原则以及上级规划对下级规划的效力问题。我国《海岛保护法》规定了海岛规划的编制主体、审批程序,即三级规划、分级审批,但缺乏对规划程序控制的规定,海岛法对规划期限、规划变更的程序也未做出规定。

（2）缺乏公众参与

由于海岛的特殊性,岛上居民更应该在海岛管理利用过程中享有参与权。赋予社会团体和公众在海岛管理中的独立法律地位,应通过制度性规定明确其作用,通过一系列建设管理措施保障社会团体和公众的参与权得到实现。社会团体的参与权不仅表现为对行政过程参与和独立法律地位的确立,而且包括社会团体、个人对损害生态公益责任者有权提出独立权利主张。确立公众参与制度是使海岛生态环境得到切实保护、有效管理和合理利用的最佳途径。

（3）海岛使用权缺乏程序规定

海域资源是有价的，国家作为无居民海岛的所有者，从海岛资源中获得相应的经济利益，这就必须通过海岛使用权的有偿出让来实现。作为使用海岛的单位和个人，必须向所有者交纳一定的使用费，才能取得相应的使用权，才能开发利用海岛资源。在遵守可利用无居民海岛保护和利用规划的前提下，我国海岛保护法对其使用管理的核心是贯彻有偿使用原则。但是海岛使用权证制度包括海岛权属管理制度、海岛权利登记制度和海岛有偿使用制度。我国海岛保护法对海岛权属制度由海岛有偿使用制度予以原则性规定，但是只对无居民海岛开发审查批准进行了规定，未规定海岛使用权利登记制度。由于海岛的特殊性，对其使用管理不能完全适用我国海域使用法的规定。因此，在实践中亟须确立无居民海岛使用权申请、审批、确权登记及有偿使用等暂行制度。

三、完善我国海岛立法体系的建议

1. 高度重视海岛法制建设

（1）加快立法步伐，适应海岛发展

21世纪也被称为海洋的世纪，在海洋权益的争夺和利用上，各国都使出了浑身解数，这也决定了海洋事业发展的多变性和复杂性。特别是在海岛问题上，必须实时把握海岛发展的新动态，这也为海岛立法工作增加了难度。

法律一旦被制定出来，就带有了一定程度的滞后性，我们要做到的就是相对减少这种滞后性所带来的不良影响。首先是要关注国外各个海洋大国在海岛立法上的新动向，分析其可能造成的海岛法制建设的影响，在我国的海岛法律中得以适应这一改变和影响。同时，我国广阔的地域性和管理机制，使得海岛立法工作历时长、程序多，这也是需要改变的状况之一。对于一般性的海岛保护立法，中央可以适当放权，由地方立法机构起草、修改，交由中央审核，通过后即可落实实施，最大限度地缩短海岛立法的准备过程，使得一定时期内海岛法律的颁布可以适应这一时期海岛发展的形式和趋势。

（2）加强法制宣传，提高法制意识

我国法制体系建设要真正发展起来，就必须有公众的参与。公众参与下的民主法治是我们历史新阶段所需要加强的一个方面。但要实现公众参与到法制建设当中，最基本的一点就是要提高公众的法制意识，增强其参与法制建设和管理的积极性和热情度。

在海岛管理这一块,最初的法制宣传对象就是当地渔民和企业单位。通过当地的报纸、电视、广播等方式来传达对海岛合法保护重要性以及必要性的宣传,然后通过模拟法庭、法律咨询等各类活动来达到普法的目的,最终让公众形成一个自觉守法、监督执法的意识,为我国法制建设的不断发展和进步奠定不容小觑的力量支撑。

(3)健全海岛法律,构建综合大法

要在我国现有的单项涉海法律、法规的基础之上,不断完善和充实海岛法律体系,形成一部囊括海岛基本法律法规、海岛专项法律法规以及地方海岛法律的海岛管理的综合大法,规范立法、执法和司法部门之间的关系,协调相关法律法规的冲突,构建成一个适应我国海岛发展的基本海岛法制体系,引导海岛事业的前进道路。

2. 建立海岛开发制度

这里强调的海岛开发制度是指建立与我国目前的市场经济相适应的海岛开发利用的法律制度。建立更具特色的集中统一制度,完善海岛的综合管理,制定具有引导性、统一性的海岛开发政策,建立和健全具有持续性、可实践性的海岛利用规范,逐步充实综合性的管理法律法规建设,完善海岛开发活动中的管理协调工作,最终实现对海岛资源的法制化管理。

3. 完善海岛执法程序,强化海岛司法保障

这是对"执法必严,违法必究"两个原则的贯彻和落实,在接下来内容中将作具体讨论。

第三节　海岛执法体系建设

随着《中华人民共和国海岛保护法》的实施,有关海岛的保护建设、开发和合理利用情况逐渐成为我国海岛执法的重点。为加强对海岛及其周边海域生态系统的保护,很有必要加强海岛执法体系建设,以提高快速反应能力,切实依法履行监督检查职责。这使得我国海岛执法系统建设及其数据库的设置,海岛执法与科技的相互支撑以及海岛应急执法队伍的建设有了明确的目标指示。

一、海岛执法系统

国家海岛执法系统分为国家、省、市、县四级,系统主要由中国海监总队、海监信息中心、海区海监总队、省级海监总队、市级海监支队和县级海监大队组成。中国海监总队统一负责国家海岛执法系统的建设与运行的指导,海监信息中心

具体负责实施国家海岛执法系统的建设及业务化运行工作。地方各级海监队伍负责本辖区内的海岛执法工作。中国海监总队统一建设海岛执法系统，以卫星遥感、航空遥感、登岛实地执法检查、船舶巡航执法、无人机航拍取证及视频监测执法取证等多种方式为执法数据来源，基于中央集成式海岛执法数据库，建立统一的海岛执法系统，主要包括海岛行政执法、海岛维权执法、执法统计、查询统计、辅助决策、法律法规和公共服务等。

统一的海岛执法数据库的建设是完善海岛执法系统建设的核心举措。海岛执法数据库建设的主要内容包括历史数据的整合、各类海岛执法数据库的建设和完善、海岛执法元数据库的建设和海岛执法数据的更新机制建设。按照海岛执法系统的数据标准、技术规范与质量管理体系，统一处理多远、大量、相异的海岛执法信息，按照国家海岛执法系统的部署架构，构建统一的海岛执法数据库，提供海岛执法信息服务。同时，该系统要具备一定的开放性，面向各级海监执法机构、海洋管理部门和社会公众提供海岛执法监察信息服务，具体就可以在中国海监网上（www.cms.gov.cn）以可视化的方式公开海岛执法公开信息，以方便公众查阅，并提供举报违法事件的渠道，使海岛执法公共服务模块成为海岛执法系统数据更新的一种渠道，同时也成为海岛执法宣传教育的平台之一。

二、科技支撑体系

中国海监总队作为国家海洋局所属的综合性海洋执法队伍，履行着维护国家海洋权益、查处违法使用海域、损害海洋环境、破坏海洋设施、扰乱海洋开发秩序等非法活动的重要职能。随着中国海监队伍的不断发展壮大，执法工作对技术提出了更高的要求。因此，中国海监要充分依托海洋系统现有的科技力量，建立属于自己的业务支撑体系，从而实现海监执法与海洋科技的有效对接。

在建立中国海监技术支撑体系的过程中，要设立中国海监政策研究中心，用以开展中国海监执法发展战略与规划研究，开展中国海监执法政策与法律研究，以法律为支撑，承担中国海监总队委托的工作。同时，还要设立中国海监检验鉴定中心。所谓鉴定，显然是负责海洋污染事件及灾害调查取证的方法研究与标准制订，在发生海洋污染事件和灾害调查取证的时候进行检验鉴定。设立中国海监装备技术中心，对于制订中国海监执法装备中长期发展规划、追踪世界各国海洋装备技术研究发展趋势有很重要的帮助，而且对于引进世界先进的海洋技术及设备、研究中国海监的装备也起到很重要的作用。此外，设立中国海监环境预报中心、中国海监卫星应用中心、中国海监信息中心、中国海监标准计量中心，更是加强中国海监各项执法任务标准化的重要依据。在日常执法工作中，环境预报中心将会为中国海监总队的执法工作提供最准确的海洋环境预报；卫星应用中心将协助中国海监总队制订中国海监卫星应用技术规划,同时运用遥感技术发现并分析可疑目标和海上状况,为海上突发事件的应急响应提供技术支撑。与此配合,中国海监还将设立技术研究中心,开展所在海区海监执法的环境保障研究,开展海监执法技术研究,为海监执法提供技术支持。除了各个研究中心以外,为了不断提高中国海监队伍的综合素质,中国海监总队需要与中国海洋大学等海洋类高校共同建立中国海监教育培训中心。

目前,中国海监总队与中国海洋大学的合作已初步形成,2007 年 11 月 20 日,为期两个月的中国海监首期专职执法人员培训在青岛开班,培训内容涉及海洋基础知识、海洋管理政策法规;海洋执法政策、法律法规;船舶、飞机一般知识和海上救生与消防知识。中国海监队伍的综合素质将提升到一个新的高度。中国海监科技体系发展的第一步是"积跬步以至千里",即在制定科学的体系建设步骤的基础上,按部就班、稳扎稳打,首先合理运用现有海洋科技资源并考虑实际转化和应用方案。换句话说,海监科技体系的发展,应建立在有效整合系统内部资源的基础上。当夯实了海监科技工作的基础后,进而可根据执法需要开展新的科学研究,实现执法实践和海洋科研相互促进、共同发展,同时可以进一步广泛利用国内其他领域的科技能力,甚至可在国际范围内延伸海监科技支撑体系链条。海监科技支撑体系的全面建立是一项长期的工程,但对于海监工作乃至整个海洋事业的发展,这项工作都有着举足轻重的意义。

三、执法应急管理

瑞典王国政府设有环境部,把环境保护工作放到了与经济、国防同等重要的战略位置上。在海洋与海岸环境管理方面,环境部与海岸警备队、国家海事局、瑞典气象与水文研究所有着明确的合作机制。应对海洋环境突发事件的职能主要由瑞典海岸警备完成。海岸警备队的主要职能是监督瑞典海上经济区、边界海关条例、海上交通安全条例、大陆架活动的法规的执行。但海岸警备队的人说,他们日常的任务主要是打击波罗的海的走私、盗窃活动以及海上救援(包括溢油应急)和污染监测。该国除了具有现代化的检测手段外,还有详尽的应急计划和先进、完备的应急设备。"Fail to plan is planning to fail"(没有计划,注定失败)是海岸警备队的座右铭。应急计划有港口的、国家的、波罗的海区域的。详尽的应急计划是应急时的参考,不至于在应急状态下的无所适从。合作是计划的主要目的之一,如果有必要则进行跨部门、跨区域、跨国界的协作。波罗的海区域应急合作的协议有波恩协议、哥本哈根协议等。当然这种模式的成功也是建立在强大经济后盾的基础上的。[①]

对于海岛周边海域发生的违法行为,特别重大的突发事件可纳入应急管理的渠道。一旦事件发生,应及时获取判读应急信息,充分利用专用网络和卫星传输网,以远程会商视频系统为基础,完成综合、高速的信息处理和传递,实现有力、有效、协同应对各类突发事件,全面履行海岛违法事件的信息接报、应急响应预警、应急响应措施和应急响应处置等职责。海洋执法的应急反应是指海上一旦发生或出现违法、违规案件或其他海事事件和异常问题时,不论是正常海洋活动产生的还是在非正常下突发或偶发的,海洋执法机关和海上执法力量,都应该在规定时间或者最短的时间内迅速组织起来,运用适当的装备技术手段赶赴现场,按照应急计划方案、技术规程进行调查取证和海上处理。

落实到具体执法队伍的人员上来说,需要提高突发事件执法人员的素质。特别是海上突发的事件,首先需要推进海上搜救专业技术人才培养平台的建设,加强搜救协调员基础知识、专业理论和技术能力方面的培训,提高搜救协调人员对海上任务的综合协调、组织和指挥的能力。对于不同的情况,必须具备充足的应急执法方案。这就需要通过平时的演习和积累。注重举办不同形式、不同规模的海上执法应急处理演习,提高应急处理能力,加强协调配合能力,以此检验我国海岛应急执法队伍及其程序的可行性和实用性。

第四节　海岛司法系统建设

在强调司法严肃性和公正性的同时,针对海岛问题的特殊性,我们要更多地考虑到在海岛司法程序中弱势群体的力量。这就要求我国在海岛司法建设中,建立与海岛特色相适应的体系,强化司法救济,保障合法的权益,最终将司法工作办到实处。

一、我国目前海岛司法系统建设进程——以海南岛为例

海南省第一中级人民法院在为海南国际旅游岛建设提供有力司法保障的过程中,坚持能动司法的理念,重点抓好以下几个方面的工作:全力维护发展环境;依法规范市场秩序;主动服务发展部署;积极回应民生期待;强力化解矛盾纠纷。

在推进海南国际旅游岛建设的过程中,人民法院可以而且应该发挥积极而重要的作用,从某种意义上说,审判机关的作用是不可替代的。首先,建设国际

[①]　全永波:《论我国海洋环境突发事件的应急管理》,《海洋开发与管理》2008 年第 1 期。

旅游岛需要一个安定和谐的社会环境和诚信的社会体系,要求人民法院充分发挥审判职能,依法打击各种违法犯罪,确保社会稳定,维护公平正义,促进社会诚信。其次,国际旅游岛建设过程中涌现出的各种利益纠纷,尤其是一些与建设国际旅游岛的政策执行密切相关的新领域、新类型的纠纷案件,需要人民法院及时化解。再次,在国际旅游岛建设背景下,人民群众对利益的期望,包括对司法工作的期望会与日俱增,这就需要人民法院进一步增强使命感和紧迫感,不断改进自身工作,更加主动地融入到国际旅游岛建设中去,从而更好地满足人民群众的新要求、新期待。最后,国际旅游岛建设需要完善的法律和政策支持,人民法院可以充分发挥自身的专业优势和资源优势,通过司法建议等方式,为党委、政府提供决策参考。

1. 全力维护发展环境

确保社会稳定,维护良好的发展环境,是建设海南国际旅游岛的重要保证。人民法院认真落实维护稳定第一责任,充分发挥刑事审判打击与保障功能,依法惩处危害国家安全的犯罪、危害人民生命财产的暴力型犯罪、涉黑社会性质组织犯罪;依法惩处盗窃、抢劫等多发性侵犯财产犯罪,保护合法财产安全;积极参与整顿和规范市场经济秩序,依法惩处破坏市场经济秩序,特别是危害旅游市场的非法经营、合同诈骗、强迫交易等犯罪,净化市场环境;依法惩处贪污贿赂、挪用侵占等职务犯罪,净化经济发展环境;依法惩处安全生产领域的违章违规、玩忽职守等犯罪,维护安全生产秩序;加强对土地、水及其他自然资源、旅游资源和生态环境的司法保护,严惩资源、环境等领域的各类犯罪,依法保护生态和环境资源的可持续发展;积极参与为期三年的禁毒专项斗争,积极参与景区、工业园区、铁路、港口、码头、航天城等治安重点地区的专项整治,为国际旅游岛建设营造良好的治安环境。

2. 依法规范市场秩序

海南国际旅游岛建设的一系列利好举措,将产生对国内资本及外资的集聚效应,进而促进整个地区市场进一步走向繁荣。为此,人民法院充分发挥民商事审判的规范、引导和调节作用,弘扬诚实守信的市场交易原则,促进市场经济健康发展。当前,尤其加强对房地产开发、生产购销、租赁承包、金融信贷等领域纠纷案件的审理,保护合法、正当权益,制裁违约失信行为,促进经济要素依法、规范、有序流转。要加强对旅游等服务产业的合同纠纷、侵权纠纷案件的审理,制裁违法侵权行为,保护合法经营成果,促进产业结构调整。加强对农村土地流转、承包经营权转让纠纷等案件的审理,促进农业产业化和新农村建设。

3. 主动服务发展部署

响应海南国际旅游岛建设要求,依法妥善处理在调结构、扩内需、治环境中发生的各类矛盾纠纷,确保省委关于加快经济发展方式转变、保持经济平稳较快发展各项政策的贯彻落实;积极稳妥地审理金融、投资、商贸、物流、消费等方面的纠纷案件,为落实宏观调控政策提供司法保障。认真审理好企业破产兼并重组、节能减排、环境保护等方面的案件,推动战略性新兴产业发展,为加快转变经济发展方式、调整优化经济结构提供司法保障;依法妥善审理农产品买卖、农用生产资料流通、农村土地承包等案件,注意研究土地经营权流转等新情况,为统筹城乡发展提供司法保障;妥善处理可能大量增加的企业借款、招商引资、产品购销、劳动用工纠纷,充分尊重当事人在法律范围内的意思自治,正确理解政策原理和法律精神,慎重把握审判尺度,给企业创业、投资、发展以最大支持;妥善处理重点项目建设领域的案件,促进项目带动;加强对瓜果菜、农副产品购销合同等案件的审理,促进热带农业发展;妥善处理土地征用、房屋拆迁等案件,服务城市建设;对于项目拆迁、土地征用等非诉执行案件,既要支持政府依法行政,又要依法严格审慎受理,在执行中做好群众工作,慎重稳妥处置。

4. 积极回应民生期待

保障人民群众权利得以实现,尤其是保障辖区群众能够享受到建设海南国际旅游岛带来的更多实惠,让人民群众生活得更有尊严和幸福感,是人民法院义不容辞的重大职责,也是人民法院服务国际旅游岛建设的重要内容。为此,海南省各级法院要比以往任何时候更加注重涉民生案件的审理,要重点审理好民间借贷、损害赔偿、劳动争议以及教育、医疗、住房、社会保障、环境保护、食品药品安全等与群众生产生活密切相关的民事和行政案件,进一步加大执行力度,切实维护人民权益。进一步方便群众诉讼,加强立案信访窗口建设,推广巡回审判方式,进一步完善司法救助制度,使经济确有困难的当事人能够依法维护自身权益。要在审判、执行工作中强化保护群众尊严的意识,坚持文明执法,让当事人感受到司法对他们的关心和尊重。

5. 强力化解矛盾纠纷

努力推进社会矛盾化解和社会管理创新,是人民法院服务海南国际旅游岛建设的重要抓手。因此,人民法院要把是否化解了矛盾纠纷,是否理顺了群众情绪,是否维护了公平正义,是否促进了社会和谐,作为衡量人民法院服务海南国际旅游岛建设工作成效的重要标准。为此,全省法院要始终着眼于最大限度地增加和谐因素,最大限度地减少不和谐因素,以化解矛盾为抓手,在案结事了上下功夫。准确把握宽严相济刑事政策,认真执行最高法院《关于贯彻宽严相济刑事政策的若干意见》,继续加大刑事附带民事诉讼案件、刑事自诉案件的调解力度,探索规范轻微刑事案件的非监禁处理方式,最大限度地遏制、预防和减少刑事犯罪。要充分发挥司法调解的功能作用,科学把握"解调优先,调判结合"的原则,理直气壮抓调解,大张旗鼓促和谐,进一步激发法官做调解工作的积极性、主动性,鼓励尝试一切有利于案结事了的新方法,完善诉讼与非诉讼相衔接的矛盾纠纷解决机制,推进社会管理创新,最大限度地化解矛盾纠纷。要充分发挥行政审判协调工作机制的作用,监督和支持行政机关依法行政,增进人民群众与行政机关的相互理解和信任,促进党群、干群关系和谐。要依法审理好申诉、申请再审案件,关注合理诉求,从源头上降低涉诉信访总量,促进司法和谐。①

二、完善我国海岛司法体系建设的新思路

1.加强司法保障,构建服务性法院

司法服务应该在很大程度上体现公权对社会弱势群体的救济。这种救济,不是法律本身的帮助,不是因为弱势的身份而导致法律适用的不同,而是为弱势群体在通过法律实现救济的过程中打造一条公开、便捷的通道。

司法服务的对象不仅限于中国公民,也包括涉外人员。随着中国加入WTO,国民待遇的广泛实施,中国法院在开展司法服务时,对象将扩及涉外当事人。尤其是具有涉外案件审理权限的法院,做好涉外法律服务,对于树立中国法院的良好形象、营造良好的投资环境具有重要的意义;同时,司法服务应贯穿于庭前、庭中、庭后各个阶段。司法服务不只体现在庭审中,庭前、庭后采用司法服务是其更普遍的形式。司法保障体系的加强,服务性法院的构建,司法服务正是通过类似的救济行为,使涉讼当事人成本最小化,从而实现其诉讼利益的最大化。

2.服务海岛渔民,建设特色性法院

海岛渔区因为地理位置的特殊性,群众打官司极为不便,而且海岛多数从事渔业生产的人员比例大,涉渔案件多,在鱼汛时节,他们难以抽出时间来应付官司。针对这种客观情况,法院就必须坚持司法为民的宗旨,认真落实"依法支渔"的措施,积极探索便民、利民新途径。对当事人居住在交通不便的偏远渔村、当事人因身体状况行动不便、对渔民具有普遍教育意义等三类案件进行巡回审理,这就是现在所说的"赤脚法官"的典型模式。每年多次、多规模地组织干警利用法律咨询、现场调处纠纷、组织旁听庭审、举办休渔期法制夜校等形式,到全县各乡镇和一些重点村居开展"送法下乡"法律普及活动,为渔农民上法制课,普及法律知识,解答疑难问题,提高渔农民的维权法律意识,使"送法下乡"成为法院司法为民、亲民、便民的具体体现之一。

---

① 《海南日报数字报刊》,见 http://hnrb.hinews.cn/html/2010-07/20/content_249494.htm,2010年11月13日访问。

加大司法救助制度的宣传,把司法救助作为诉讼当事人的一项权利告知,允许合法权益受到侵害但经济确有困难的渔农民缓交、减交、免交诉讼费用。通过设计简捷、方便的"诉讼便民卡",推出起诉"一站式"服务、预约开庭、代为办理诉讼费用缴退费等便民新举措,拉近法院与百姓的距离。另外须狠抓队伍建设构建学习型法院,坚决杜绝"一言堂"作风,不断增强领导班子的凝聚力和战斗力。鼓励干警参加继续教育,大力加强廉政建设,构建廉洁型法院,全院干警逐级一一签订党风廉政建设责任书,并做到"四个明确",即明确责任内容、明确责任要求、明确责任考核、明确责任追究。法院的建设需要深入贯彻落实党的路线方针政策,认真履行宪法和法律所赋予的审判职责,以"崭新的姿态、务实的态度,饱满的精神,积极的热情",齐心协力,努力工作,为海岛事业的和谐发展、经济繁荣、稳定发展作出新的、更大的贡献。

3. 强化司法救济,探索建设性途径

司法救济是指当宪法和法律赋予人们的基本权利遭受侵害时,人民法院应当对这种侵害行为作有效的补救,对受害人给予必要和适当的补偿,以最大限度地救济他们的生活困境和保护他们的正当权益,从而在最大限度上维护基于利益平衡的司法和谐。

(1)海岛权益保护的司法救济

第一,扩大诉讼主体,同时扩大适用法律范围。海岛权益问题关系着整个国家的利益,所以对其诉讼主体应该区别于其他诉讼法上的主体。扩大诉讼主体,根据实际情况来采用涉内涉外法律,并建立专门的海岛权益诉讼制度,可以在一定程度上减少海岛侵权行为的发生。

第二,建立海岛权益监督制度。针对海岛权益的保护,专门的政府职能机关有权对造成侵权行为的个人或团体进行处罚,其内部也有对海岛的实时监测。建立海岛权益的监督制度,可以在一定程度上对政府职能部门进行监督,督促其执法过程的合法性,同时也是在司法程序中获取赔偿的重要线索之一。

第三,适当加大海岛侵权损害赔偿范围。海岛侵权所造成的损失不能只局限于实际造成了多少损失,而且还应该带有惩罚性。现在对海岛权益的肆意滥用,就是侵权人所需要承担的惩罚成本过低,对其起不到警示的作用。所以,必须加大海岛侵权以及海岛滥用行为的损害赔偿范围。

(2)海岛环境的司法救济途径

在整个环境保护法律体系中,一个重要的内容就是对由环境污染造成的损害进行法律上的救济。应本着"有权利就有保护,有损害必有救济"的民事原则,严格按照一定的程序,合法、合理、充分地予以救济。

第一,建立仲裁救济程序。在司法实践中,仲裁是解决各类民事、经济纠纷的常用手段。同样,处理海岛环境污染损害纠纷亦可适用仲裁程序,即通过在国家环境纠纷处理机构下设国家环境仲裁委员会,并以立法形式明确规定环境纠纷仲裁的效力,实行或裁或诉制度和一裁终局制,当事人可据此申请法院强制执行。通过建立仲裁程序,可以弥补诉讼救济和行政处理救济的不足之处。一是处理程序简单、快捷,费用低廉,当事人不必付出更多的时间和财力来缠讼不休;二是确定了行政处理程序中所不具备的法定执行力。

第二,设立污染赔偿基金。处理污染赔偿纠纷,有时会面临着承担赔偿责任的具体主体难以确定、污染加害人没有赔偿能力或赔偿能力不足等问题。此时,受害人往往得不到赔偿或得不到足够的赔偿,不能有效保护其合法权益,从而不利于实现公平正义。为此,我国有必要借鉴日本等国的立法经验,建立洋环境污染赔偿基金制度,以确保受害人在一定范围内的损害迅速获得合理赔偿。赔偿基金主要来源于一定比例的排污费、政府财政资助和社会捐赠。赔偿基金的设立、筹集、使用等内容应由专门的法规予以确定,实行专款专用原则。

第三,完善责任保险制度。我国《保险法》第23条规定,责任保险是指保险人以被保险人对第三者依法应负的赔偿责任为保险标的的保险。我国可根据国情,将污染责任保险确定为强制保险,并具体规定保险的范围、合理自负额和保险金的最高金额,以及详细的理赔程序。一旦发生海洋环境损害事故,一方面受害人能够及时、足额地获得保险机构的赔偿;另一方面加害人通过分散风险,维持海上开发、经营活动的继续。责任保险制度的建立和完善,体现了风险承担的社会化。

(3)海岛突发公共事件的救济。从对海岛突发公共事件的恢复上来看,要实施在这事件中受灾者的救济活动,首先,可借鉴日本的经验制定《受灾者生活重建援助法》,完善重建和安置方面的法律;其次,制定与应急恢复密切相关的法律制度,如《灾害救助法》、《行政征用法》、《行政补偿法》、《国家赔偿法》等;最后,完善法律责任的规定,明确突发环境事件应急管理各环节中的相关人员和部门的责任范围和法定义务,对法律责任作出全面且平衡的规定,完善责任追究和补偿机制。这些法律制度的完善就提供给了受灾者一个走上司法程序、维护自身权益的途径。

第七章

浙江舟山群岛新区

2011 年 3 月 14 日,浙江舟山群岛新区被正式写入全国"十二五"规划。2011 年 6 月 30 日,国务院正式批准设立浙江舟山群岛新区。浙江舟山群岛新区成为了我国继上海浦东新区、天津滨海新区、重庆两江新区后又一个国家级新区,也是我国首个以海洋经济为主题的国家级新区。舟山是我国第一个群岛型地级市,下辖 2 区 2 县。舟山市政府设在临城新区;定海区政府设在定海城区;普陀区政府设在舟山本岛东端的著名渔港沈家门镇;岱山县政府设在岱山岛高亭镇;嵊泗县政府设在泗礁岛菜园镇。根据国务院批复精神,浙江舟山群岛新区范围为舟山市现有行政区域,包括舟山 1390 个岛屿,陆域面积 1440 平方千米,内海海域面积 2.08 万平方千米。

第一节 浙江舟山群岛新区发展定位与路径选择

从全局看,中国内陆地域辽阔,各种开发区不仅数量众多,而且模式多样。海洋决定国家的未来,而海洋却一直是中国的弱项。中国长期重视陆地而轻视海洋,浙江舟山群岛新区的设立将逐渐改变这一传统观念。同时,浙江舟山群岛新区是中国最具活力的长江三角洲地区的一名重要成员,在《浙江海洋经济发展示范区规划》的支持下,其海洋经济的发展将一日千里,未来前景不可限量。

一、三大战略定位和五大发展目标

1. 三大战略定位

(1)浙江海洋经济发展的先导区

2011 年 2 月,国务院批复《浙江海洋经济发展示范区规划》,浙江海洋经济发展从此上升为国家战略,而舟山则是浙江海洋经济发展的重中之重与核心发展空间,是浙江省从近海走向远洋、从浅海走向深海的后勤保障基地,需要在浙江海洋经济发展中发挥排头兵和桥头堡作用,需要成为浙江海洋经济发展的最前沿阵地,发挥先导区的引导和指导作用。加快实施港航强省战略是增强浙江省国际竞争力的重要措施,鉴于宁波深水岸线资源已基本开发完毕,而舟山却有着重要的战略区位和得天独厚的深水岸线资源,浙江舟山群岛新区的设立将有助于舟山丰富深水岸线资源的高水平开发,为宁波—舟山港服务浙江省、辐射中西部、对接海内外提供新的战略平台,进一步加快推进浙江港航强省建设,推动浙江海洋经济规模发展壮大,促进海洋三次产业在更高水平上协同发展,做大做强浙江海洋经济。

(2)长江三角洲地区经济发展的重要增长极

国务院批准实施的《长江三角洲地区区域规划》在阐述长江三角洲地区战略定位与发展目标时明确指出,长江三角洲地区要在科学发展、和谐发展、率先发展、一体化发展方面走在全国前列,要努力把长江三角洲地区建设成为实践科学发展观的示范区。目前,长江三角洲地区在科学发展问题上遇到的最大瓶颈就是缺乏一个自由贸易港。中央把上海浦东新区和浙江舟山群岛新区这两个相邻的新区放在一起,其中一个主要目的就是要实现两个新区在功能上的优势互补,彻底解决长江三角洲地区在国际物流网络发展和自由贸易港区转型升级方面遇到的困境。通过构建长江三角洲地区"浦东研发,江浙制造,舟山物流"的新发展模式,集中力量将浙江舟山群岛新区打造成为大宗商品国际物流基地和国际自由贸易港市,使舟山成长为长江三角洲地区经济发展的重要增长极,将有助于培育、丰富和形成长江三角洲地区海洋经济带,弥补长江三角洲地区在海洋旅游、海洋渔业、海洋矿产等行业存在的"短板",促进长江三角洲地区科学发展、和谐发展、率先发展和一体化发展,进一步增强长江三角洲地区的区域竞争力。

(3)我国海洋综合开发试验区

《浙江海洋经济发展示范区规划》指出,舟山海洋综合开发试验区建设至少应包括以下四个方面的内容:第一,将舟山建设为大宗商品国际物流基地;第二,将舟山建设为现代海洋产业基地;第三,将舟山建设为海洋科教基地;第四,将舟山建设为群岛型花园城市。舟山是我国第一个群岛型地级市,海洋区位、资源、产业等综合优势比较明显,是浙江海洋经济发展的先导区和长江三角洲地区经济发展的重要增长极,在全国沿海开发开放中具有重要地位。设立浙江舟山群岛新区,大力推进航运服务业、新型临港重化工业、海洋生物医药业、海洋生态渔业、中高端海洋旅游业等行业的培育与发展,集中力量将浙江舟山群岛新区建设为我国海洋海岛综合保护开发示范区,积极利用浙江舟山群岛新区建设的实践和经验探索我国海洋综合开发的思路与模式,对于实现我国海洋经济高水平发展、革新海岛保护开发模式具有特殊意义。

2. 五大发展目标

(1)我国东部地区重要的海上开放门户

浙江舟山群岛新区地处我国东部海岸线和长江出海口的结合部,扼守着我国南北海运和长江水运的"T"型交汇要冲,是实现江海联运的枢纽城市和长江流域走向世界的主要海上门户。要全方位扩大浙江舟山群岛新区的对外开放,积极探索建立自由贸易园区和自由港市,进一步加快舟山港综合保税区与自由贸易岛建设,努力把浙江舟山群岛新区打造成为我国集聚金融贸易、远洋航运、海洋科技和人才资源的重要地区。通过扩大海洋合作交流,健全海洋开放平台,鼓励民营经济积极参与海洋开发,大力推进浙江舟山群岛新区与其他国家的资源、能源合作,最终实现我国东部沿海地区与海洋经济发达国家和地区在海洋经济领域的全面对接。

(2)我国大宗商品储运中转加工交易中心

充分利用浙江舟山群岛新区丰富的海岛资源和得天独厚的深水岸线优势,积极有序地建造一批深水泊位、航道和锚地,大力推进临城港航服务集聚区和大型港口物流项目,集中力量将浙江舟山群岛新区打造成全国重要的铁矿砂中转贸易、煤炭中转加工配送、油品中转贸易储存、粮食中转加工配送、化工品中转储运加工、集装箱中转运输六大基地。抓紧建设凉潭岛武港矿砂中转基地、浙能煤炭中转基地二期等重大项目,进一步提升舟山大宗商品的储运、中转、加工能力。通过完善舟山大宗商品交易服务平台,引导大型企业和国际贸易商开展大宗商品交易,集聚国内外优秀船运公司、物流公司、服务公司参与浙江舟山群岛新区建设,支持金融、保险、信息等行业创新产品,促进沿海运输、江海联运和国际航运等业务共同发展,推动舟山港由中转储运港向大宗商品储运中转加工交易中心进行转变,全面提升浙江舟山群岛新区对长江三角洲地区和东北亚地区的辐射和带动作用。

(3)我国重要的现代海洋产业基地

围绕国际物流岛建设,推动重大现代海洋产业项目落户浙江舟山群岛新区。加快发展海洋旅游业,建设佛教文化旅游胜地和海洋休闲度假旅游目的地;大力支持船舶工业整合提升,重点发展海洋工程、特种船舶和船舶配套产品制造,建设好浙江船舶交易市场,努力把浙江舟山群岛新区建成国内重要的造船基地、船舶修理基地和船舶工业新型工业化示范基地;加大对远洋渔业和国内海洋捕捞业转型升级的扶持力度,提升精深加工水平,健全现代渔业产业体系,将浙江舟山群岛新区建成全国重要的远洋渔业基地;综合开发风能、潮汐能、波浪能、太阳能等新能源,培育相关制造业,依靠现代科学技术把浙江舟山群岛新区建成我国海洋新能源综合开发基地。①

（4）我国海洋海岛科学保护开发示范区

坚持开发与保护并重、修复与养护并举的方针，严格执行海洋功能区划，全面加强海洋海岛资源管理，形成资源节约型、环境友好型的产业结构和消费模式，整体推进浙江舟山群岛新区的海洋生态文明建设。科学确定岸线、海岛主体功能，将岸线、海岛分为特殊保护类、适度利用类和保留类，对岸线、海岛实行分类、分区指导与管理，创新海岛保护开发模式；在保护和改善海洋海岛生态环境的前提下，通过滩涂围垦、盐田废转等方式，科学开发和利用滩涂资源；加大对海上采砂、滩涂围垦等涉海项目的监管力度，实施重大海洋生态保育工程，推进海洋生态的保护与修复；探索建立可再生能源发电—海水淡化—海水晒盐等产业集成，大力发展循环经济；以山脉、水系为骨干，围绕山、林、江、海等要素，打造滨海生态长廊，建设海洋海岛生态功能网络。

（5）我国陆海统筹发展先行区

统筹陆海协调发展，推进陆海联动重大基础设施建设，加强产业对接和互补发展，实施陆海污染同防同治，开展国内区域合作，增强海洋经济发展动力。优化陆海联动集疏运网络，推进综合交通网、能源保障网、水资源利用网、海洋信息网、海洋防灾减灾网等重大基础设施建设；以舟山海洋产业集聚区为载体，广泛吸引内陆地区以各种形式参与浙江舟山群岛新区建设，积极与内陆地区开展经常性的交流洽谈和项目对接活动；推行严格的环境保护标准和污染物排放总量控制制度，实施陆海统筹、河海兼顾、一体化治理，健全陆海联动治理机制，提升海洋海岛环境承载能力；加强国内区域合作，围绕共同建设上海国际航运中心，进一步完善沪、甬、舟三地港口合作机制，加快宁波—舟山港一体化进程，积极推进浙江舟山群岛新区与上海、宁波开展深度合作。

二、浙江舟山群岛新区发展基础

1. 海洋资源丰富

"港、景、渔"是千岛之城——舟山的三大海洋特色资源。（1）港口方面：舟山是我国深水岸线资源最丰富、建港条件最优越的地区，适宜开发建港的深水岸段总长 280 千米，占浙江省的 55.2%、全国的 18.4%；港口资源可建码头泊位年吞吐量超过 10 亿吨，船舶避风和锚地条件优越，多条国际航线穿境而过。（2）海景方面：舟山是我国海洋旅游重点区域、国家旅游综合改革试点城市，拥有十分丰

---

① 《"舟山海洋综合开发试验区将平地而起"》，见 http://www.landlist.cn/2011-03-03/4608008.htm，2011 年 4 月 5 日访问。

富、禀赋独特的旅游资源。其境内有两个国家级风景名胜区(中国佛教名山"海天佛国"普陀山、"南方北戴河"嵊泗列岛)、两个省级风景名胜区(岱山岛、桃花岛),其中普陀山在 2007 年被授予全国首批 AAAAA 级旅游景区称号。(3)渔业方面:舟山素有"东海鱼仓"和"祖国渔都"的美称,其周边海域盛产鱼、虾、贝、藻类等海产品 500 余种。舟山渔场是我国最大的近海渔场,渔业年产量在 120 万吨左右。此外,舟山市近年还先后荣获了"中国渔都"、"中国海鲜之都"等荣誉称号。

2. 区位优势明显

舟山位于南北海运大通道和长江黄金水道交汇地带,对内是江海联运枢纽,辐射整个长江流域和东部沿海;对外是我国除台湾外唯一伸入西太平洋的地区,是我国走向远海、维护海洋权益的前哨阵地。目前,舟山已建成亚洲最大的铁矿砂中转基地、国家石油战略储备基地、全国最大的商用石油中转基地、华东地区最大的煤炭中转基地和全国重要的化工品、粮油中转基地,已形成海、陆、空三位一体的集疏运网络,其中普陀山机场开通了至北京、上海、厦门、晋江等地的多条航线;海上客运通达沿海各大港口城市,远洋运输直达韩国、日本、新加坡,以及中国香港、中国澳门等国家和地区;总长近 50 千米的舟山跨海大桥已于 2009 年12 月 25 日全线通车,使舟山本岛及附近小岛成为与大陆连接的半岛。此外,还有多条高速客轮航线、汽车轮渡航线与上海、宁波相连接,水、电、通信也已实现与大陆联网,全市口岸开放面积 1165 平方千米。

3. 产业特色鲜明

近年来,舟山一直围绕"海"字做文章,不断调整和优化海洋产业结构,促使海洋产业逐渐由单一传统渔业经济向综合现代海洋经济进行转变。第一,临港工业初具特色:已经形成以船舶修造、临港石化、水产品精深加工等产业为支柱的海岛型工业体系,业已发展为全国重要的船舶修造基地。2011 年舟山工业总产值达到 1440.6 亿元,造船能力突破 1000 万载重吨;港口物流快速发展,已由地方性小港上升为区域性大港,跻身全国沿海十大港口之列。2011 年全市港口货物吞吐量达到 2.6 亿吨,海运运力达到 452.3 万载重吨。第二,海洋旅游推陈出新,舟山国际沙雕节、海鲜美食节、观音文化节等影响不断扩大,海洋海岛旅游知名度不断提高,舟山已经成为华东地区重要的旅游目的地。第三,海洋医药不断创新,涌现出一批以浙江海力生集团有限公司为代表的现代型、创新型海洋药物、食品研发生产基地,海洋医药企业开始发展壮大。第四,海洋渔业加快转型,从以捕捞为主的传统渔业逐步向捕捞、养殖、加工、销售一体的现代渔业转变,以舟山震洋发展有限公司为代表的集水产捕捞、加工、进出口贸易于一体的现代型综合性企业颇具规模,舟山已经成为我国最大的海产品生产、加工、销售基地。[①]

三、上海浦东新区、天津滨海新区和重庆两江新区概述

1. 上海浦东新区概述

1990 年 4 月 18 日,党中央、国务院宣布开发开放上海浦东。2000 年 8 月,中共上海市浦东新区委员会、上海市浦东新区人民政府成立。2009 年 5 月,国务院批复同意原南汇区行政区域划入浦东新区。两区合并后,浦东新区着眼全区范围内生产力布局优化,适时提出"7+1"生产力布局新构想。"1"是指上海综合保税区板块,规划面积 22.76 平方千米,包括外高桥保税区、洋山保税港区和浦东机场综合保税区,是上海国际航运中心和国际贸易中心建设的主要载体;"2"是指上海临港产业区板块,规划面积 240 平方千米,包括重装备产业区、物流园区和主产业区等,重点发展海洋工程、大型船用曲轴、石油平台、发电机组等高端制造、极端制造产业;"3"是指陆家嘴金融贸易区板块,规划面积 31.78 平方千米,是上海国际金融中心建设的主要载体;"4"是指张江高科技园区板块,规划面积 77.45 平方千米,这一板块把张江与康桥、国际医学园区整合在一起,将成为浦东新区一个新的重要增长极,张江高科技园区目前集聚了 128 个国家重大科技专项、42 个国家市区三级公共技术服务平台和 306 家高新技术企业;"5"是指金桥出口加工区板块,规划面积 67.79 平方千米,这一板块把金桥与南汇工业园区、空港工业园区整合在一起,将形成一个先进制造业组团,其北部主要发展 2.5 产业和现代服务业,制造业往南部转移,以形成产业发展梯度;"6"是指临港主城区板块,规划面积 74 平方千米,这一板块重点配套完善商业商务、文化教育、旅游居住等功能,着力打造低碳、生态、宜居新城;"7"是指国际旅游度假区板块,以迪士尼主题乐园项目为核心,包括三甲港海滨旅游度假区和临港滨海旅游度假区等。"7"后面加的"1",是指后世博板块。世博园区浦东部分规划面积 3.93 平方千米,附近还有后滩 1 平方千米和原环球地块 3 平方千米。这一区域主要发展金融、会展、商务、文化等现代服务业。[②]

2. 天津滨海新区概述

新世纪新阶段,党中央、国务院从我国经济社会发展的全局出发,做出了加快天津滨海新区开发开放的重大战略决策。2009 年 1 月 11 日,天津滨海新区

---

① 引自百度百科"上海浦东新区"词条,见 http://baike.baidu.com/view/6065455.htm#5,2011 年 6 月 13 日访问。

② 刘军涛:《新浦东打造'7+1'生产力布局》,人民网:http://politics.people.com.cn/GB/14562/11369521.html,2011 年 6 月 21 日访问。

正式挂牌成立,成为继深圳特区和上海浦东新区之后又一个国家重点开发开放的区域。中央为天津滨海新区确定的功能定位是:依托京津冀、服务环渤海、辐射"三北"、面向东北亚、努力建设成为我国北方对外开放的门户、高水平的现代制造业和研发转化基地、北方国际航运中心和国际物流中心,逐步成为经济繁荣、社会和谐、环境优美的宜居生态型新城区。其空间和产业布局主要包括"一轴"、"一带"、"三个生态城区"和"九个功能区"。一轴,即沿京津塘高速公路和海河下游建设"高新技术产业发展轴"。一带,即沿海岸线和海滨大道建设"海洋经济发展带"。三个生态城区,即建设以塘沽为中心、大港和汉沽为两翼的三个宜居生态型新城区。九大功能区分别为:一是中心商务区,主要发展金融、贸易、商务、航运服务等产业;二是临空产业区,主要发展临空产业、航空制造业;三是滨海高新区,主要发展航空航天、生物医药以及新能源等新兴产业;四是先进制造业产业区,主要发展海洋产业和汽车、电子信息等产业;五是中新生态城,由中国和新加坡两国签署协议,共同建设中新天津生态城,主要发展生态环保产业;六是海滨旅游区,主要发展主题公园、游艇等休闲旅游产业;七是海港物流区,主要发展港口物流、航运服务等产业;八是临港工业区,主要发展重型装备制造业以及研发、物流等现代服务业;九是南港工业区,主要发展石化、冶金、装备制造等产业。①

3. 重庆两江新区概述

2009年2月5日,国务院发布关于推进重庆统筹城乡改革和发展的若干意见,在国家战略层面正式研究设立"两江新区",并于2010年5月7日获国务院通过,2010年6月18日正式挂牌成立。重庆两江新区由此成为继上海浦东新区和天津滨海新区之后中国第三个副省级新区,也是我国内陆地区唯一的国家级开发开放新区,将享受国家给予上海浦东新区和天津滨海新区的政策,包括对于土地、金融、财税、投资等领域的先行先试权,允许和支持试验一些重大、更具突破性的改革措施。根据国务院批复,中央赋予重庆两江新区五大功能定位:一是统筹城乡综合配套改单试验的先行区;二是内陆重要的先进制造业和现代服务业基地;三是长江上游地区的金融中心和创新中心;四是内陆地区对外开放的重要门户;五是科学发展的示范窗口。重庆市委、市政府根据国务院定位,按照"立足重庆市,服务大西南,依托长江经济带,面向国内外"的思路,将重庆两江新区建设分为三个时期:(1)2009—2010年为起步阶段。主要任务是进行区域规划与布局,争取将"两江新区"纳入国家规划,同时提高港口、铁路和公路的运营

---

① 引自百度百科"天津南港工业区"词条,见 http://baike. baidu. com/view/17255. htm,2011 年 5 月 28 日访问。

能力,加强城市建设,推进行政管理体制改革,为新区发展提供一个良好的软硬环境;(2)2011—2012 年是重庆两江新区的中期发展阶段。这一时期的主要目标是在产业发展方面取得较大突破,计划到 2012 年,进出口总额达到 300 亿美元,引进世界 500 强企业 200 家,利用内资超过 2000 亿元人民币,集装箱吞吐能力增至 500 万标箱;(3)2013—2020 年则为全面提升阶段。这一时期,重庆两江新区对周边地区的辐射和带动作用将进一步加大,作为西部地区经济发展的重要增长极和长江上游地区经济中心的地位更加突出。①

四、浙江舟山群岛新区实现三大战略定位和五大发展目标的路径选择

1. 错位发展,互动共赢

舟山与上海、宁波同处舟山海域一个港池,合用长三角地区相同锚地,共享大陆腹地相同资源,且均具备建设煤炭、石油、铁矿石等码头的优势和条件,因此,舟山与长三角其他各大港口的激烈竞争也就难以避免。鉴于上海在长三角的霸主地位以及宁波作为长三角杭州湾南翼中心城市,浙江舟山群岛新区在港口发展方面须错位竞争,方能发挥比较优势。一方面,浙江舟山群岛新区的集疏运条件不如上海和宁波,直接经济腹地狭小且货物吞吐绝大部分以进口为主,因此重点发展转口贸易可实现错位发展;另一方面,舟山港进出口货物多为大宗散货,所以集中发展大宗散货物流既有利于浙江舟山群岛新区建设大宗商品储运中转加工交易中心,以保障国家大宗商品战略物资的安全和定价话语权,同时还可与以集装箱业务为核心的上海和宁波相区别,从而形成浙江舟山群岛新区自己的港口物流特色。

宁波港连接着铁路,经济腹地广阔,适合海陆联运,而舟山港由于四面环水,因此更适合海海联运,作为国际大宗商品的中转和仓储基地更为适宜。此外,宁波产业基础雄厚、金融支撑强大、基础设施完善,特别是在临港工业、航运金融服务、海铁联运等方面优势明显,而舟山的最大优势则是海岛数量众多,岸线资源开发潜力巨大。基于以上两方面的比较,只有将舟山的政策优势、海海联运优势与宁波的产业优势和海铁联运优势结合起来,浙江舟山群岛新区建设才能一日千里,宁波的经济发展水平也才会更上一个新台阶。所以,舟山要主动对接宁波,以宁波—舟山港一体化为契机,进一步深化与宁波在港口开发、产业协同、金融合作、旅游发展等方面的战略合作。

---

① 引自百度百科"两江新区"词条,见 http://baike. baidu. com/view/2204857. htm,2011 年 6 月 27 日访问。

2. 争取政策，以海兴市

当前迫切需要争取的国家政策包括：一是积极申请获得"中国大宗商品交易中心"品牌，在现货挂牌交易、现货竞价交易基础上，在国内首创"商品即期"交易模式，积极探索推行美元挂牌、结算交易模式，有序推出原油、汽柴油、铁矿石、煤炭、粮油等期货品种，加快形成若干种大宗产品交易的"舟山价格"，并将交易价码及未来价格走势预期编成指数发往全球。二是选择有条件的区域或岛屿（如金塘、六横、长涂等港区）设立保税物流园区或大宗散货商品保税港区。考虑到周边已有上海洋山和宁波梅山保税港区，新增保税港区存在一定难度，拟议中的舟山保税港区应突出大宗散货，与上海、宁波的集装箱货物形成差异化发展。此外，积极探索具有海岛特色的更为开放的口岸监管模式，切实营造"大通关"口岸体系。三是争取将上海国际金融中心、航运中心先行先试的部分政策平移至舟山，如启运港退税政策、离岸金融服务政策、建设港航服务体系政策和促进国际航运服务产业发展政策等。四是推动海洋经济重大基础设施建设进程，建议由国家交通运输管理部门牵头，抓紧启动编制宁波—舟山港集疏运专项规划，优化铁路枢纽布局，支持跨海铁路、铁海联运项目规划建设。①

目前，我国石油对外依存度已然超过 50%，石油能源安全隐患日益凸显。而陆地石油资源供给业已达到顶峰，每年产量只能维持在 2 亿吨左右，因此大力勘采海洋石油已经势在必行。东海拥有丰富的石油、天然气和其他矿产资源，海洋石油、天然气以及矿产资源的勘探开发将会带动海洋科技、建筑材料、交通运输、船舶修造等行业进一步发展，于是建议浙江舟山群岛新区成立海洋油气与矿产资源勘探开发局，以加大对海洋资源的开发与保护力度。此外，浙江舟山群岛新区还须紧紧围绕"海"字做文章，通过充分挖掘与发挥自身独特的区位优势和海洋资源优势，因势利导地调整与优化产业结构，逐步形成以临港工业、港口物流、海洋旅游、现代海洋渔业为支柱产业的开放型经济体系。舟山的希望在海洋，今后舟山还应继续大力发展海洋经济，将海洋经济作为经济转型升级的突破口，深入推进"以海兴市"战略，充分挖掘海洋生产力，努力把浙江舟山群岛新区建设成海洋经济强市、海洋文化名城、海上花园城市和海岛和谐社会。

3. 高端突破，科技引领

从新时期经济发展的特点看，产业转型升级将进入高端定位、集约增长阶段，以大拆大建、短周期大投资为特征的粗放型经济增长方式已经成为过去时，取而代之的将是智慧型发展模式。以高新技术为核心、高端产品为标志、产业协

---

① 解力平、查志强、李文峰、徐友龙：《浙江舟山群岛新区三大战略问题研究》，《观察与思考》2012 年第 3 期。

同为特征的现代产业体系与高端产业集聚区将成为浙江舟山群岛新区海洋经济发展的重要载体。因此,应坚持海洋带动与陆域联动并重,科学布局临海产业,着重推进以下工作:第一,推动制造业向价值链高端延伸,采取引进核心项目壮大产业集群、实施老企业搬迁淘汰落后产能、发展核心技术打造舟山创造三大举措,大力推进船舶修造、港航物流等主导产业协同集聚,优化升级海洋渔业、海洋运输等传统产业,培育发展新能源、新材料、海洋医药化工、高端装备制造等新兴产业。第二,实施服务业重点工程。集聚发展金融、现代物流、科技信息、中介服务等涉海服务业,整合提升房地产、滨海旅游、商贸流通、家庭服务、海洋体育等生活服务业,培育发展文化创意、服务外包、旅游会展等新兴服务业,构筑"集聚发展,多面展开,梯度推进,特色突出"的服务业发展新格局。第三,加深地区间在物流领域开展合作,引导物流资源跨区域整合,构筑区域一体化物流服务格局;着力加强物流基础设施建设,完善综合运输网络,促进多种运输方式的衔接和配套;发展多式联运,加强铁路、港口、机场以及公路集疏运体系建设,提高系统性和兼容度。

加强中国海洋科技创新引智园、国家海洋科技国际创新园等科技创新载体和平台建设,全面提升海洋科技攻关、成果转化和服务水平。扶持建设一批海洋科研基地和孵化器,支持国家海洋重点实验室(工程中心)建设,加快国内外重大海洋科研成果转化落地,打造我国新兴海洋科技研发转化基地。大力培育科技创新载体,支持涉海企业联合研发机构和高等院校,组建船舶与海工装备、海水综合利用、海洋生物医药、海洋勘探开发、海水淡化、海洋能利用等领域创新战略联盟。完善海洋科技信息、技术转让等服务网络,促进创新成果转化,规划建设舟山国家海洋技术交易服务与推广中心。利用物联网、云计算和智能终端等现代信息技术手段,加快海洋信息网络建设,打造"科技舟山"。

4. 创新管理,先行先试

创新海洋经济发展体制机制,完善落实财政投入、税收扶持、要素保障、价格引导、开发开放等政策措施,大力支持民营经济公平参与海洋经济开发,着力培育一批涉海龙头骨干企业集团,进一步优化海洋经济产业布局和所有制结构。创新海洋综合管理新模式,围绕海洋资源开发和环境保护,加强涉海地方法规建设,完善海洋战略决策、事务管理、综合执法等部门的机构和职能,强化海洋管理力量,推进海上联合执法。以海洋资源科学规划、统筹利用、综合开发为重点,积极推动舟山海洋综合开发试验区建设,争取在政策支持、体制创新、要素投入方面取得突破,为全省海洋事业可持续发展积累宝贵经验。此外,必须建立高效的组织领导体制,建议成立浙江舟山群岛新区开发建设领导小组,由省政府主要领导担任小组组长,省政府分管领导担任副组长,牵头负责浙江舟山群岛新区建设的统筹协调工作。同时,省委、省政府各部门要把浙江舟山群岛新区建设列入重要工作日程,按照职能分工和近期工作重点做好相关工作。[①]

加快浙江舟山群岛新区建设,就要敢为天下先,敢走天下人未曾走过的路。先行先试、善行善试、真行真试,创新海洋海岛综合开发体制,用足用好国家赋予的政策,把浙江舟山群岛新区建成中国新一轮对外开放的重要窗口、浙江海洋经济发展的先导区和我国海洋综合开发的试验区。与上海浦东新区、天津滨海新区和重庆两江新区相比,浙江舟山群岛新区作为一个后发的海岛地区,在建设国家级新区过程中,必须具备跳出舟山、发展舟山的宽广视野,在海洋海岛开发开放的深度、广度等方面走在全国前列,敢于探索试验,不为传统模式所困,走出一条具有舟山特色的海洋海岛保护开发新道路。

第二节　浙江舟山群岛新区海洋经济

海洋经济包括为开发利用海洋资源及其空间而进行的生产活动,以及与之相关的各项经济活动。按照行业分类,海洋经济主要包括海洋渔业、海洋交通运输业、海洋船舶工业、海盐业、海洋油气业、滨海旅游业等行业。根据产业分类,海洋渔业为第一产业,海洋油气业、海滨砂矿业、海洋盐业、海洋化工业、海洋生物医药业、海洋电力和海水利用业、海洋船舶工业、海洋工程建筑业等为海洋第二产业,海洋交通运输业、滨海旅游业、海洋科学研究、教育、社会服务业等为海洋第三产业。

一、浙江舟山群岛新区海洋经济发展的现状

1. 海洋经济总体情况

2011年,舟山市海洋经济总产出1758亿元,按可比价计算,比2010年增长15.6%,2007—2011年年均增长15.9%;海洋经济增加值525亿元,比2010年增长14.5%,2007—2011年年均增长14.9%。海洋经济增加值占地区生产总值比重达到68.6%,比2010年提高0.6个百分点。

(1)工业经济快速发展

2011年,舟山市工业总产值达到1440.6亿元,比2006年增长了1.9倍,主导地位进一步突出。船舶业总产值达到666.4亿元,比2006年增长了5.2倍,造船能力达到1000万载重吨,造船完工量、手持订单和新接订单三项指标均占

---

① 李光全:《舟山群岛发展定位与路径选择》,《中国国情国力》2012年第3期。

全国比重的 10％以上,船舶产品本地配套率从 2006 年的 3％提高到 2011 年的 7％。2010 年,全国首个水产加工制造产业技术创新战略联盟在舟山成立,水产精深加工水平明显提高,海洋生物医药产业开始实质性起步。规模以上石化工业年产值达到 163 亿元,纺织、机械等产业稳步发展。新增风力发电装机容量 9.8 万千瓦。建筑业年产值从 2006 年的 53.7 亿元提高到 2011 年的 192 亿元。

(2)第三产业持续提升

宁波—舟山港一体化进程明显加快,"三位一体"的港航物流服务体系建设扎实推进,国储岙山基地、大浦口集装箱码头、浙能煤炭中转基地一期和虾峙门、条帚门航道疏浚工程等一批重大项目建成投用,港航综合商务区加快建设,港口货物吞吐量达到 2.6 亿吨,海运运力 452.3 万载重吨,比 2006 年分别增长了 1.3 倍和 1 倍。舟山群岛"八大游"项目整体推出,印象普陀、体育公园、普陀国际游艇会等精品项目建成,海洋特色节庆活动蓬勃开展,宝岛慈航活动影响深远。普陀山成为国家首批 AAAAA 级旅游景区,舟山市被列为国家旅游综合改革试点城市。全市 2011 年接待国内外游客 2460.5 万人次,实现旅游收入 235.5 亿元,比 2006 年分别增长了 1.1 倍和 1.6 倍。住宿和餐饮业持续繁荣,一批现代商贸综合体相继建成。

(3)渔农产业稳步转型

2011 年,舟山市实现渔农业总产值 150 亿元,2007—2011 年年均增长 12.7％。实施渔业"十百千万"工程,建成了一批现代渔业示范区和渔港经济区,国家级远洋渔业基地建设扎实推进,舟山水产品交易中心投入运营。现代农业园区建设快速推进,新增土地流转面积 3.74 万亩、渔农业合作社 89 家、渔农家乐 94 家。2007 年,舟山市荣获"中国海鲜之都"称号。①

2. 海洋经济产业结构

海洋经济总量的持续扩大,特别是临港工业的快速发展,推动着海洋经济三次产业结构不断调整变化。其主要特点是:第二产业比重逐渐走高,第一、第三产业比重有所下降(见表 7-1)。2005 年舟山市海洋经济第一、第二和第三产业增加值比例为 20.2：42.5：37.3,但随着临港工业的快速发展,到 2010 年三次产业结构占比调整为 13.3：54.8：31.9。2005—2010 年,第二产业增加值占海洋经济增加值的比重上升 12.3 个百分点,而第一、第三产业的占比则分别下降 6.9 个和 5.4 个百分点。产业结构调整中第三产业比重之所以会有所下降,可能与两方面因素有关,一是海洋经济总量仍处在发展壮大阶段,从 20 世纪 90 年

---

① 周国辉:《舟山市 2012 年政府工作报告》,见 http://www.zhoushan.gov.cn/html/236364.html,2012 年 4 月 30 日访问。

代末起,舟山市以发展临港工业为导向,通过对船舶工业、石化工业大量的投入,产能逐渐释放出来,海洋经济第二产业迅猛发展;二是以港口物流业、海洋旅游业为主的涉海第三产业的投入期限较长,产出放大需要一定时间。[①]

表 7-1　2005—2010 年舟山市海洋经济三次产业结构

年份	海洋经济三次产业比例
2005 年	20.2：42.5：37.3
2006 年	17.5：45.6：36.9
2007 年	14.9：49.1：35.9
2008 年	13.2：52.4：34.4
2009 年	11.9：54.5：33.6
2010 年	13.3：54.8：31.9

资料来源:舟山市政府信息公开网,http://xxgk.zhoushan.gov.cn/xxgk/jcms_files/jc-ms1/web44/site/art/2011/9/30/art_2468_39340.html,2012 年 9 月 20 日访问。

3. 海岛生态环境保护

"十一五"期间,舟山市累计投资 3 亿多元用于污水处理设施建设,新建生活和工业集中式污水处理设施 17 座,污水日处理能力达 11.35 万吨。同时,生活垃圾无害化处理设施(填埋)、日焚烧处理 10 吨工业固废处置中心项目、日处理 600 吨生活垃圾焚烧处理设施也相继建成。到 2010 年年底,舟山市化学需氧量排放量 8215 吨,比 2005 年(10236 吨)减少 19.74%;二氧化硫排放量 23898 吨,比 2005 年(29732 吨)减少 19.62%,两项污染物排放指标均按照"十一五"规划纲要确定的减排任务超额完成。由于主要污染物入海量基本得到控制,舟山近海海域水质也有所改善,近海海域优于二类海水水质面积比例达到 10.5%,环境功能区水质达标情况总体上呈上升态势。2010 年,全市地表水功能区水质达标率为 86.4%,集中式生活饮用水水源地功能区水质达标率为 90.9%,市区日空气质量优良率为 97.9%。[②]

4. 海岛基础设施建设

(1)水利工程积极推进

2005—2010 年,舟山市大陆引水二期工程开工建设,舟山本岛北部、舟山本

---

① 《舟山海洋经济发展调查报告》,见 http://wenku.baidu.com/link?url=913h3rDINOWOMF。

② 舟山市环保局:《舟山市'十二五'环境保护规划》,见 http://www.zhoushan.gov.cn/html/217744.html,2012 年 3 月 27 日访问。

岛—岱山岛、岱山岛—长涂岛、舟山本岛—普陀山岛、舟山本岛—长白岛、舟山本岛—蚂蚁岛—桃花岛—登步岛等一批引水工程相继建成并投入使用,新增跨区域调水能力 0.999 立方米/秒;建设完成展茅平地水库、枫树水库、衢山新罗家岙水库、千丈塘平地水库、五星平地水库 5 座蓄水工程,新增蓄水库容 776 万立方米;六横岛一期、东极岛、岱山岛二期、长涂岛、秀山岛、衢山岛、泗礁岛四期和五期、嵊山岛、洋山岛、枸杞岛 10 处海水淡化工程建成投产,新增海水淡化能力 4.815 吨/日。①

(2)交通条件明显改善

"十一五"期间,舟山市完成交通建设投资 170 亿元,新增公路总里程 728 千米,新建、改建通村联网公路 312 千米、陆路交通码头 27 座,新开通海上客运航线 11 条。舟山跨海大桥的修建,更是让舟山从孤岛走向大陆,从交通最末端变成通向海洋的最前沿。1999 年 9 月,舟山跨海大桥的第一座桥——岑港大桥正式开工。2009 年 12 月,历经十年、耗资百亿的舟山跨海大桥正式全线通车。随着大桥时代的到来,舟山开始全面融入上海、杭州三小时经济圈,作为长三角海上开放门户的区位优势更加凸显。

(3)供电能力进一步增强

截至 2010 年年底,舟山市建成 110 千伏及以上线路 689.2 千米、变电容量 189.9 万千伏安,较 2005 年年底分别增长 253% 和 352%。主网供电能力由"十一五"初的 43 万千瓦增加到 2010 年的 103 万千瓦。2010 年 7 月,总投资约 9.7 亿元、创造了中国乃至世界电网建设史上多项纪录的 220 千伏舟山与大陆联网工程正式投运,有效解决了长期制约舟山发展的缺电问题。2010 年 9 月,舟山发电厂二期扩建工程竣工投用,为舟山市经济社会可持续发展进一步提供能源支持。2010 年 12 月,220 千伏蓬莱输变电工程建成投产,岱山供用电严峻形势得到根本缓解。2011 年 5 月,110 千伏泗礁输变电工程竣工并正式投入运营,全省最后一个县级电网顺利实现与浙江电网联网,彻底结束了嵊泗电网单电源供电的局面。

(4)现代通信网络基本形成

2011 年年末,舟山市拥有固定电话(含小灵通)用户 53.60 万户,比 2010 年年末下降了 2.9%;移动电话用户 153.39 万户,比 2010 年年末增长 17.1%;宽带用户 26.46 万户,比 2010 年年末增长了 14.9%。目前,舟山已经建成华礁、鼠浪、大鹏山、大白山等海域覆盖基站,实现了近海渔场移动通信网络无缝覆盖

① 舟山市水利水务局:《舟山'十一五'水利成效显著》,见 http://www.zjwater.com/channel2/document.aspx? id=84273,2012 年 6 月 30 日访问。

和主要航道全覆盖,完成了岱山岛至秀山岛、登步岛至蚂蚁岛等海底通信光缆工程。到 2011 年 9 月底,舟山市普陀区已在普陀山、朱家尖、普陀城区完成"无线城市"试点建设,实现主要公共场所 Wi-Fi 信号全覆盖,公共场所免费无线上网从此成为普陀区一大城市"福利"。

二、浙江舟山群岛新区海洋经济发展中存在的问题

1. **船舶产业集群转型升级问题较为突出**

舟山市船舶产业集群转型升级问题主要表现在以下三个方面:第一,船舶产业集中度与海洋经济发达国家或地区相比仍然不高。舟山港口条件虽然较好,企业数量和从业人员也较多,但船舶产业的集团化和规模化水平与日本的横须贺、神户、长崎、大阪和韩国的釜山、蔚山、镇海、马山等造船中心相比差距较大,造船企业"小而散"的问题十分突出。第二,船舶工业研发能力比较薄弱。目前,舟山船舶制造企业依然存在"重生产,轻研发"的现象。据统计,2010 年舟山市交通运输设备制造业研发经费为 31988 万元,主营业务收入为 4562674 万元,研发经费仅占主营业务收入的 0.07%,与日、韩等其他国家的平均水平相比尚有较大差距。第三,造船企业的先进制造水平有待提高。舟山骨干造船企业在建立以中间产品组织生产为特征的现代造船模式上已初见成效,但为数不少的造船企业仍处于分段制造向分道制造的过渡阶段,"设备先进,生产技术落后;生产线先进,产品技术含量低"的现象大量存在。

2. **港口物流不能适应舟山群岛新区发展要求**

由于舟山区位优势独特,港口条件优越,海洋经济业已成为舟山以至整个国家新的经济增长点,可以预见,未来十年港口物流将成为舟山的战略性支柱产业。虽然目前舟山已经初步形成了海、陆、空、管四位一体的立体化集疏运网络,但与荷兰鹿特丹、中国香港等港口物流比较发达的城市相比,当前舟山各港口的集疏运体系仍然存在很大差距。即使与上海、宁波等周边港口相比,舟山与它们存在的差距也不小。主要表现在:尽管舟山跨海大桥已建成通车,集疏运条件得到较大改善,但仍然缺乏完备的联结各港口的疏港公路网;缺少直接通往大陆腹地的铁路大通道;仓库、堆场等集疏设施建设还比较薄弱;多通路、多方向与多种类的集疏运方式还没有形成,快速高效的"无缝隙"集疏运管理体系尚未建立。同时,由于基础设施薄弱,信息化管理刚起步,港口规模化、专业化和集约化水平低等原因,舟山各港口总体上仍处于第一代港口功能水平,即"装卸+运输+仓储",仅有部分港区拥有加工、配送、贸易等物流增值功能,这与具有运输组织、装卸储运、中转换装、信息服务、加工配送等多功能、现代化的综合性港口相比,差

距显而易见。①

3. 资源粗放利用以及环境污染问题比较严重

传统、落后、粗放的渔业生产经营方式,造成舟山海洋资源的过度消耗和渔业资源的严重衰退,经济发展与自然资源的矛盾长期存在,严重制约着海洋经济的可持续发展。由于近海捕捞渔船数量的过快增长和捕捞技术的快速发展,导致沿岸鱼类资源急剧衰退,一些经济鱼类正处于濒危甚至灭绝的状态。舟山渔场历史上曾以大黄鱼等四大海产名冠全国,由于长期无节制地捕捞,现在舟山的野生大黄鱼已经濒临绝迹,每年捕捞量不过十几吨。此外,带鱼、小黄鱼、银鲳鱼等主要经济鱼类也在逐年减少,野生墨鱼已经完全绝迹。除了海洋资源的不合理开发利用问题比较严重外,舟山近岸海域的环境质量状况同样不容乐观。舟山渔场地处长江、钱塘江、甬江三江入海口,每年要接纳大量的工业废水和生活污水,无机磷、无机氮、石油类污染物和化学耗氧量严重超标,其中无机氮超标情况遍布舟山全海域,历史最高值曾是一类海水标准的十几倍。近年来,舟山海域还存在赤潮频发的现象,仅 2006 年观测到的赤潮就多达 12 次,赤潮灾害的频繁发生给舟山海域的海水养殖业造成了巨大的经济损失。

4. 海洋人才缺乏制约着海洋经济的快速发展

近年来,舟山市通过实施培养与引进并举、大力引进和高效使用并重等一系列政策措施,海洋人才有了较大改观,但海洋人才数量相对不足、各层次人才结构不尽合理的情况依然存在,海洋人才队伍不论是规模还是质量与山东、上海、广东等国内海洋经济发达地区的差距仍然较大。目前,舟山市海洋人才队伍建设存在的问题主要表现在以下四个方面:一是海洋人才的数量、质量与舟山快速发展的海洋经济和建设浙江舟山群岛新区的战略目标还存在很大距离;二是人才结构不尽合理,普通人员较多,海洋新兴产业、高新技术产业方面的研发型、创业型人才匮乏;三是行业分布不平衡,舟山市海洋人才主要集中于科研院所等事业单位,而在企业工作的海洋人才数量相对较少;四是扎根于基层的高层次海洋人才严重短缺,服务于渔农村等基层单位的海洋人才少之又少。

三、国外海洋经济发展经验概述

1. 海洋科技支撑美国海洋经济长期领先

美国政府历来高度重视海洋科技工作,海洋科技的研究与开发直接由政府出面领导。美国至今已经建立了 700 多个海洋研究与开发实验室,聘用的科学

---

① 《舟山海洋经济发展调查报告》,见 http://wenku. baidu. com/link? url=913h3rDINOWOMF, 2012 年 7 月 4 日访问。

家和工程师占全美科学家和工程师总人数的 3/5。美国政府还针对不同的海洋开发项目有目的、有针对性地开办了具有不同功能的海洋科技园,如密西西比河口区的海洋科技园主要从事军事和空间领域的高新技术向海洋资源开发和海洋空间利用进行转移,进一步推动密西西比河区域海洋产业在更高层次上实现快速发展;而位于夏威夷的海洋科技园则主要致力于海洋热能转换技术的研究开发与市场开拓,同时也从事海洋生物、海洋矿产、海洋环境保护等领域高新技术产品的研究与开发工作。此外,美国每年都会投入大量经费用于海洋科技的基础研究和开发应用研究。1996—2000 年,美国投入海洋科技研究与开发的经费多达 110 亿美元,2001—2005 年更增至 390 亿美元。美国海洋科技经费不仅数量庞大而且来源广泛,除了以国家投入为主外,还存在大量的部门、企业和社会的捐赠,巨额且多元的经费投入使得美国能够在海洋科技创新方面长期保持竞争优势。

2. 海洋科研增强法国海洋科技创新能力

1984 年,法国成立了海洋开发研究院。从此开始,它便成为名副其实的专门从事海洋科学研究和技术开发的核心科研机构。该研究院的 4 个主要研究中心分别位于法国的布列斯特、南特、土伦和布洛涅,海外研究中心设在太平洋的塔希提岛上。在海洋领域,法国海洋开发研究院主要承担以下四个方面的工作:(1)提供开发利用海洋资源、保护海洋生态环境的技术和方法,为法国国家海洋战略服务;(2)全力促进海洋部门承担国家海洋技术改革任务,提升海洋部门的设施装备和工作水平;(3)从国家角度出发对海洋环境保护作出贡献;(4)管理海洋船队和法国海洋科学计划项目。此外,该研究院还为海洋研究成果推广转化和向公众传播知识做了大量工作。法国海洋开发研究院不仅是一所海洋科技开发与推广的科学研究机构,而且还具有统筹海洋科学研究工作的协调功能。作为科研机构却具有协调功能,这对浙江舟山群岛新区开发海洋资源、发展海洋经济具有一定的启示作用。

3. 海洋牧场推动韩国海洋渔业持续发展

1994—1996 年,韩国开始进行海洋牧场建设的可行性研究。1998 年,韩国决定实施"海洋牧场计划"。该项目计划分别在韩国的东海(日本海)、韩国南部海域(对马海峡)和黄海建立几个大型海洋牧场示范基地,有针对性地培育特有优势品种,在形成系统的技术体系后,逐步推广到韩国其他沿岸海域。1998 年,韩国首先开始在庆尚南道统营市建设核心区面积约为 20 平方千米的海洋牧场。在取得一定成效后,韩国又相继建立了 4 个海洋牧场,并将在统营市的海洋牧场所取得的经验和成果在新建的 4 个海洋牧场加以推广和应用。2007 年,由于韩国海洋研究院有关人员在项目实施过程中存在无故推脱责任、浪费科研经费等问题,韩国海洋水产部决定将该项目移交给韩国国立水产科学院进行管理。该院随即成立海洋牧场管理与发展中心,具体负责"海洋牧场计划"项目的实施工作。经过多年努力,韩国的"海洋牧场计划"取得了非常好的效果。以庆尚南道统营市的海洋牧场为例,该海区渔业资源量大幅增长,增值达 900 多吨,渔业资源量约为项目实施初期的 8 倍;当地渔民收入不断增加,从 1998 年的 2160 万韩元(约合人民币 18 万元)提高到 2006 年的 2731 万韩元(约合人民币 23 万元),增长率达 26%。①

4. 生态破坏促使日本重视海洋环境保护

日本对海洋经济的依赖,在全球几乎都是登峰造极的。由于国土不足,日本成为全球最疯狂的围海造田者。同时,早期的急功近利亦使日本成为世界各国的众矢之的:建造人工岛,向海洋索取土地达 200 多平方千米,严重影响了海洋地理生态;疯狂捕鲸,置国际公约于不顾,给全球鲸类生存造成极大威胁;将大量从第三世界国家购买的矿产资源贮存于海底,对海水水质造成很大污染。为此,日本经常受到世界各国的诟病。为了吸取以前以牺牲环境为代价换取经济高速发展的经验教训,日本后来在发展海洋经济时十分注重保护海洋生态环境。1996 年,日本颁布实施《海洋生物资源保存和管理法》,并于 2007 年进行了修订。该法规定要对专属经济区内的海洋生物资源制订保存和管理计划,通过对海产捕捞量采取必要的控制措施,实现专属经济区内海洋生物资源的保护与增值。此外,日本政府还进一步健全石油污染防除机制,完善油污损害赔偿制度,加强海洋环保技术的研究与开发,加大对海上环境违法行为的查处力度。如今,日本一片青山绿水、碧海蓝天,虽是"先污染,后治理",但结果也算不错。

四、发展浙江舟山群岛新区海洋经济的对策与建议

浙江舟山群岛新区主要有五大发展目标:第一,建成我国大宗商品储运中转加工交易中心;第二,建成东部地区重要的海上开放门户;第三,建成我国海洋海岛科学保护开发示范区;第四,建成我国重要的现代海洋产业基地;第五,建成我国陆海统筹发展先行区。围绕这五大发展目标,结合舟山海洋经济发展中存在的主要问题和外国海洋经济日益壮大的成功经验,浙江舟山群岛新区政府未来十年应重点做好以下几方面的工作。

1. 创新科技金融支撑体系,促进船舶产业集群转型升级

大力推进产、学、研相结合,积极引导浙江大学、宁波大学、浙江海洋学院、浙

---

① 余远安:《韩国、日本海洋牧场发展情况及我国开展此项工作的必要性分析》,《中国水产》2008 年第 3 期。

江国际海运职业技术学院以及其他高等院校与舟山造船企业在重点领域开展技术合作与协同攻关,充分依托高等院校的技术优势开展多种形式的技术培训,培养船舶制造业急需的各类人才,为船舶产业集群转型升级提供人才支持和技术支撑。同时,要加大对舟山骨干船企业之间进行合作的支持力度,促进大型企业的技术优势与中小企业的体制机制优势形成互补,推进不同企业之间就共性基础问题展开合作。此外,船舶制造业是典型的资金密集型产业,金融业的发展程度直接关系到船舶制造业的发展水平和升级层次,建议设立"浙江海洋开发银行",专门为船舶制造业等海洋产业提供资金支持和金融服务。在此基础上,还应实行更加开放的金融政策,积极支持符合条件的船舶制造企业发行企业债、公司债、可转换债、短期融资券、中期票据等债券产品,进一步拓宽船舶制造企业的融资渠道。

2. 构建现代化港口大物流,加快宁波—舟山港一体化进程

构建现代化港口大物流,必须进一步加快联结各港口的疏港公路网建设,积极组建大型运输船队提高舟山各港口的航运影响力,全面提升大宗商品的储运、中转、加工能力,重点构筑以大宗商品交易服务平台为主要内容,以陆海联动集疏运网络为纽带,以金融和信息系统为支撑的"三位一体"的港口物流服务体系,使舟山各港口由现在的"装卸＋运输＋仓储"的简单港口经营模式逐步发展成为具有多功能物流增值服务的现代化综合性港口。为适应现代化港口大物流的建设步伐,加快推进宁波—舟山港一体化进程就成为浙江省政府和宁波、舟山市政府现在以及今后一段时期的一项重要工作。为此,浙江省人民政府要加强两港一体化的统筹协调,"统一规划,统一品牌,统一建设,统一管理",进一步整合宁波、舟山港口资源,大力推进有利于实现宁波—舟山港一体化的建设项目。此外,宁波和舟山市人民政府以及有关部门则必须齐心协力、各司其职,着力创新港口物流服务模式,集中力量将宁波—舟山港打造成为全球一流的大宗商品国际物流枢纽港。

3. 转变资源利用方式,加大海洋环境保护力度

"海洋产业对海洋生态系统的影响已经引起国际社会的广泛关注,考虑生态系统的管理已经成为海洋产业管理的发展趋势"[①]。坚持"沿岸保护,近海恢复,远洋开发"的原则,控制近海捕捞强度和生产总量,保护和修复沿岸渔场,借鉴韩国经验建设海洋牧场,壮大远洋渔业船队,充分利用国内和国外渔业资源,将舟山打造成一个集加工、冷藏、贸易为一体的远洋渔业基地。加强科技攻关和技术

---

① 周达军、崔旺来、刘洁等:《浙江海洋产业发展的基础条件审视与对策》,《经济地理》2011 年第6 期。

改造,以精深加工、高值化加工以及副产物综合利用为重点,突破质量控制和安全管理关键环节,通过技术集成与示范,提高舟山海洋水产品加工业的整体技术水平。在海洋生态环境的保护方面,必须进一步加强沿海城镇和临港工业区的污水处理设施建设,完善污水处理配套管网,实现污水集中处理和达标排放。加大海岸(洋)工程、陆源入海排污口和船舶污染的监控力度,控制海洋开发利用活动中的污染物排放和海洋倾废,推进海陆污染同步监督防治。建立和完善海洋自然灾害应急预案和海上突发事件响应机制,积极探索跨区域海洋污染联合执法新模式。

4. 大力培养海洋人才,积极实施海洋人才战略

建设浙江舟山群岛新区,关键靠科技,根本在人才,海洋人才是发展浙江舟山群岛新区海洋经济最重要的资本和第一资源。只有形成一支数量充足、素质精良、结构合理、能参与国内外竞争的海洋人才队伍,并创造良好的环境让他们发挥专长,浙江舟山群岛新区建设才能落到实处而不至于沦为纸上谈兵。海洋人才队伍建设主要包括两种方式,一是培养,二是引进。在海洋人才培养方面,要充分利用好浙江海洋学院和浙江国际海运职业技术学院这两个海洋人才培养平台,积极支持浙江海洋学院创建为浙江海洋大学,努力把浙江海洋学院打造成国内一流、部分学科国际知名的教学研究型海洋大学;在海洋人才引进方面,必须进一步加大"新世纪海洋人才工程"的实施力度,创新海洋人才的引进、培养、配置和使用机制,加大对海洋人才的经济支持和资金投入,重点做好博士后流动站的建设和管理,积极组织用人单位赴岛外高校招聘、引进海洋人才。此外,还要发挥我们"海外侨胞多和留学生多的优势,充分发掘海外浙籍华侨华人和留学生的人才资源和资金资源"[①],鼓励他们以各种方式为浙江舟山群岛新区建设服务。

第三节　浙江舟山群岛新区行政管理体制改革

一、舟山群岛新区行政管理体制改革面临的新情况、新要求

浙江舟山群岛新区是我国继上海浦东新区、天津滨海新区、重庆两江新区后的第四个国家级新区,同时也是我国首个为实施国家海洋战略、以海洋经济为主

---

① 周达军、崔旺来、刘洁等:《浙江海洋产业发展的基础条件审视与对策》,《经济地理》2011年第6期。

题的新区。浙江舟山群岛新区的开发开放同我国其他经济特区、新区的开发相比,所处的历史时期完全不同,国内国际环境也有较大的差别,尤其是战略功能和承担的使命有很大不同。因此,浙江舟山群岛新区的行政管理体制改革要在继续深化建立与市场经济相适应的行政管理体制改革、克服计划经济下形成的旧体制惯性的同时,还面临着由于新区特有的战略定位和发展目标而产生的各种新情况、新要求。

1. 探索海洋经济科学发展之路,要求改革海洋管理体制

《国务院关于同意设立浙江舟山群岛新区的批复》明确要求:要把设立浙江舟山群岛新区作为实施区域发展战略和海洋发展战略、贯彻落实《中华人民共和国国民经济和社会发展第十二个五年规划纲要》的重要举措。并指出:设立并建设好浙江舟山群岛新区,对于深化海洋管理体制改革、创新海洋海岛综合保护开发方式、加快转变经济发展方式具有重要意义。

国际海洋法对于海洋管理有明确要求,《联合国海洋法公约》确立了"专属经济区"和"大陆架"等制度,将世界海洋 35.8% 的面积划归沿海国管辖,并明确指出:"海洋区域的种种问题都是彼此密切相关的,有必要作为一个整体来加以考虑。"所以,沿海国都把国家管辖海域作为国土一样对待,以国家行为来维护、开发和整治,并承担国际法规定实施"综合管理"的国际义务。这说明海洋问题具有多元性,对海洋资源、环境和空间的开发利用,既需要各类资源开发部门的行业管理,更需要国家着眼于民族的整体发展利益和保证可持续发展的视野来对工业、渔业、采矿、交通、旅游、治安、防卫等方面及其影响因素进行统筹兼顾、综合平衡,实施统一的海洋国土综合管理。目前,联合国和世界主要海洋国家,都把海洋作为一个特殊的政治和地理区域,建立和完善以海洋区域综合管理与传统分部门管理结合的管理体制。自《联合国海洋法公约》生效以来,沿海国家都相继建立了自己的海洋管理体制。联合国号召沿海国家改变部门分散管理方式,建立多部门合作、社会各界参与的海洋综合管理制度。世界海洋和平大会还特别推荐了四种海洋与海岸带综合管理模式,即荷兰模式、美国俄勒冈州模式、美国夏威夷模式和巴西模式。

我国目前海洋管理主要是计划经济时代的产物,也是陆域管理体制向海洋的延伸,基本上还是条块分割、单项管理、分散执法的管理体制,是以各行业和各部门管理为主,海洋、外贸、交通、环保、渔政、公安、海关等部门都在管理。由于管理部门分散,相互合作不够,形成了政出多门、令出多头的局面,再加上部门之间、地方之间、部门与地方之间的权益纷争,力量不集中,造成管理上的混乱。舟山目前在海洋管理方面也存在这种状况。

设立浙江舟山群岛新区,是新时期我国推进实施海洋发展战略的重大举措,

的基本结构。舟山群岛新区在建设保税区、自由贸易园区和自由港过程中面临的主要问题主要有：①区内政府管理模式的选择。目前世界主要自由贸易港区管理体制有三种模式：政府主导型、企业主导型和政企混合型。舟山群岛新区在建设保税区、自由贸易园区和自由港过程中在运作之初可以考虑采取政府主导型的管理模式，但当政府管理经验丰富以后，就应学会借助区内管理公司的力量，在区内推行政企混合型的管理模式。②新区政府对保税区、自由贸易园区和自由港区如何进行管理和监督，有哪些职能，如何履行职能？③保税区、自由贸易园区和自由港区内设立的作为新区政府派出机构的管委会有哪些职能，其内部的工作机构设置如何？④管委会与海关、工商、税务、公安、土地管理、商检、动植物检疫、卫检、边防检查等部门的驻保税区办事机构如何进行职能分工和协调？

4. 在现有完整市成建制下建设新区要求市区联动、新旧衔接，保障行政管理体系的顺畅、高效运行

《国务院关于同意设立浙江舟山群岛新区的批复》中明确指出，舟山群岛新区范围与舟山市行政区域一致。这意味着舟山是在完整的市建制下，在原来的市行政区域范围内设立新区。而其他三个国家级新区，都是重新划定区域范围来设立新区。浦东新区包括原川沙县，上海县的三林乡，以及中心城区杨浦、黄浦、南市的浦东部分。天津滨海新区由天津港、开发区、保税区三个功能区及塘沽、汉沽、大港三个行政区组成。重庆两江新区以北部新区和两路寸滩保税港区为核心，包括江北、渝北、北碚三个区的部分区域。这三个新区都是打破了原来的行政区域划分，重新组建机构、聘请人员、创新机制来高效推进新区建设。

舟山群岛新区与舟山市行政区域一致，新区政府构建和运作不可能完全另起炉灶，在相当长的一个时期将是现有市政府行政管理体系与新区开发建设管理体系共存并行，随之而来的问题是，新区的管理体制变革必将与传统的城市管理体制发生冲突，这就势必使得新区行政体制改革必须面对三个问题：①新区开发建设管理机构与市政府及其职能部门的关系如何理顺，职能如何进行划分？新区开发建设管理机构主要是指作为省政府派出机构的浙江舟山群岛新区管委会及其工作机构和各功能区、保税区管委会及其工作机构。如何在市政府的权限范围内推进旨在保障管委会统一事权管理的体制调整，同时按照行政组织设立的完整统一原则理顺管委会和现有市、区、县政府及其职能部门的关系，保证管委会机构设置要完整统一、领导指挥要统一，减少区内"一事两办"、"政出多门"的现象将是新区在行政管理体制改革创新过程中所要面临的问题。行政组织只有坚持完整统一原则，树立全局整体观念，行政组织之间协调一致，进行有机的配合，才能有利于提高行政效率。②在现有市政府行政管理体系与新区开发建设管理体系共存并行的管理格局下，必然涉及众多公务员工作岗位及乃至级别的调整，如何使公务员积极适应和配合这种调整也将是新区行政体制改革过程面临的一个现实问题。美国学者卡斯特曾指出，社会心理系统的作用在实施来自其他方面的变革中有着决定性意义，如果一项变革需要个人或群体方面的适应，那么就需要在全面分析中对此类因素给予考虑。如果需要支持而又不具备支持，技术变革的影响作用可能为零（甚或为负）。我国传统的"官本位"思想对我国的行政文化仍然有着很深的影响，官职级别的高低在很大程度上被视为地位和价值的象征。因此，当行政管理体制改革需要进行级别上的调整时，公务员尤其是领导干部往往会抗拒这种调整。并且，一些公务员可能因为改革而需要适应新的工作岗位，从而带来工作内容上的变化，部分公务员可能难以适应这种改变。实践证明，任何一项改革的实施过程都不会一帆风顺，困难与阻力不可避免。新区行政管理体制改革的实施同样可能会遇到一些问题。③在理顺管委会和现有市、区、县政府及其职能部门的关系的基础上如何保证两管理体系的顺畅、高效运行？政府能否全面正确地履行职能是检验机构设置调整是否科学合理的重要标准。必须合理界定政府部门职能，明确部门责任，确保权责一致。要理顺部门职责分工，坚持一件事情原则上由一个部门负责，确需多个部门管理的事项，要明确牵头部门，分清主次责任。为此必须健全部门间协调配合机制，尤其是现有市、区、县政府及其职能部门与各级管委会及其工作机构如何协调配合的问题。

二、国（境）内外相关地区的行政管理模式借鉴

新区行政管理体制改革的成败，对新区建设总体目标能否顺利实现，具有重要意义，如何建立起适应浙江舟山群岛新区建设发展要求的行政管理体制，既需要深入到新区建设自身的需求及其制度设计定型的内在机理进行捕捉和把握，同时，也需要在世界各国和地区经济性特区的有益行政管理模式和我国改革开放以来的经济特区和经济改革试验区、新区的行政管理改革实施成效中获得启示和借鉴。同时作为我国唯一以群岛设市的行政区，舟山群岛新区的行政管理体制还须从国（境）外港口城市、海岛城市（地区）的行政管理模式中借鉴其有益经验。

1. 世界主要港口城市行政管理模式

浙江舟山群岛新区既是一个海岛地区，同时也是一个港口城市，根据《国务院关于同意设立浙江舟山群岛新区的批复》，浙江舟山群岛新区的发展目标之一就是建成我国东部地区重要的海上开放门户。要全方位扩大对外开放，在建设舟山港综合保税区的基础上，探索建立自由贸易园区和自由港市。要适应建设开放型经济体系的要求，利用舟山独特的条件，以新加坡、中国香港等国家和地

就业等计划。

(2)中国香港特别行政区行政管理体制

香港位于中国的东南端,由香港岛、大屿山、九龙半岛以及新界(包括262个离岛)组成,总面积达1104平方千米,是国际贸易中心、国际服务中心、跨国公司总部基地。

行政管理模式:①行政决策与执行机构分离。目前,政府行政机构由3个司、12个决策局和61个部门组成。从纵向看,行政机构划分为三个层次。第一层由政务司、财政司、律政司组成,这一层是香港行政体系的高层决策中枢,3个司的司长是行政长官的首要顾问,既是各局领导,又可以直接指挥所属部门首长。第二层是3个司辖下的12个决策局,这些决策局负责统筹制定政府各方面的决策,并规范政府行政行为,但不直接领导政府各部门。第三层是政府61个部门,直接负责执行政策和法律赋予的各项行政权力。②设置法定机构和咨询委员会。香港政府在行政机关以外设立了大量的法定机构和咨询委员会,主要承担公共服务、行政管理和咨询,如房屋委员会、消费者委员会、医院事务局、铁路公司、保护稀有动物咨询委员会、交通咨询委员会及公办学校等。③部门直接推行地方行政。香港特别行政区下设18个区,但不设地方政府。包括环境卫生、公共健康、设施建设、文娱活动等在内的地方行政事务,由政府行政机构中的各部门负责。18个区设有区议会,区议会是法定组织,职责主要是就区内与居民相关的各项事宜向政府提供咨询、建议(如图7-2)。

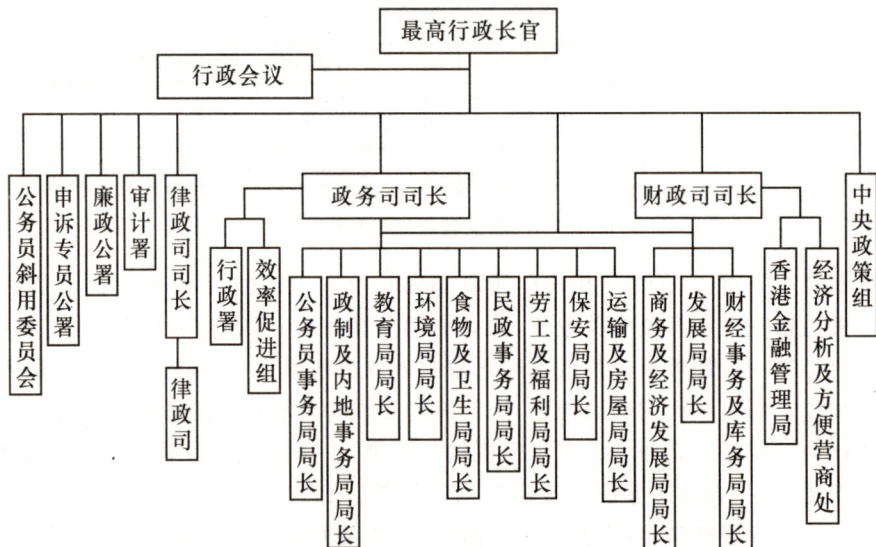

图7-2 香港特别行政区政府组织结构

综观新加坡和中国香港特别行政区的行政管理体制,虽然两者在管理机构的设置、管理职权的划分方面各有不同,但也不难发现者也有很多共同之处。第一,在政府组织形态上,都实行"少机构,宽职能"的大部门综合管理体制。这种大部门体制能够避免职能交叉,提高行政效率,有利于将需要各个部门协调的事务变为部内协调的事务,减少协调的成本,提高协调的效率。这对包括舟山群岛新区在内的中国各地政府机构改革和管理创新,非常有借鉴和启示作用。第二,实行决策权能与执行权能相对分离。新加坡和中国香港特别行政区都是将政府部门分解成决策部门和具有特定服务功能的执行机构,大部门指的是决策部门,在决策部门之外,设立了很多执行机构,这些执行机构在财力、人力等资源配置上有更大的自主权和灵活性,同时对后果也承担更大的责任。相对于精干的内阁,大部门是庞大的法定机构、执行机构。法定机构、执行机构、公法行政法人、直属机构是由政府委托授权履行一定的行政执行性、服务性职能的准行政机构。以上机构隶属政府部门管辖,但享有较大自主权。大部门具有功能综合性、设置稳定性的优点,法定机构、执行机构等组织具有运作灵活性的优点,可以呼应社会变迁对政府职能的新要求,与大部门相配套。第三,中国香港特别行政区、新加坡对政府有较强的监督机制。大部制体制下政府执行机构拥有人财物自主权,很容易攫取各种社会资源,必须有较强的社会监督机制。中国香港特别行政区、新加坡这方面的监督机制都很强,其中香港最为典型。香港对政府职能部门及公职人员的监督,一方面是政府内部的监督,主要通过审计署、廉政公署、申诉专员公署等来进行监督,廉政公署、审计署、申诉专员公署等机构则直接向行政长官负责,起到监察的作用。申诉专员公署职责有点类似于我国内地的信访部门,职权范围涵盖几乎所有政府部门及 14 个主要法定机构,它与内地政府最大的不同是,它接到投诉后便直接开展调查,不做"二传手"。香港对政府职能部门及公职人员的监督另一方面则是来自社会对政府非常广泛而自由的外部监督,包括议会的监督、司法的监督、媒体的监督、社会大众的监督。第四,都有发达的社会中介组织支撑。中国香港特别行政区、新加坡政府都承认政府资源是有限的,将政府管辖的范围限定在全局性、关键性、核心的事务上,而不是事无巨细都去管。发展法定机构和规范的社会中介组织显然是承载政府部分社会职能的理想单位,因而成为公共管理活动中的多元主体之一。将政府机构的规模保持在适当的规模,维持合适的行政开支恰好迎合政府财政困境的需要。同时,来自法定机构和社会中介组织等的社会支持是政府能力得以发挥的基础。政府在社会发展过程中主要起规划、组织、指挥、监督和协调的作用,政府目标是通过法定机构和社会组织的具体劳动才得以实现的。政府与法定机构和社会组织是一种互动的关系,缺乏法定机构和社会组织支持的政府则是一个软弱无力的政府。政府必须充分利用具有承载部分政府职能功能的法定机构和社会组织的力量,使政府的公共管理活动保持有效性。而且,法定机构和社会组织在法制和社会的监督下,并不会轻易偏离公共的价值取向。政府职能保持"小"的过程是法定机构和社会组织发挥作用承载政府职能的过程。

2. 海岛国家的海岛管理模式

与大陆地区相比,海岛与陆地区域最大的特殊性在于其"四面环水",处于海洋环境之中。鉴于海岛具有上述特点,对海岛的管理也相应地有其特殊之处。

(1)英国海岛管理

英国是一个群岛国家,这一特点决定了英国对海洋资源的依赖和珍惜。目前,英国对海洋资源的开发活动已被纳入商业性管理范畴。在宏观上,既要求海洋资源的保值、增值和盈利,又强调资源的再生和可持续性开发,注重环境保护及生态平衡;在微观上,坚持开发商的利益与责任对等原则,将有偿使用海洋资源的费用列入开发商的开发成本。海洋资源的管理模式是松散型多头共管,对海洋资源开发管理中发挥重要作用的部门有:①英国皇家地产管理委员会,下设海洋地产委员会,负责经营管理皇室海洋地产的增值与盈利,总部在伦敦。在爱丁堡设有苏格兰皇室海洋地产委员会,在威尔士设有皇室地产办公室。②工贸部具体负责海上石油开采区域的规划,统管招标、发放许可证,负责海洋石油平台500米安全区的环境跟踪监管等等。③环境部负责在海洋资源开始利用实施之前的协调工作。④农渔食品部负责采取措施,保护经济鱼类的渔业资源。⑤地方政府负责监管制约。在海岛土地资源管理方面,英国建立了完善的规划制度,并且规划具有法律效力。根据相关法律规定,由地方规划当局制订弹性的发展规划,任何类型的开发活动都必须得到地方规划当局同意。另外,规划机关在审批开发申请时若是对农地变更利用方式,应向农业部部长咨询;因开发而损失过多农地的,环境大臣有权收回地方规划机关的申请核准权。因此,虽然规划机关是主管机关,其他部门也有一定的管理权。

(2)澳大利亚海岛管理

澳大利亚针对其海岛面积较大、资源丰富、有常住人口等特点,制定了专门法来对海岛进行综合管理。这类海岛的典型代表,首推的是劳德哈伍岛和诺福克岛。不同的海岛上设立了不同的主管机构和管理机制,大致可分为以下两类:其一,集体决策机制。根据《劳德哈伍岛法》的规定,岛上设立劳德哈伍岛委员会负责管理岛上的日常事务。委员会由7名成员组成,其中4名成员是岛上居民,另外3名由非岛民担任,其中一位代表工商业及旅游业利益,一位代表资源保护方的利益,另一位是环境与保护部的官员。4名岛民通过选举产生,由环境与保护部的部长任命,3名非岛民由部长直接任命。委员会成员可获得报酬及津贴,善意执行职务时,对做出的决定不承担个人责任。委员会的权力与职责范围广泛,几乎涵盖了岛上的一切事务,包括对岛上事件以及交易的控制与管理,负责采集并出售岛上出产的产品,保护岛上鱼类、植物及动物等。委员会的决策原则上采取多数裁决制。由部长任命其中一名委员为主席,由委员会指定另一名委员为副主席,副主席任期一年,在主席因故无法执行公务时,承担主席的职责。委员会会议的召集程序和议事规则,由委员会根据法律和法规自行决定。必须有委员会现有成员的多数人员参加,才可构成会议的法定人数。会议由主席主持,主持人员具有审议投票权,在票数相等时,具有二次投票权。在有法定人数出席的会议上,多数票赞成的决定就成为委员会的决定。但是,该法同时规定,委员会在行使权力与职责的过程中,在各个方面(除提交报告或提出建议之外)都要接受部长的指示与控制。其二,行政长官负责制。澳大利亚的诺福克岛却采取了另一种管理机制——行政长官负责制。根据《1979诺福克岛法》的规定,岛上设政府,政府是一个永久存续的政治实体,具有法人资格,可以以自己的名义起诉或被诉;可以签订合同;可以获得、拥有或处分动产或不动产,以及享有或承担社团法人的其他权利或义务。岛上另设行政长官,负责对政府的行政管理。行政长官由总督委任,任期由总督决定。当行政长官因故不能履行职责时,由总督任命一位执行行政长官代替行使职权。前两者都不能履行职责时,再由总督任命代理行政长官代理行政事务。诺福克岛上设执行理事会,其职责是对与政府有关的事务向行政长官提供建议。执行理事会由目前在政府的执行机构中任职的官员组成,行政长官有权参加所有执行理事会的会议,并且可以提出议题,由理事会会议讨论。理事会会议应由行政长官召集,行政长官可以在任何时候召集,如果有3名以上的理事会成员提出要求,长官应召集会议。在不违反法律和法规规定的前提下,由理事会决定会议程序。行政长官在行使权力与履行职责时,对于渔业、关税、移民、教育等问题,应听取执行理事会的建议。诺福克岛上还设有自己的议会,在立法权限内可通过并实施法律、法规。《诺福克岛法》规定行政长官在行使权力、履行职责应听取议会意见的,行政长官应遵循该规定。在听取执行理事会与议会意见的基础上,由行政长官行使裁量权,形成自身意见,但应遵守部长的指示。对于岛上所设政府行政机构的数量以及名称,由立法机关通过决议予以决定。行政长官根据议会的建议,可以任命议会的成员担任政府行政机构职务,但是诺福克岛或联邦公众服务人员不得在行政机构任职。

(3)韩国海岛的开发与管理

按照《韩国岛屿开发促进法》的有关规定,待开发的岛屿,由行政自治部长官根据直辖市长、道市长或道知事申请,经过岛屿开发审议委员会的审议,予以指定。岛屿指定后,由市长、道知事负责管理,他们按照总统令的规定制定岛屿开发计划,经开发审议委员会审议后,由行政自治长官向国务总理报告,经总理审批后确定。计划确定后,由国家、地方自治团体、政府投资机关或市长、道知事指定具体的实施者。对于经济落后、有待开发的岛屿,韩国与日本类似,都是由政府及各级行政官员作为主管机构负责实施开发。对于其他没有被指定的岛屿的土地资源,则应由土地管理机关负责管理。1996 年,韩国政府为奉行加强海洋能力的政策,使韩国成为先进的海洋国家,组建了海洋水产部。新组建的海洋水产部由水产厅、海运港湾厅、海洋警察厅及科技、环境、建设、交通等部中从事海洋业务的厅、局合并而成,下设 2 个室、7 个局,是韩国最大的政府机构之一。韩国海洋水产部是涉海主管部门,负责海洋与水产、交通港口及直属海洋警察厅等方面的行政执法工作。韩国对海岛的开发利用与环境保护同时也要受韩国海洋水产部的管理。在海岛开发与管理方面,济州岛的开发和管理是一个成功的范例。

2003 年 2 月 12 日,韩国总统金大中指出:要在"分权与自律"的国政理念下建立突破以往界限的"地方自治的示范道"。2004 年 11 月,济州道将起草的《特别自治道推进计划(案)》提交给韩国政府。2005 年 5 月 20 日,韩国中央政府革新委在济州道建议的基础上确定并公布"济州特别自治道基本构想案"。2005 年 7 月,在总理室和济州道设立企划团,以设立济州特别自治道为目标制定基本计划并推进特别法的制定。2006 年 7 月 1 日,酝酿了 3 年多的韩国济州特别自治道终于诞生。为此通过修改地方自治法,济州道与首尔特别市一起获得特殊的法定地位——不属于现行的 16 个市、道,具有自治法所赋予的特殊地位。修改后的地方自治法扩大了其自治权:中央事务将更多的权限下放给自治道,超越提出建议阶段,赋予制定法律草案的权限;强化自治组织和人事的自律性;扩大居民参政;提高居民参政的积极性,实施财政居民投票制。国库支援方式法制化,按照交付税的一定比率(3%)国家均衡发展特别会计上设置济州计定,对国家事务的机能移交及国库补助事业上,保障获得安定的国家支援;率先实施教育自治制,教育监、教育议员由居民直接选举产生;实施济州型自治警察制,设置道所属下的自治警察团及行政市所属的自治警察队维持观光、环境、基础秩序等,提供与居民生活密切相关的治安服务。国家警察的交通安全设施管理业务移交给自治警察主管。

从其他海岛国家或地区的海岛管理经验可以看出,海岛作为国家领土和资源的重要组成部分,各海岛国家或地区都很重视对其进行综合管理,都将海岛的开发和管理作为其基本国策和重大国家战略予以部署并大力贯彻落实。同时针对海岛的地理位置和自然属性的特殊性,都实行与陆地区域有所区别的特别管理制度。一是制定单项或专门法律对海岛开发和管理作出正式而特殊的制度安排,同时制订详实的开发规划和方案,实行依法治岛,规范用岛。二是因岛设制,针对不同海岛建立不同的管理体制,有些国家几乎是"一岛一法"、"一岛一制",如日本、韩国、澳大利亚等。三是在海岛管理机构的设置方面,各国中央政府除设有专门的海岛主管机构外,一般都还设有高规格的海岛开发与管理的议事、决策和协调机构。如日本人内阁设立"冲绳政策协议会"、韩国"岛屿开发审议委员会",海岛地方行政管理机构或政府一般也都高规格设置,其行政主管直接受命于中央政府首长或主管部长。四是赋予海岛地区更大的自治权,强化自治组织和人事的自律性,扩大居民参政,如韩国、澳大利亚等。五是在海岛地方实行特殊的经济政策,同时加大中央政府对海岛地区财政支持,尤其是对边远孤岛。这些应该都值得被舟山群岛新区建设和发展所借鉴。

3. 我国其他新区行政管理的模式

(1)上海浦东新区的行政管理体制

浦东新区位于上海市东部,长江三角洲东缘,东濒长江口,南与闵行区、奉贤区接壤,西和北分别与徐汇、卢湾、黄浦、虹口、杨浦、宝山六区隔江相望。浦东新区包括 13 个街道、25 个镇。2009 年 4 月,国务院批复同意原南汇区并入浦东新区。浦东新区面积达到 1210.41 平方千米,常住人口达到 412 万人。浦东新区创设于 1990 年 4 月,其管理体制改革经历了几次大的调整,分别是:1990 年 4 月至 1992 年 12 月的上海市人民政府浦东开发办公室时期,1993 年 1 月至 2000 年 5 月的中共上海市浦东新区工作委员会、上海市浦东新区管理委员会时期,以及 2000 年 6 月至今的中共上海市浦东新区委员会、上海市浦东新区人民政府时期。2005 年 6 月,国务院批准浦东新区综合配套改革试点,行政管理体制改革成为浦东新区综合配套改革试点的重要工作。浦东新区在 2006 年试点的基础上于 2007 年全面推行"1+6+23"的行政管理(即通常说的"二级市")模式,突出特点是创新政府管理体制,推进管理重心下移。

"1"是指 1 个行政区,即浦东新区区委、区政府。首先,理顺市和区之间的事权关系。浦东新区在规划、财税、土地管理、环保市容、项目审批、社会事业发展等六个方面模拟试行"二级市"管理体制,赋予其更大的发展自主权。其次,进一步强化区委、区政府在公共政策、发展规划、就业保障、社会事业、环境保护等方面的指导、统筹和监督职能。最后,区政府原先经济管理、城市管理中一些操作执行层面的事务则下移到功能区,以贴近服务对象、提高服务效率。

"6"即 6 大功能区。从 2004 年 9 月开始,在原有陆家嘴金融贸易区、张江高科技园区、金桥出口加工、外高桥保税物流园区四个功能区基础上,新增川沙经济园区和三林世博区两个功能区,形成了特色鲜明的六大功能区。在整合原城工委、农工委、各国家级开发区管委会的基础上,成立各功能区工委和管委会,作为区委、区政府派出机构,赋予管委会计划与投资管理权、规划管理权、经贸管理权、建设管理权、环境保护和城市管理权以及财政管理权。六大功能区并不是行政区,但在相当程度上具备了行政区职能,按照"突出功能开发、突出统筹协调、突出资源整合、突出联动发展"的原则和职能平移的要求,推进区镇合一或联动,促使城区、开发区、郊区实现"三块合一"、"二元并轨",使开发区和周边区域的发展融合。

"23"是指 23 个街镇。通过建立全额财政拨付和部门预算管理制度,使基本公共支出与招商引资脱钩,剥离街道经济管理职能,推进城市管理重心下移,建立以社区为平台的城市管理机构,强化其社会管理和公共服务职能。街道的工作主要放在社区管理、社区服务、社区党建、社区安全、社会保障和就业、社会事业和城市维护等六方面,街道转移出来的经济职能由功能区承接。

浦东新区的行政管理体制主要有三个特点:①依照职能模块设置政府机构。浦东新区积极推进"大部制"机构改革,按照综合协调、经济促进、社会建设、城建管理、监督执法五个职能模块设置政府机构。目前,上海浦东新区人民政府综合协调机构主要是发改委(统计局、物价局)、区政府办公室、国资委(集资委)、上海综合保税区管委会、上海临港产业区管委会、陆家嘴金融贸易区管委会、张江高科技园区管委会、金桥出口加工区管委会、浦东临港新城管委会、上海浦东国际旅游度假区管委会、台办和侨办。经济促进机构主要包括经信委(安全监管局、海洋局、航运办)、商务委(旅游局、粮食局)、科委(知识产权局)、财政局、农委、投资办、气象局、金融局、工商分局;社会建设机构主要有卫生局(计生局)、人保局(公务员局)、文广影视局(新闻办)、教育局(体育局)、民政局(社团局)、民宗委和档案局;城建管理机构主要设有建交委(住房保障房屋管理局、民防办、地震办)、环保市容局(水务局、城管执法局)、民防办和规土局。监督执法机构主要为审计局、监察局、司法局、食药监局、公安分局和质检局。值得强调的是,有的政府机构可能同时属于两个或两个以上职能模块。②按照整体理念整合政府机构。上海浦东新区人民政府具有大部门特点的整体性机构主要有发改委(统计局、物价局)、经信委(安全监管局、海洋局、航运办)、商务委(旅游局、粮食局)、建交委(住房保障房屋管理局、民防办、地震办)、环保市容局(水务局、城管执法局)和卫生局(计生委)。此外,对职能相同或相近的政府事务进行统一管理的机构还包括科委(知识产权局)、人保局(公务员局)、文广影视局(新闻办)、教育局(体育局)、民政局(社团局)和国资委(集资委);2011 年,经过大部门整合后的浦东新区人民政府机构数量大体相当于上海全市区县机构平均数的 2/3;每万人配备的行政编制数为 4.9 名,不到上海全市其他区县平均水平的 1/2。③扁平原则设计政府架构。浦东新区在取消功能区管委会以前,功能区管委会和开发区管委会实行的是"一套班子、两块牌子";功能区管委会是位于浦东新区人民政府和街道（镇）两级政府之间的"中间层"，履行着协调辖区下各个（街道）镇共同发展的职能；在区—功能区—街道（镇）这一行政管理体制下，（街道）镇一个正常的上报须经过功能区管委会的审批，从而造成工作程序增加，行政效率下降；另外，街道（镇）接受浦东新区人民政府和功能区管委会的双重领导，导致街道（镇）被管得过死，缺乏发展积极性。对于功能区而言，开发集团公司掌握着资产和实权，功能区管委会处于控制力弱的尴尬境地。因此，理顺开发区管委会、功能区管委会、街镇等各类管理主体的关系迫在眉睫。为了减少政府层级，提高行政效率，浦东新区人民政府决定取消功能区管委会，将原有功能区管委会和开发区管委会重组后成立新的开发区管委会，作为政府派出机构，承担区域开发的政府职能，负责开发区内产业发展、规划建设、投资促进等方面的管理事务。此外，开发区管委会和街镇互不隶属，开发区管委会直接由浦东新区人民政府负责领导。例如，陆家嘴金融贸易区、张江高科技园区、金桥出口加工区和国际旅游度假区分别由一名副区长分管负责；由一名副区长分管一个开发区的日常工作，既可以减少政府层级、提高行政效率，又有利于协调各方关系、促进园区发展（如图7-3）。

（2）天津滨海新区行政管理体制

滨海新区位于天津东部沿海，渤海湾顶端，濒临渤海，北与河北省丰南县为邻，南与河北省黄骅市为界。滨海新区包括塘沽区、汉沽区、大港区三个行政区，行政区划面积2270平方千米，连同填海造陆和产业规划区面积2700平方千米，2010年常住人口248万人。新区下辖3个城区、27个街镇，是天津市的重要组成部分。就属性而言，滨海新区是一个城市型行政辖区内的经济区，其管理体制改革共经历了三次大的调整，分别是1994年2月至2000年8月的天津市滨海新区领导小组及其专职办公室时期，2000年9月至2009年10月的中共滨海新区工作委员会、天津市人民政府滨海新区管理委员会时期，2009年10月至今的中共天津市滨海新区委员会、天津市滨海新区人民政府时期。2009年10月21日，国务院批复天津市报送的《关于调整天津市部分行政区划的请示》，同意撤销塘沽区、汉沽区、大港区，设立天津市滨海新区，以原塘沽区、汉沽区、大港区的行政区域为滨海新区的行政区域。同年12月25日，中共天津市委宣布组建中共天津市滨海新区委员会，撤销中共天津市委滨海新区工作委员会；组建中共天津市滨海新区塘沽工作委员会、汉沽工作委员会、大港工作委员会，撤销中共天津市塘沽区委员会、汉沽区委员会、大港区委员会。2010年1月，滨海新区第一届人大、政府、政协正式成立，标志着滨海新区行政管理体制改革迈出了历史性的一步。目前，新区已完成区级机关和各城区管委会"三定"方案，干部调配工作平稳顺利实施（如图7-4）。

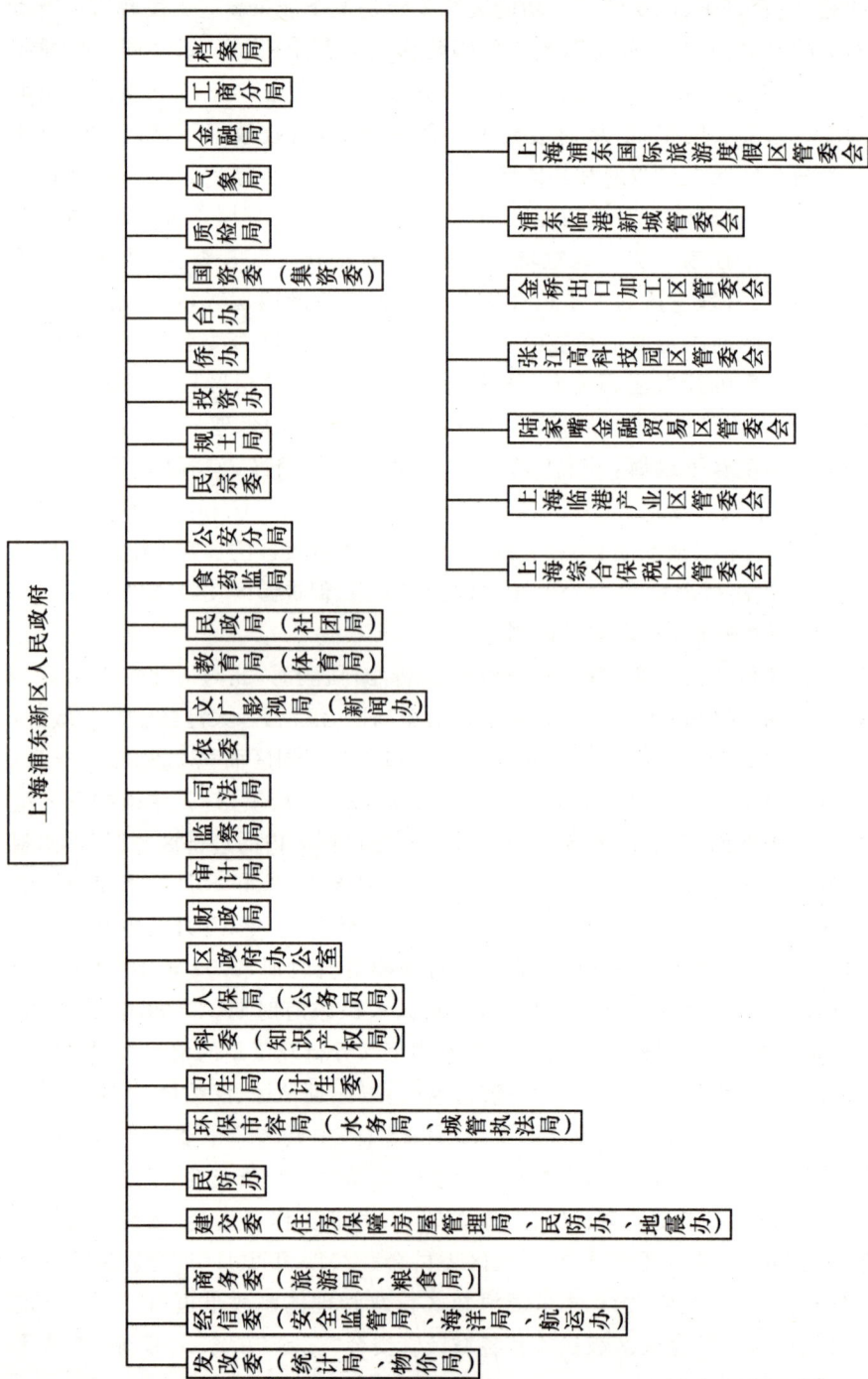

图 7-3 上海浦东新区人民政府组织结构

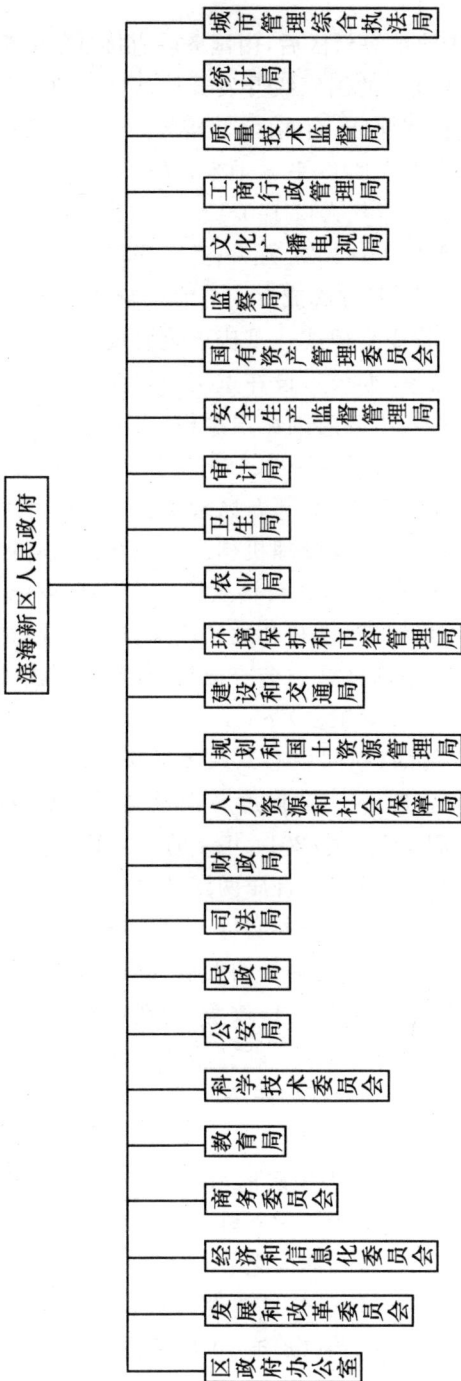

图 7-4 滨海新区政府组织架构

滨海新区人民政府
- 区政府办公室
- 发展和改革委员会
- 经济和信息化委员会
- 商务委员会
- 教育局
- 科学技术委员会
- 公安局
- 民政局
- 司法局
- 财政局
- 人力资源和社会保障局
- 规划和国土资源管理局
- 建设和交通局
- 环境保护和市容管理局
- 农业局
- 卫生局
- 审计局
- 安全生产监督管理局
- 国有资产管理委员会
- 监察局
- 文化广播电视局
- 工商行政管理局
- 质量技术监督局
- 统计局
- 城市管理综合执法局

（3）重庆两江新区管理体制

两江新区是我国继上海浦东新区、天津滨海新区后，由国务院直接批复的第三个国家级开发开放新区，也是内陆地区唯一的国家级开发开放新区。两江新区位于主城区长江以北、嘉陵江以东，包括江北区、渝北区、北碚区三个行政区的部分区域和两路寸滩内陆保税港区，规划面积1200平方千米，可开发建设用地面积550平方千米。新区辖35个乡镇街道，常住人口160.12万人，其中城镇人口125.63万人，城市化率为78.5%；户籍人口143.21万人，其中户籍非农人口比重为72.3%。两江新区于2010年6月18日挂牌成立。与浦东新区、滨海新区成立初期一样，在管理体制上实行的是管委会模式。重庆市政府成立两江新区开发建设领导小组。领导小组下设办公室，办公室设在重庆两江新区管理委员会。重庆两江新区党工委、管委会为市委、市政府的派出机构，主要负责两江新区经济发展和开发建设的统一规划、统筹协调和组织实施。两江新区党工委、管委会受市委、市政府委托，代管北部新区党工委、北部新区管委会和两路寸滩保税港区管委会，管理直管区内新批准成立的开发管理机构。两江新区内各区人民政府、功能经济区管理机构根据各自职责，负责各自辖区的行政管理和社会事务工作，接受两江新区党工委、管委会对经济建设和开发开放工作的指导、协调。两江新区开发投资集团有限公司属两江新区管委会直接领导，负责两江工业园区的开发建设工作。在两江新区管委会（党工委）下，设11个职能局（室），分别是办公室、组织部（人力资源局）、宣传部（新闻中心）、政策法规室、财务局（金融办）、经济发展局、计划统计局、建设管理局、工业促进局、服务业促进局、机关党委。起初，设市纪委派驻重庆两江新区纪工委；2011年1月27日，两江新区党工委管委会机关召开第一次党员大会，选举产生首届两江新区管委会机关党委（纪委）委员，两江新区管委会机关党委与机关纪委实行"两块牌子、一套人马"的运行模式。在此运行模式下，两江新区经过近两年的发展，已经奠定了较好的发展基础。据悉，为进一步理顺管理体制，提升工作效率，营造更加有战斗力的结构体系，两江新区对机构设置进行了重大调整。设立的部门涉及产业发展、城市发展、贸易发展、创新发展、金融发展等部门（如图7-5）。

（4）珠海横琴新区行政管理体制

横琴原是边陲海岛，1987年3月成立横琴乡人民政府，1989年3月撤乡建镇，隶属香洲区管辖。1992年横琴岛被广东省定为扩大对外开放的四个重点开发区之一，1998年年底被确定为珠海市五大经济功能区之一。2003年7月机构改革，区、镇分开。横琴经济开发区管委会主要负责开发建设和发展经济，横琴镇（由香洲区管辖）主要负责社会事务管理工作。2008年10月重新调整为"区镇合一，由市直管"，实行"两块牌子、一套人马"的合署办公方式。2008年12

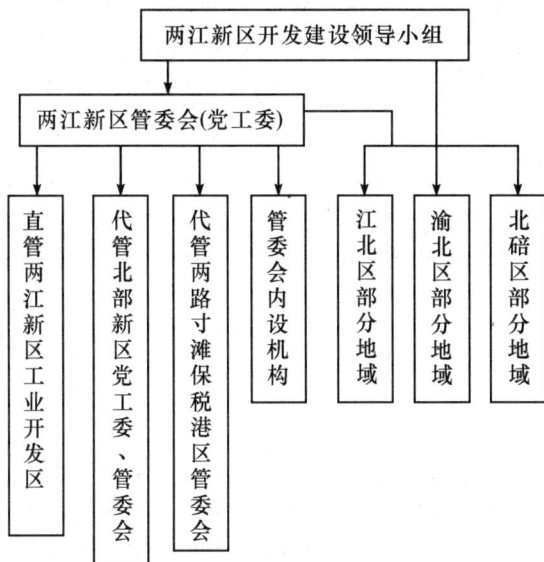

图 7-5　两江新区组织架构

月,国家发改委颁布《珠江三角洲地区改革发展规划纲要(2008—2020年)》,提出规划建设横琴新区,作为加强与港澳服务业、高新技术产业等方面合作的载体。2009年8月14日,国务院出台关于横琴总体发展规划的批复,原则上同意《横琴总体发展规划》。横琴新区发展决策委员会决定横琴新区发展中的重大事项。决委会由市、横琴新区和市人民政府相关部门的负责人组成。横琴新区的管理机构是横琴新区管理委员会,是广东省人民政府的派出机构并委托珠海市人民政府管理,行政级别为副厅级。横琴新区管委会在决委会的领导下依法管理横琴新区的经济和社会事务。横琴新区管委会每年向决委会报告工作,并将工作报告向社会公布。横琴新区管委会的内设机构体现了"大部制"思路。除办公室和党群工作部外,横琴新区内设统筹发展委员会、产业发展局、财金事务局、公共建设局、社会事业局、交流合作局、行政服务促进局、警务和综合管理局等八大局,少于市、区内设机构。横琴新区拟借鉴香港廉政公署的做法和经验,在横琴新区设立廉政检察机构,聘任港澳籍人员担任人民监督员。

(5)深圳前海新区行政管理体制

前海地区位于深圳南山半岛西部,伶仃洋东侧,珠江口东岸,包括南头半岛西部、宝安中心区。深圳前海新区全称是"前海深港现代服务业合作区",位于《深圳城市总体规划(2008—2020)》中所确定的"前海中心"的核心区域,总占地面积约15平方千米。前海深港现代服务业合作区定位为未来整个珠三角的"曼哈顿",规划中的前海合作区将侧重区域合作,重点发展高端服务业、发展总部经济,打造区域中心,并作为深化深港合作以及推进国际合作的核心功能区。前海新区实行企业化管理但不以营利为目的的行政管理和公共服务。深圳市前海深港现代服务业合作区管理局,是实行企业化管理但不以营利为目的的履行相应行政管理和公共服务职责的法定机构,具体负责前海合作区的开发建设、运营管理、招商引资、制度创新、综合协调等工作。市政府根据前海合作区开发、建设、管理的实际情况,具体规定和调整前海管理局的行政管理职责、公共服务的范围以及市政府各有关部门在前海合作区行使职责的范围。辖区政府或者有管理权的市政府部门承担的前海合作区的行政管理职责,由前海管理局负责协调。管理局的机构设置遵循精简高效、机制灵活的原则。管理局局长由市政府任命,任期五年。管理局可以根据工作需要设副局长若干名,协助局长工作。副局长由局长提名,市政府按规定程序任命。管理局的高级管理人员可以从香港特别行政区或者国外专业人士中选聘。管理局可以根据工作需要设置咨询机构。管理局在市政府的领导下开展工作。管理局根据市政府确定的原则,可以自主决定机构设置、人员聘用和薪酬标准。此外还设立前海合作区监督机构,由具有监督、监察等职责的单位组成,依法统一对前海管理局开发、建设、运营和管理活动进行监督。监督机构可以接受具有监督、监察等职责的单位的委托,行使相应的职权。监督机构的经费由市本级财政预算安排。

三、舟山群岛新区行政管理体制改革思路与方案

舟山群岛新区行政管理体制改革路径的选择和行政管理体制模式的确定,要在借鉴国内外相关地区行政管理和行政管理体制改革的成功经验的同时,立足舟山群岛新区建设发展实际,符合我国实施区域发展总体战略和海洋发展战略、陆海统筹发展、海洋经济科学发展的需求。

新区行政管理体制改革以深化改革为动力,以先行先试为契机,将行政管理体制改革作为新区各项改革的突破口,以转变政府职能为核心,以现代政府理论为指导,以建设服务型政府为导向,以海洋管理体制、陆海统筹综合管理体和海洋海岛开放的管理体制改革为重点,积极创新新区行政管理理念,把政府角色定位在良好市场秩序的维护者和良好制度环境的营造者上来,将政府工作重心放在市场调节、社会监管和公共服务上,实现政府职能由管理型向服务型的彻底转变。解放思想、大胆创新,先行试验一些重大改革措施,探索适应新区经济社会发展要求、符合新区自身特点的行政管理体制改革方案,使新区成为深化改革开放、推动科学发展的排头兵。

1. 改革目标和推进路线

新区行政管理体制改革的目标是：用 3～5 年的时间，率先基本建立起比较完善的以强化海洋海岛管理、服务海洋经济和海陆统筹发展为鲜明特色的、与舟山群岛新区建设发展相适应的机构精简、职能综合、结构扁平、运作高效的行政管理体制。通过改革，为实现新区建设发展提供强大动力，为加快推进新区开发开放提供重要的体制保障，为全国海洋经济发展试点和海洋综合保护开发工作和海陆统筹发展积累经验、提供示范、作出表率。

行政管理体制改革是一项长期的系统工程，发展阶段不同，改革的重点、范围、深度和强度都应有所差异。因此，舟山群岛新区行政管理体制改革，要尽快制定改革推进路线，找准阶段工作重，明确工作突破方向，提早筹划，分步实施，稳步推进。根据新区 10 年建设规划，对照上海浦东新区、天津滨海新区和重庆两江新区行政管理体制改革历程，新区行政管理体制改革可分为三个阶段：起步阶段，自新区成立起 3～4 年时间；过渡阶段，自新区成立起 5—7 年时间；突破阶段，自新区成立起 8～10 年时间。根据三个不同发展阶段的实际情况，应当有针对性地实施"三步走"战略。

(1)起步阶段，实施固本强基战略

根据新区规划，设立浙江舟山群岛新区管委会，作为省政府派出机构，代表省政府在浙江舟山群岛新区建设中依法行使省级的经济管理和发展权限，主要负责新区范围的规划布局、开发建设与综合协调等工作。为统筹全省资源和获取更多的国家行政资源，形成"新区的事在新区办"的运行机制，赋予新区更大的自主发展权、自主改革权、自主创新权，建议浙江舟山群岛新区管委会为副省级级别。同时舟山市政府继续保留，主要承担社会管理职责公共服务，但将相关经济管理和发展的部门整合后调整到新区管委会，只保留社会管理职能部门，并进行相应的调整整合。在全市范围内，根据新区规划和产业发展，设立若干个功能区，分别成立副厅级的管委会，作为新区管委会的派出机构，负责各功能区的经济发展。原来的两区、两县政府主要承担行政区内的社会管理服务和公共服务职能，将经济管理和发展的职能部门整合后调整到相应的功能区，只保留社会管理职能部门，与市政府机构设置对应。

总之，在这一阶段，新区实行市政府行政管理与新区开发建设管理共存并行的管理制度，其行政管理体制改革的重心应放在完善政策法规、强化管理核心、优化运行机制和促进责权匹配上。要合理界定新区管委会、各行政区和功能区的职责范围，加强新区管委会在新区开发建设中的领导核心作用，形成有利于发挥整体优势、避免摩擦内耗、提高工作效率、实现共同发展的行政管理体制和具体运行机制，力争在解决经济区域和行政区划体制矛盾上取得突破。

（2）过渡阶段，实施深度整合战略

这一阶段，应进一步强化新区管委会的区域规划、统筹协调、经济发展等职能，并逐步弱化各功能区社会管理和公共服务职能，进一步弱化行政区经济建设管理职能。同时根据新区战略定位和发展目标，深化大部门体制改革，把政府相同或者比较相近的职能加以整合，归入一个以部门为主进行管理，其他有关部门协调配合，或者把职能相同或者比较相近的机构归并到一个较大的部门。在管委会内设机构上，整合相关行政职能，组建大部门，统一高效地执行政府决策。同时，简化行政层级，在一定区域实施"新区管委会＋功能园区管委会＋镇（街道）"的行政模式，扩大管理幅度，以提升新区的行政效率。按照新区功能定位和发展目标，在陆海统筹层面，要探索建立专门的陆海统筹机构，服务于陆海统筹发展，成立陆海统筹发展委员会作为陆海统筹高层次协调机构，统筹海陆一体化规划，统筹协调陆海一体化发展等。同时在海洋综合管理层面，建立例会式"机构间"组织——海洋委员会对海洋实行综合管理，原来的职能部门——海洋渔业局这个委员会的办事机构，整合各涉海部门的力量，设立海洋执法局和海上警卫队，建立起统一的海洋管理执法体制。要持续做好社会组织发展工作，增强社会力量，提倡社区自治，使政府腾出更多行政资源，集中精力搞开发、抓建设。

（3）在转型阶段，实施重组突破战略

这一阶段的主要目标和任务是，市政府与新区管委会合并重组，撤销原舟山市人民政府和两区、两县，建立副省级舟山市，隶属于浙江省。建立市政府—功能区—镇（街道）政府的两级政府、三级管理体系，最终建立与舟山群岛新区建设发展相适应的机构精简、职能综合、结构扁平、运作高效的行政管理体制和"小政府，大社会，大服务"的公共服务型政府。从层级划分上，重组后的舟山市在层级划分上将在一个时期实行"两层半楼"管理模式，其中的两层楼即市政府和镇（街道）两级政府，半层楼即各功能区管委会或管理局。市政府在中共浙江省委和中共舟山委市委的领导下，统一管理舟山群岛新区各项行政事务。按属地原则将各功能区和镇（街道）划分为若干治安区、司法区设置基层公、检、法机关。各管委会作为市人民政府派出机构受市政府领导，镇（街道）作为市政府的直接下级基层组织。从机构设置上，必须依据重新组建的舟山市人民政府的职能，合理调整机构设置，明确部门责任，确保权责一致。理顺部门职责分工，坚持一件事情原则上由一个部门负责，确需多个部门管理的事项，要明确牵头部门，分清主次责任，健全部门间协调配合机制。根据各层级政府的职责重点，合理调整地方政府机构设置。实行大部门体制，把政府相同或者比较相近的职能加以整合，归入一个部门进行主要管理，其他有关部门协调配合，或者把职能相同或者比较相近的机构归并到一个较大的部门。同时，借鉴新加坡经验，设立若干法定机构，履行一些经济发展、基础设施建设等职能。前提是要通过制定一等系列地方性法规,对各机构的职责、运作和监督都做出明确规定,法定机构在政策上接受其所属政府职能部门的指导,但实行公司化管理,一般自负盈亏,在人事、财务上有很大的自主权,其职责是执行各部门特定的政策。在权力配置上,新组建的舟山市,要将浙江省人民政府对新区内各县(区)的行政管理权下放到新区,解决新区权力分散过度、集中不足的问题。被赋予人事权和财政权的新区,就能够将"管人权"与"管事权"结合起来,确保权责一致,有效克服和切实解决有责无权、权责脱节的问题,从而更好地履行规划、指导、协调等重要职责。建立健全决策权、执行权、监督权既相互制约又相互协调的权力结构和运行机制,确保决策科学、执行顺畅、监督有力。完善对行政权力的监督制约机制,杜绝滥用职权、以权谋私、贪污腐败等现象的发生。完善政务公开,提高政府工作的透明度,切实保障人民群众的知情权、参与权、表达权、监督权。在关系确定上,新组建的舟山市,要理顺市政府与新区内的功能区和镇(街道)之间的关系,市政府对新区内的经济建设要统一政令、统一规划、统一组织、统一实施。要理顺新区内的功能区与镇(街道)之间的关系,促进功能区的经济开发职能向行镇(街道)延伸,扩大发展空间,带动镇(街道)的经济发展;促进市和镇(街道)社会管理和公共服务职能向功能区延伸,逐步建立统一的社会管理和公共服务体系。应建立合理的利益分享机制,促进共同发展。

同时积极培育社区服务组织。具体而言,要培育和组建四种类型的中介组织:管理类中介机构,主要指履行部分行政职能的事业单位;服务类中介机构,如会计、律师、审计等事务所,主要分担一定的社会性、公益性、监督性职能;自律类中介机构,即行业协会等机构,主要通过行业规范或习惯推进自身的标准化运作,分解和承担一部分规范职能;技术类中介机构,如环保监测、建筑招标等机构,主要受政府委托或授权从事技术类的行政事务。同时,相关的市政事务,比如绿化、交通等,则尽可能地以竞争的方式让公司经营。

2. 具体方案设计

由于舟山群岛新区是在完整的市建制下,在原来的舟山市行政区域范围内设立新区,这一点不同于他三个国家级新区。在行政管理体制模式上,开发建设领导小组领导下的管委会模式是目前国内各新区、开发区运用最普遍也是最成熟的管理模式,即由上级党委、政府主要领导组成新区开发建设领导小组,在宏观上对新区建设进行规划和协调;同时,在其下设立新区管理委员会,负责新区范围的规划布局、开发建设与综合协调等工作。舟山群岛新区开发建设过程中也应采用这一模式,但其具体架构和运作要从舟山的实际出发进行设计安排,考虑到实际情况,主要有以下两种方案可供选择。

方案一：管委会和市政府合署

新成立新区管委会与舟山市政府合署办公，两块牌子一套班子，不用再另外单独设置新区管委会的工作机构。机构改革只需要对原有的市政府所属部门进行职能整合，实施大部制改革。通过全面梳理部门职能，进一步加大对职能相近机构的整合力度，在陆海统筹发展、海洋综合管理、城乡建设、社会管理、经济建设、市场监管、群团工作、政务监察等更多领域综合设置机构，形成职能配置科学合理、机构设置综合精干、权责明确清晰的组织架构。整合后的各职能机构既是市政府所属的职能部门，也是新区管委会的工作机构，同时在各功能区设管委会作为新区管委会的下属机构和市政府的派出机构，在功能区内行使经济开发建设职能。同时，借鉴新加坡经验，设立若干法定机构，履行经济发展、基础设施建设等职能。法定机构在政策上接受其所属政府职能部门的指导，但实行公司化管理，一般自负盈亏，在人事、财务上有很大的自主权，其职责是执行各部门特定的政策。其具体机构设置如图7-6所示。部门职责如下。

综合管理办公室：主要负责内务、文秘、综合改革、政策法规、新闻宣传、安全保卫等工作。

海陆统筹发展委员会：将市规划局、发改委、统计局、国土资源局土地利用总体规划的职责，市环境保护局生态保护规划的职责，海洋渔业局海洋功能区规划职责，整合划入海陆统筹发展委员会，主要负责新区的海洋经济与社会发展规划与改革工作。

产业发展与经济促进局：将原来的市科学技术局、经济和信息化委员会、农业、渔业、商务局整合，主要负责产业发展与管理和科技信息化工作。

海洋管理委员会：将涉海部门的力量进行整合，设立海洋执法局和海上警卫队，形成相对的集中管理和联合执法的机制。

财税局：将财政局、地方税务局、国资委办整合，主要负责财政管理、地方税收和国有资产管理工作。

国土城建和水利局：将国土资源局、城建委（房产管理局）、水利局、交通委的建设职责进行整合，主要负责土地管理、城市建设、水利工程建设和管理工作。

卫生和人口计划生育局：将区卫生局、人口和计划生育局的职责，以及食品药品监督管理局除食品安全协调以外的职责整合，主要负责卫生、医药管理和计划生育工作。

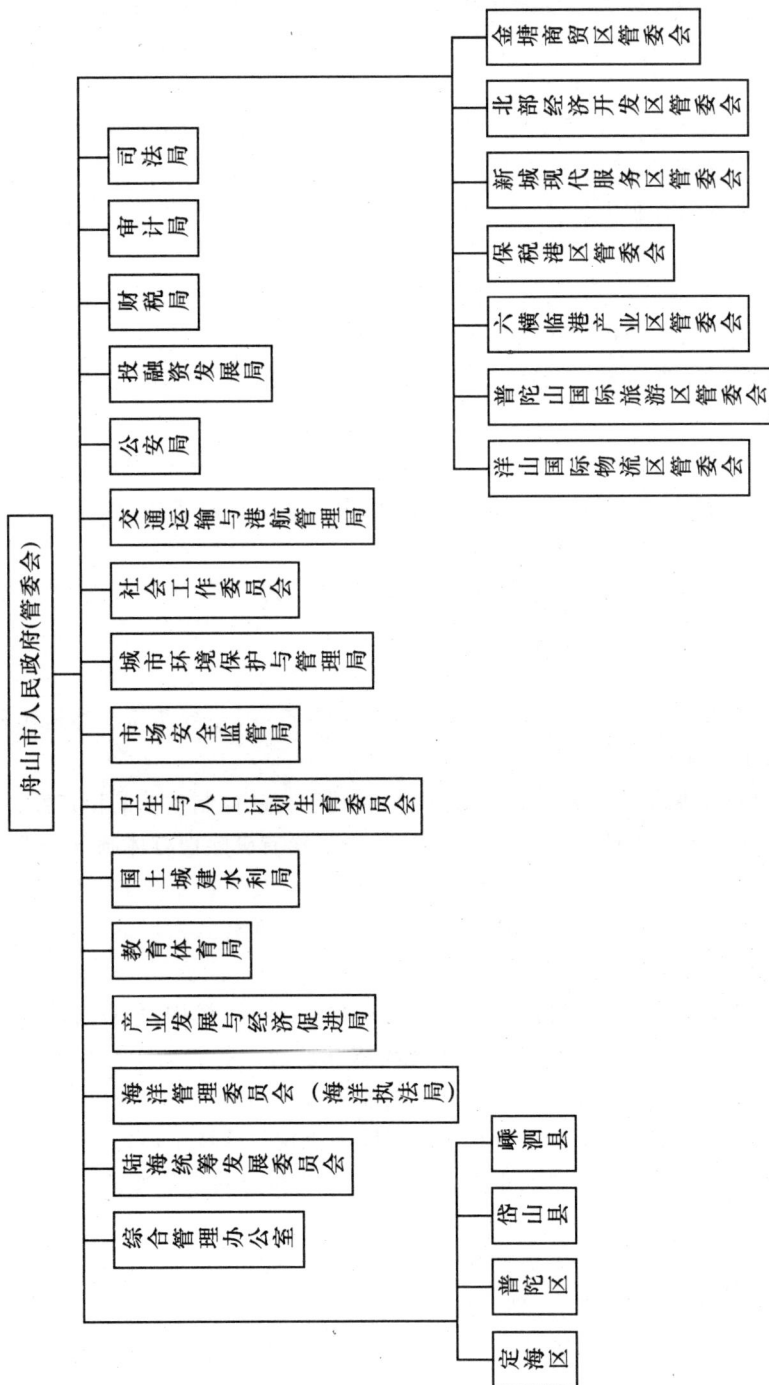

图 7-6　优化后的浙江舟山群岛新区人民政府组织结构

市场安全监管局：将工商行政管理局、质量技术监督局、安全生产监督管理局的职责，食品药品监督管理局的食品安全协调的职责，卫生局的食品安全卫生许可和餐饮业、食堂等消费环节食品安全监管职责，文广新闻出版局（版权局）的文体许可及文化综合执法职责，以及其他部门的市场监管职责整合，主要负责市场监管和生产安全管理工作。

公安局：保留原有职责。

司法局：保留原有职责。

城市环境保护与管理局：将环境保护局、城市管理行政执法局的职责进行整合，主要负责城市市容管理和环境保护工作。

市教育体育局：将体育局、教育局合并成立市教育体育局，主要负责教育和体育工作。

社会工作委员会：将原人力资源与社会保障局除去公务员管理和事业单位人事管理以外的职责、民政局、残疾联合会残疾人就业培训职责整合，主要负责社会保障、社会救济和社会安抚工作。

投融资发展局：将招商局、金融办、经投局整合，主要负责招商引资、融资等工作。

审计局：保留原有职责。

交通运输和港航管理局：将交通委和港航管理局合并，主要负责交通运输和港口、航运管理工作。

方案一基本上保持了现有体制的整体性，有利于行政体制改革的稳定性、协调性，相应的改革阻力可能也比较小，但是这个方案没有破除现有体制下形成的部门利益，也无法克服已经存在的体制惯性，这不利于激发管委会的体制活力，不能从根本上解决存在的问题，可能无法满足群岛新区跨越式发展的需要。

方案二：管委会和政府分置

舟山群岛新区成立副省级的管委会，作为省政府的派出机构，负责舟山群岛新区范围内的开发建设工作，并成立一些与经济开发建设相关的工作机构。管委会根据履行职责需要，设一室八局和七个功能区管委会，如图7-7所示。

新区管委会成立后，市政府进行相应的职能和机构设置调整，将一些主要经济职能移交给新区管委会，市政府重点承担社会管理和公共服务职能。部门职责如下。

综合管理办公室：负责管委会日常事务、会务、接待，与相关部门联系、协调工作；负责车辆管理、协助后勤管理；内部协调、宣传、文秘、档案、宣传等工作。

海陆统筹发展委员会：负责新区的海洋经济与社会发展规划与改革工作。

```
                                            ┌─ 金塘商贸区委员会
                                            │
                                            ├─ 北部经济开发区委员会
                          ┌─ 新区开发建设公司  │
                          │                 ├─ 新城现代服务区委员会
                          │                 │
                          ├─ 港航与渔业管理局  ├─ 保税港区委员会
                          │                 │
                          │                 ├─ 六横临港产业区委员会
                          ├─ 财务局          │
                          │                 ├─ 普陀山国际旅游区管委会
                          │                 │
新区开发建设    管委会 ─────┤                 └─ 洋山国际物流区管委会
领导小组                  ├─ 社会事务局
                          │
                          ├─ 投融资发展局（投资服务中心）
                          │
                          ├─ 国土资源规划与建设局
                          │
                          ├─ 产业发展与经济促进局
                          │
                          ├─ 陆海统筹发展委员会
                          │
                          └─ 综合管理办公室
```

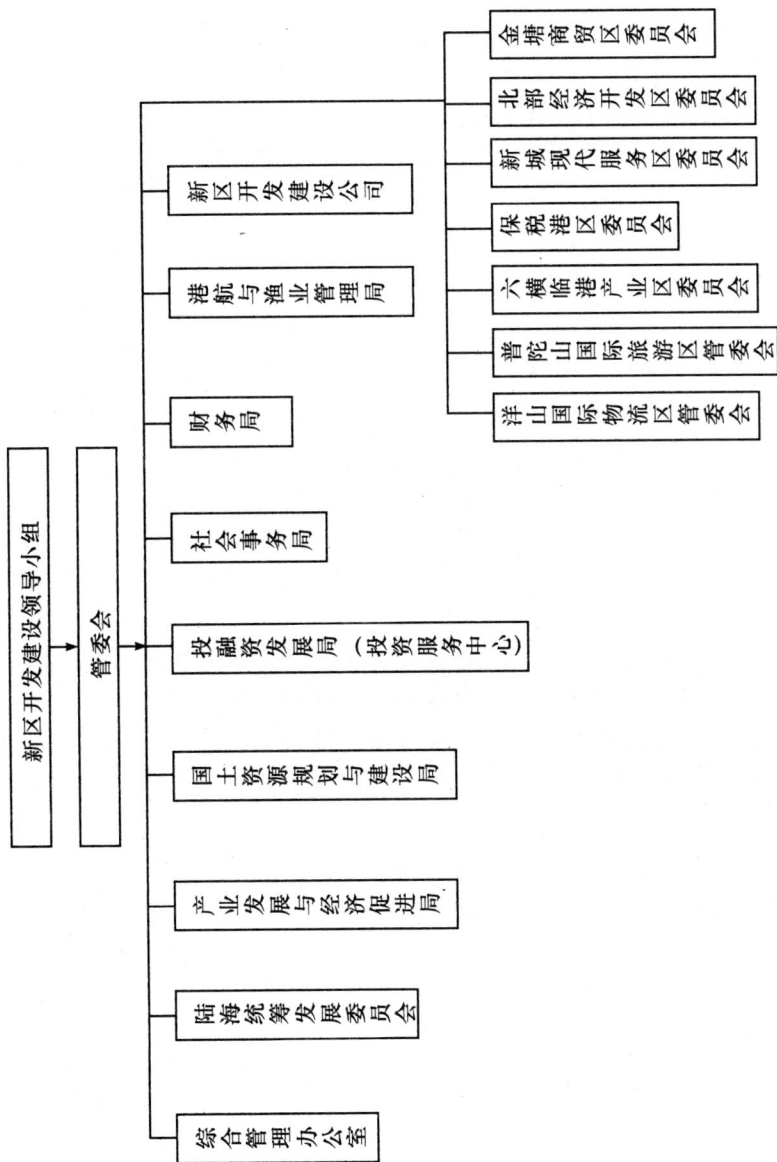

图 7-7 舟山群岛新区管委会部分架构

产业发展与经济促进局:负责产业发展与管理和科技信息化工作,负责竣工投产企业的调度管理、政务服务。

国土资源规划与建设局:负责土地资源管理、城市规划和建设管理。

投融资发展局:主要负责招商引资、融资等工作。

社会事务局:负责城管、公安等部门关系协调;负责人力资源管理等事务,工资、劳动和社会保障工作;社会治安综合治理、信访等工作。

财务局:负责财政往来结算、财务收支监管,管委会和公司内审,财产管理,后勤管理;负责投资建设项目初审、内审工作;企业税收管理、服务工作。

港航与渔业管理局:负责港口发展与管理、航运管理以及渔业发展管理。

新区开发建设公司:负责新区建设和开发。

此方案中新设立管委会,与现有市政府体制相对分离,可以避免部门利益和体制惯性所带来的困惑,能充分发挥管委会的体制活力,构建高效的运行机制,有利于群岛新区进行大开发、大建设,但管委会分设,不利于与市政府的统一协调,可能在改革初期会出现诸多矛盾。

3. 当前的重点工作

(1)成立体制改革工作领导小组。成立浙江舟山群岛新区体制改革领导小组,由省领导担任组长,市领导以及省相关部门领导担任副组长,全面负责新区的体制改革。领导小组下设办公室,负责日常工作。

(2)调整乡镇、街道设置。根据功能区域的划分,建议对相关乡镇进行撤并,其中包括:小干岛、勾山街道并入临城新区街道;北蝉乡、干石览镇并入白泉镇;小沙镇、长白乡并入马岙镇;册子岛并入金塘镇;白沙乡、登步乡、蚂蚁乡并入朱家尖街道;虾峙镇并入六横镇;枸杞乡并入嵊山镇;五龙乡并入菜园镇;岱东镇并入高亭镇;岱西镇并入东沙镇。经过调整以后,定海区包括金塘镇、岑港镇、双桥镇、白泉镇、马岙镇、解放街道、昌国街道、环南街道、城东街道、盐仓街道、临城街道。普陀区包括六横镇、普陀山镇、东极镇、桃花镇、沈家门街道、东港街道、朱家尖街道、展茅街道。岱山县包括高亭镇、东沙镇、衢山镇、长涂镇、秀山乡。嵊泗县包括菜园镇、洋山镇、嵊山镇、花鸟乡、黄龙乡。

(3)设立新区和功能区管委会。设立舟山群岛新区管委会,同时在洋山—衢山功能区设立洋山国际物流区管委会;在金塘功能区设立金塘商贸区管委会;在佛渡—六横—虾峙功能区设立六横临港产业区管委会;在朱家尖—桃花—普陀山—东极功能区设立国际海洋旅游试验区管委会;小干岛、勾山街道并入临城新区街道后成立新城现代服务业区管委会。再加上北部经济开发区管委会和保税港区管委会。

(4)实行大部制改革。把政府相同或者比较相近的职能加以整合,归入一个部门,以其为主进行管理,其他有关部门协调配合,或者把职能相同或者比较相近的机构归并到一个较大的部门。在管委会内设机构上,整合相关经济建设行政职能,组建大部门。

(5)理顺财政体制。统筹新区管委会和市政府的财政资金,明确利益分配机制,在当前阶段,财政要相对统一,如果管委会与市政府分设,建议成立财经委或市财政局长兼任新区管委会财务局副局长。

(6)完善政策法规。要加紧出台《浙江舟山群岛新区条例》,建立和完善以《浙江舟山群岛新区条例》为龙头的法律制度体系,以法律的形式来明确和调整作为经济区的新区与作为行政区的舟山市的责权利关系。还要加大政策研究力度,制订新区行政管理体制改革与创新方案和中长期规划,为今后推进深度行政管理体制改革做好理论支持和政策准备。

参考文献

一、中文著作

[1] [法]孟德斯鸠.论法的精神(上册)[M].北京:商务印书馆,1982.

[2] [美]曼瑟尔·奥尔森.集体行动的逻辑[M].陈郁,郭宇峰,李崇新译.上海:三联书店上海分店,上海人民出版社,1995.

[3] [古希腊]亚里士多德.政治学[M].吴寿彭译.北京:商务印书馆,1965.

[4] 蔡守秋,何延东.当代海洋资源法[M].北京:煤炭工业出版社,2001.

[5] 郭院.海岛法律制度比较研究[M].青岛:中国海洋大学出版社,2006.

[6] 管华诗,等.海洋管理概论[M].青岛:中国海洋大学出版社,2003.

[7] 广东省地名委员会.南海诸岛地名资料汇编[M].广州:广东省地图出版社,1987.

[8] 国家海洋局.海岛立法参考资料——全国海岛基本情况,内部资料.

[9] 国家海洋局.中国海洋 21 世纪议程[M].北京:海洋出版社,1996.

[10] 金瑞林,汪劲.环境与资源保护法学[M].北京:高等教育出版社,2005.

[11] 刘容子,齐连明,等.我国无居民海岛价值体系研究[M].北京:海洋出版社,2006.

[12] 刘容子.我国无居民海岛价值体系研究[M].青岛:海洋出版社,2006.

[13] 刘焯.法与社会论:以法社会学的视角[M].武汉:武汉大学出版社,2003.

[14] 路静,唐谋生,李不学.港口环境污染治理技术[M].北京:海洋出版社,2007.

[15] 彭本荣,洪华生.海岸带生态系统服务价值评估理论与应用研究[M].北京:海洋出版社,2007.

[16] 全用波.海洋管理学[M].北京:光明出版社,2009.

[17] 全国海岛资源综合调查报告编写组.全国海岛资源综合调查报告[M].北京:海洋出版社,1996.

[18] 任海,刘庆,李凌浩等.恢复生态学导论(第二版)[M].北京:科学出版

社,2007.

[19] 王琪.海洋管理从理念到制度[M].北京:海洋出版社,2007.

[20] 汪玉凯,等.中国行政体制改革 30 年回顾与展望[M].北京:人民出版社,2008.

[21] 王勇.政府间横向协调机制研究——跨省流域治理的公共管理视界[M].北京:中国社会科学出版社,2010.

[22] 魏礼群,汪玉凯等.中国现代行政管理体系研究[M].北京:国家行政学院出版社,2012.

[23] 吴人坚,朱德明编著.图解现代生态学入门[M].马建国绘画;徐明摄影.上海:上海科学普及出版社,2004.

[24] 向洪.四项基本原则大辞典[M].成都:电子科技大学出版社,1992.

[25] 肖建华,赵运林,傅晓华.走向多中心合作的生态环境治理研究[M].长沙:湖南人民出版社,2010.

[26] 肖建华.生态环境政策工具的治道变革[M].北京:知识产权出版社,2010.

[27] 解焱.恢复中国的天然植被[M].北京:中国林业出版社,2002.

[28] 徐祥民.海洋环境的法律制度研究[M].青岛:中国海洋大学出版社,2006.

[29] 徐祥民,梅宏,时军,等.中国海域有偿使用制度研究[M].北京:中国环境科学出版社,2009.

[30] 张皓若,卞耀武.中华人民共和国海岛保护法释义[M].北京:法律出版社,2010.

[31] 周林彬.法律经济学论纲[M].北京:北京大学出版社,1998.

[32] 张铁民.中国海洋区域经济研究[M].北京:海洋出版社,1990.

[33] 张皓若,卞耀武.中华人民共和国海洋环境保护法释义[M].北京:法律出版社,2000.

[34] 中国科学院南沙综合考察队.南沙群岛及其邻近海区综合调查研究报告(一)[M].北京:科学出版社,1989.

二、中文报刊论文

[1] 陈韶阳,程镇燕,Douglas K Loh.基于 SAVEE 方法的海岛空间价值评价[J].海洋环境科学,2012(1).

[2] 陈新岗."公地悲剧"与"反公地悲剧"理论在中国的应用研究[J].山东社会科学,2005(3).

[3] 陈宗波.菲律宾生物多样性及其相关知识的立法及对中国的启示[J].河北法学,2008(11).

[4] 丛冬雨.我国区域海洋环境管理的协调机制研究[D].中国海洋大学硕士学

位论文,2011.

[5] 崔旺来,李百齐.海洋经济时代政府管理角色定位[J].中国行政管理,2009(12).

[6] 崔旺来,李百齐,李有绪.海洋管理中的公民参与研究[J].海洋开发与管理,2010(3).

[7] 董锁成,郭文卿,洪杨文.岛屿资源类型与开发模式——以大福州沿海岛屿为例[J].资源科学,1995(6).

[8] 高艳.海洋综合管理的经济学基础研究——兼论海洋综合管理体制创新[D].中国海洋大学博士学位论文,2004.

[9] 郭院.浅谈无居民海岛的保护与开发[J].中国海洋大学学报(社会科学版),2004(3).

[10] 黄发明,谢在团.厦门市无居民海岛开发利用现状与管理保护对策[J].台湾海峡,2003(4).

[11] 胡高福.舟山群岛发展海洋有机农业的研究[J].浙江海洋学院学报(人文科学版),2008(3).

[12] 郝艳萍,等.中国海洋环境管理现状与对策[J].海洋开发与管理,2008(7).

[13] 胡增祥,徐文君,高月芬.我国无居民海岛保护与利用对策[J].海洋开发与管理,2004(6).

[14] 季明.上海浦东的"扁平化"实践[J].瞭望,2011(4).

[15] 江志坚,黄小平.我国热带海岛开发利用存在的生态环境问题及其对策研究[J].海洋环境科学,2010(3).

[16] 兰竹虹,陈桂珠.南中国海地区珊瑚礁资源的破坏现状及保护对策[J].生态环境,2006(2).

[17] 李红柳,李小宁,侯晓珉,等.海岸带生态恢复技术研究现状及存在问题[J].城市环境与城市生态,2003(6).

[18] 李金克,王广成.海岛可持续发展评价指标体系的建立与探讨[J].海洋环境科学,2004(23).

[19] 罗艳,邓松,程庆贤,徐淑升.深圳市无居民海岛的开发与管理[J].海洋开发与管理,2009(8).

[20] 李光全.舟山群岛发展定位与路径选择[J].中国国情国力,2012(3).

[21] 罗豪才,沈岿.平衡论:对现代行政法的一种本质思考[J].中外法学,1996(4).

[22] 刘平.中日环境影响评价制度比较[D].黑龙江大学硕士学位论文,2007.

[23] 刘苏红.对厦门无居民海岛开发与保护的思考[J].集美大学学报(哲学社会科学版),2006(2).

[24] 李欣静,卫华.中外环境影响评价制度比较分析[J].才智,2008(18).

[25] 麻德明,丰爱平,麻德波,刘揩.无居民海岛功能定位初探[J].测绘与空间地理信息,2012(3).

[26] 马庆钰.韩国1998—2001行政改革的基本经验[J].国家行政学院学报,2002(1).

[27] 马世骏,王如松.社会—经济—自然复合生态系统[J].生态学报,1984(1).

[28] 马小明,张立勋.基于压力——状态—响应模型的环境保护投资分析[J].环境经济,2002(1).

[29] 彭超,文艳,韩立民.构筑海岛可持续发展的保障体系[J].中国海洋大学学报,2005(2).

[30] 齐丛飞.我国海洋环境管理制度研究[D].西北农林科技大学硕士学位论文,2009.

[31] 全永波.论我国海洋环境突发事件的应急管理[J].海洋开发与管理,2008(1).

[32] 任洁.海岛法律评估制度研究[D].中国海洋大学硕士学位论文,2007.

[33] 尚国非,杜常华.房地产开发过程中土地交易的博弈分析[J].商场现代化,2005(10).

[34] 谭柏平.论我国"海岛法"的基本制度[J].法学杂志,2007(1).

[35] 汤坤贤,廖连招,郭莹莹,陈鹏.我国海岛开发开放政策探讨[J].海洋开发与管理,2012(3).

[36] 田彦萍.周边国家海岛法律制度研究[D].中国海洋大学硕士学位论文,2010.

[37] 王琪,刘芳.海洋环境管理:从管理到治理的变革[J].中国海洋大学学报(社会科学版),2006(4).

[38] 王忠.论我国海岛开发与保护管理的基本政策研究[D].中国海洋大学博士学位论文,2006.

[39] 王忠.国家推进海岛经济建设政策分析[J].太平洋学报,2003(4).

[40] 王忠.全国人大环资委考察辽宁省海岛工作提出:通过立法加强海岛管理,促进海岛经济可持续发展[J].中国海洋报,2004(12).

[41] 吴珊珊,幺艳芳,齐连明.无居民海岛空间资源价值评估技术探讨[J].海洋开发与管理,2010(7).

[42] 吴珊珊.无居民海岛评估的必要性和特殊性分析[J].海洋开发与管理,2012(7).

[43] 吴珊珊.我国海岛保护与利用现状及分类管理建议[J].海洋开发与管理,2011(5).

参考文献

[44] 吴珊珊,张颖辉.葫芦岛市海洋渔业资源的合理开发利用[J].中国渔业经济,2003(3).

[45] 肖佳媚,杨圣云.PSR 模型在海岛生态系统评价的运用[J].厦门大学学报(自然科学版),2007.

[46] 解力平,查志强,李文峰,徐友龙.浙江舟山群岛新区三大战略问题研究[J].观察与思考,2012(3).

[47] 徐晓群,廖一波,寿鹿,曾江宁.海岛生态退化因素与生态修复探讨[J].海洋开发与管理,2010(3).

[48] 薛雄志,吝涛,曹晓海.海岸带生态安全指标体系研究[J].厦门大学学报(自然科学版),2004(S1).

[49] 许耀桐,宋世明,马庆钰,竹立家.顺德政府机构改革的新思路[J].行政管理改革,2010(8).

[50] 杨邦杰,吕彩霞.中国海岛的保护开发与管理[J].中国发展,2009(2).

[51] 余远安.韩国、日本海洋牧场发展情况及我国开展此项工作的必要性分析[J].中国水产,2008(3).

[52] 张德山.我国海岛开发现状与发展[J].海洋信息,1998(6).

[53] 张士海,陈万灵.珠海海岛资源综合开发利用的思路与对策[J].海洋开发与管理,2007(5).

[54] 张翔,夏军,王富永.基于压力—状态—响应概念框架的可持续水资源管理指标体系研究[J].城市环境与城市生态,1999.

[55] 中华人民共和国质量监督检验检疫总局.城镇土地估价规程,2001.

[56] 朱宁强.船舶油污染及防治措施探讨[J].中国水运(下半月),2011(3).

[57] 周达军,崔旺来,刘洁,等.浙江海洋产业发展的基础条件审视与对策[J].经济地理,2011(6).

[58] 周学锋,高猛.社会组织促进就业的功能与制度路径[J].中国行政管理,2012(11).

[59] 周祖光.海南珊瑚礁的现状与保护对策[J].海洋开发与管理,2004(6).

[60] 朱晓燕,薛锋刚.国外海岛自然保护区立法模式比较研究[J].海洋开发与管理,2005(2).

[61] 竺乾威.从新公共管理到整体性治理[J].中国行政管理,2008(10).

三、外文参考资料

David Osborne,Ted Gaebler. *Reinventing Government*:*How the Entrepreneurial Spirit Is Transforming the Public Sector*. Mass:Addison-Wesley, 1992.

索　引